活動企劃【第二版】
Event Planning

CONCEPT

STRATEGY

PLAN

AND THEN...

RECYCLING 45% is SALE

money recycling

$

SALES for everyone

Bussines

15% - ???

MARKETING

A. B. C.

MONEY is $ purnui

SUCCESS!

Judy Allen◎著

陳子瑜◎譯

獻 詞

　　本書謹以滿滿的愛獻給我生命中一位非常重要的人，我的公司2jproductions事業夥伴、導師、最親愛的朋友——喬·薛恩（Joe Thomas Shane），他那優異的腦袋經常挑戰著我，而其令人讚嘆、不斷成長及進步的精神每天都在激發我——無論是個人、身體，以及工作上——讓我的身、心、靈皆達到最佳狀態，好讓我能夠做得更多、給得更多，以及變得更好；我對他的商業敏銳度致以最高的崇敬；他的創意將我提升至更高的層次；他明快的反應惹我發笑，而他也是據我所知，全世界少數幾個可以輕易逗我笑的人之一。感謝你把嶄新的活力、企圖心、熱情與玩興帶進我的生命。我相信我們那刺激的嶄新冒險，將能為活動企劃與特別活動增加新的領域，並且將其帶往十足新鮮與獨特的方向，它也能具備世界級的重要價值，而我期盼能和你一同前進。因為本書的第一版，我與你相遇，這是我生命中的轉捩點，而我將永遠視你為在我人生中，上帝和宇宙所賜予我最大的恩寵之一。

序 言

自從2000年《活動企劃》首次出版以來，這個業界已經成長、進化和改變了。然而本書第一版的基礎——將活動企劃的基本原則介紹給讀者——仍舊堅若磐石，我認為在本書第二版新增的新興發展領域，得以使本書更密切地與快速變遷的世界，以及活動企劃產業相結合，該產業如今包括了專辦企業活動、社交活動、非營利活動，以及婚禮（婚禮企劃如今已成為數億美元的產業，並且被歸入到專業活動企劃的領域）的各種專業活動企劃公司、獎勵旅遊策劃公司、會議企劃人員；獨立企劃人員；企業內部活動企劃人員與內部非營利活動策劃人員，以及企業主管，他們要負責製作能夠讓其公司所投資的時間、金錢與心力獲得回報的活動。

談到成長，全球許多大專院校都已加開了許多活動管理課程，提供給那些渴望成為專業活動企劃人員，或是在相關產業領域工作，以及那些主修市場行銷、公關以及傳播的學生們選修，他們瞭解到懂得如何成功執行並策略性地執行企業活動，將能帶給他們及其所欲工作之企業莫大的價值與競爭優勢。

活動企劃／特殊活動領域已發展成具有特定利基，產值數億美元的全球產業，這在七年前還不存在。過去的活動企劃人員是為專業活動企劃公司、會議策劃公司、傳播企業效力，或是在公司內部直接與企業客戶接觸。如今，獨立的活動與會議企劃人員設立了創新的小公司，並且與客戶合作無間。這群客戶尋求的是與創意大師、有成功的活動執行經歷，以及能夠比大公司更具有彈性的人士合作，而且不再關心他們所合作的活動企劃公司有多大規模。

現在，許多歷史悠久的活動企劃公司發現到自己要和一票新人競爭，而這點也正在改變這行業的生態（例如，現在許多和飯店、渡假村以及會館有合作關係的公司，如果客戶簽署了超過一個以上的案子，還享有折扣優惠）。而且，如今許多規模較大的公司，它們的員

工數目經常就只是個數字，而客戶也的確察覺到這點。許多表面上看似大型的公司已經決定——自從911與其後的SARS爆發，當活動企劃這門生意在全球大部分地區嘎然而止，以及該產業並沒有做足準備以撐過重大的經濟復甦之時刻以來——只留下核心的創意部門正職員工，當有需要進行企劃、執行與跑現場流程時，再聘雇自由工作者（他們可能在一年內為許多活動企劃公司工作，甚至是透過另一間公司的不同部門，負責同樣的企業客戶）。在許多實例中，雙方都必須為他們將會面臨的重要經驗之累積作準備，以便讓一切都很順利，同時也遵從公司的要求。

過去七年內，活動企劃在許多領域中也有所進展。對於一間想要增進品牌知名度、發展新事業、培養顧客忠誠度以及推升業務動能的公司而言，在在證明活動企劃是有效的方法。而且企業客戶——營利或非營利的皆然（有時還是兩者的結合）——也在尋求不僅瞭解活動設計、策略擬定、物流、時程與預算管理，而且還精通活動能如何應用於市場、打造公司品牌並將其與競爭對手有所區別的活動企劃人員。僅僅能夠激勵公司員工已經不夠，因為現在的客戶意識到，組織活動可以達成公司的多元目標，並尋求與能夠幫助他們獲取這種技術的活動企劃公司結盟。

活動的種類範圍也擴大了，活動企劃人員不僅是必須能夠打造傳統活動，還要能創造、實現與執行更進階的第二層商務職能。在過去，活動企劃人員被認為是專精於第一層的商務職能，諸如：

- 董事會
- 大會
- 商務會議
- 企業展
- 客戶感恩活動
- 員工感恩活動
- 研討會

· 貿易展

　　然而，現在他們必須準備好帶領客戶進到下一階段，並且增加他們下列的活動知識：

· 身心挑戰的客製化培訓課程
· 冠名權（編按：指在活動中加上自己名號的權利。企業主往往藉由贊助取得在某場賽事或活動，乃至建築中展示自己名號的權利。）
· 管理階層渡假進修
· 產品發表會
· 募款餐會
· 置入性行銷
· 獎勵旅遊與獎賞計畫
· 特殊活動
· 視訊會議
· 網路廣播

　　此外，因為某些公司的緣故，活動企劃人員如今不僅要和公司的市場行銷團隊打交道，連採購部門也包括在內，而這意味著另一種獨特的挑戰，這是企劃人員必須有所認識的。活動企劃人員的重要價值在於，瞭解自己的確足以協助客戶的業務與行銷執行團隊能夠免於聽從採購部門的舊習。

　　本產業另一個值得注意的部分是，花費心力準備客戶的企劃書，卻不保證能承攬此業務，而造成不斷上升的硬性成本（hard cost）。許多活動企劃公司發現到他們花在某個提案上的費用高達15,000美元，結果發出建議書徵求文件（RFP）的公司卻只提出符合其需求的3項報價。這種支出是財務上的龐大壓力，沒有哪間活動企劃公司能夠一再承受而且還能維持營運的。保障公司的方法，在本書第二版中有所著墨。就像企業客戶想要回收他們在時間、心力與金錢上的投資一樣，

活動企劃公司也是如此,而且一定要做的是將你自己或你的活動企劃公司定位,從服務性產業轉變成行銷你的專業服務、如何設計一場獲得成果並達成公司目標的知識,以及活動企畫的技能。

活動安全與機場維安自從911後就全盤改變了,並影響了與會者的旅遊方式、前往的目的地與飯店、渡假村和會所的現場安全需求。現在這方面也被歸類至活動企劃設計、物流與現場需求之中。2000年以後,產業的其他重要變化還包括了科技、配有情節腳本的精緻多媒體簡報、保險與保障客戶的訂金和/或影響活動方面的契約條文、條款或協議,以災難為例,如紐奧良的全部基礎建設都消失了,或是近來某些國家的旅客謀殺案,都使得企業客戶及其賓客會留意他們所要前往的區域。其他改變的領域還包括企業活動如果成了負面新聞,那麼公司主管以及和他們生意往來的對象就要為違反企業倫理、不良的商務禮儀與不適當的活動花費擔負起個人責任。例如,加拿大媒體大亨康拉德‧布萊客(Conrad Black)要求將他老婆在南非舉辦的生日派對及私人飛機的部分支出退還給他的公司。

本書第一版的目的,是要寫出一本可以被當成工具、對成功的活動企劃有所貢獻的書——無論是首映、褒揚、會議,或是企業活動、募款晚會、研討會、大會、獎勵活動、婚禮或是任何其他的特殊活動,這點在第二版中並未更動。本書獨有的兩個小秘訣是能夠幫一場募款晚會省下數千美元的意外花費,例如在一項案例中,一間非營利公司對於在會議中心和在飯店舉辦活動的差別並沒有正確的研究,也沒有擬定哪些物品要免費提供,哪些要額外收費。於是導致了預期以外的支出,因為當賓客把屬於會議中心的裝飾品帶回家時,該公司要負責花錢恢復原狀,放上一張寫著感謝會議中心出借裝飾品的紙條,就能省下這個麻煩。本書的另一個小祕訣,是當活動企劃公司驚覺到在幫客戶計算搬入、佈置、彩排、當日、拆解與遷出的總體成本時,卻出了超過10萬美元的差錯時,到底該如何挽救專業上的難堪以及失去商譽與客戶的風險,其實這只不過是沒有經過適切的成本分析所導致的冰山一角而已。

《活動企劃》獲得極大迴響，以至於發展成了系列叢書，其中每一本都詳細處理活動企劃每一面向的具體細節。這套暢銷書已被公認是極有價值的教材，在全球被各類活動企劃與相關的餐旅專家、公關及傳播公司、非營利組織、企業商務經理所採用，也是大專院校的課程指定書籍，並且被翻譯成五種語言。知識是邁向成功的關鍵，也是讓你跟個人或工作上的競爭對手有所區別的要素。

你不瞭解的或不懂得詢問的事務，都會對你的活動預算與成功與否造成重大影響。在《活動企劃》裡頭，我將帶你深入幕後——從概念到現場作業——告訴你如何讓你的活動成為一場難以忘懷的活動，就像它所能夠成就的樣子，直到最後階段都把意外降至最低。魔法從細節開始，這就是我藉由本書想傳達給你的。不管你的活動是什麼，本書都一定可以在某些部分有所貢獻，並且讓它變得特別。創造令人難忘的活動，而不伴隨預期以外的意外與花費，是我最大的用意。這也是我所要帶給你的東西。

想為你自己或你的活動企劃獲得更進一步的協助，請上我們公司的網站。你能在裡頭的附錄中找到表格範例，以及其他並未收錄於本書中的額外案例。網址是www.wiley.ca/go/event_planning。

為了快速取得活動企劃物流支援的參考資料，底下列出了本公司活動企劃系列與我所寫的婚禮籌備系列的書籍簡介，它們的對象都是一般消費大眾，其中所具備的活動企劃資訊，對於在該產業工作的活動企劃人員而言是很有價值的，對那些要負責企業與社交活動的工作者也是一樣。

《活動企劃事業：成功的特殊活動之幕後秘辛》（*The Business of Event Planning: Behind-the-Scenes Secrets of Successful Special Events,* 2002）把活動企劃提升到另一個層次。這本無所不包的書涵蓋了策略活動設計；如何準備吸引人的提案，以及如果你是客戶的話，要如何瞭解箇中奧妙；如何決定管理費與研議合約；必須納入考量的賓客安全與維安議題；如何在多元文化的環境下設計活動；讓活動執行更有效率的新科技；實用工具，例如協議書樣本、給客戶的提案、表

9

格、小祕訣以及檢核表的規劃樣本；並以一個詳盡的個案研究貫穿全書——一間同時規劃兩場性質迥異之活動的公司。《活動企劃事業》將告訴你在活動企劃事業中，你所必須注意的幕後工作，甚至是在開始策劃之前，以及如何讓你的活動設計與執行技術更上一層樓。

《活動企劃的倫理與禮節：特殊活動管理的商業原則》（*Event Planning Ethics and Etiquette: A Principled Approach to the Business of Special Event Management*, 2003）涵蓋了商務層面的活動企劃倫理、禮節、招待、可接受的行為準則與產業標準。本書為活動企劃人員提供為了避開麻煩、保持健全與獲利的專業關係、避免生活中的危險誘惑，以及利用合乎商業倫理的做法，在高度競爭的市場中脫穎而出等的所需資訊。哈佛商學院認為本書「不只是活動專業人員必讀，對於構思產品介紹會與出席會議的中小企業商務人士亦然。」

《行銷你的活動企劃事業：贏得競爭優勢的創意途徑》（*Marketing Your Event Planning Business: A Creative Approach to Gaining the Competitive Edge*, 2004）帶領讀者全面瞭解市場性、市場發展與行銷努力（商務及個人）等領域。主題所涵蓋的內容包括客戶基礎的差異化、發展利基市場以及專業領域、建立因應市場衰退期的備案並找尋創新方法以招攬新的業務。

《活動企劃人員的時間管理：安排工作量、每日工作排序和控管日程表的專家技巧與省時妙招》（*Time Management for Event Planners: Expert Techniques and Time-Saving Tips for Organizing Your Workload, Prioritizing Your Day, and Taking Control of Your Schedule*, 2005）提供與活動企劃和餐旅服務業特別相關的時間管理專業意見。活動企劃是個高壓力、24小時待命的工作，企劃人員要同時從事多項任務，並在最後關頭和可怕的截止期限及堆積如山的問題奮戰。為了活動能順利進行以及事業成功，對企劃人員來說，管理自己的時間跟管理活動的時間同樣專業是基本條件。這本書就是在教你如何做到這一點。

《企業活動與商務招待的經理人手冊：如何選擇與利用企業宴會以增進品牌意識、發展新事業、培養顧客忠誠度與推升業務動能》

（*The Executive's Guide to Corporate Events and Business Entertaining: How to Choose and Use Corporate Functions to Increase Brand Awareness, Develop New Business, Nurture Customer Loyalty and Drive Growth*, 2007）主要聚焦在從商業目的之觀點進行策略性的活動行銷思維，不僅只是活動企劃，還提供商業經理人──他們如今必須對活動結果負責──關於如何選擇、設計以及利用活動以達成商業目的，以及如何回收其公司所投資之時間與金錢等相關洞見。再者，構成本書的設計要素與策略，也能提供活動企劃人員所需要的工具，以便瞭解如何讓他們所設計的活動，能夠更有效地達成企業的多層次目標。本書也能讓活動企劃人員從其客戶的觀點審視活動，一如從活動企劃的觀點。完美無瑕地執行活動並不意味著達成企業目標。本書不僅示範要如何企劃與執行一場完美的活動，並且也說明為了達到最佳結果，要如何將活動與企業戰略及目標緊密地結合。書中亦詳細討論如何找出每個活動的明確目標；哪一種功能類型最適於達成你的目標；在持續地進行小組組織、審核或進行提案之前有哪些是你必須先行建立的事項；如何提出務實的預算，以及何時要質疑工作人員或活動企劃專家所提議的花費；簽字的重要性；如何分辨有爭議的支出以及其他可能對公司商譽造成嚴重傷害的危險信號，甚至是預估財務或法律上的風險；如何建立花費的原則與員工在公司宴會上的行為準則，以及如何評估你的企業宴會的成功與成果。

　　《一名活動企劃人員的告白：現實世界的活動個案研究──如何處理意外與如何成為判斷大師》（*Confessions of a Event Planner: Case Studies from the Real World of Events — How to Handle the Unexpected and How to Be a Master of Discretion*, 2009）將個案研究小說化，跟著一間活動企劃公司環遊全世界。本書列舉了可能會出現的真實劇本改編版，以及老練的活動企劃人員與企業經理人在實際執行活動時可能會面對的問題。本書能夠協助建立與確立公司政策、辦公室與活動現場的流程及協定（可以在評估後讓員工認可），這點可以依序對個人、活動企劃公司、企業客戶及其賓客等有免於觸法的保護作用。當

11

活動企劃的危機出現時不知如何處理，或是著手阻止其中一項危機的產生，對於那些相關人士以及主辦與籌備活動的企業來說，都是所費不貲的——無論是個人或工作上。

《你的無壓力婚禮籌備家：打造夢想婚禮的專家機密檔案》（*Your Stress-Free Wedding Planner: Experts' Best Secrets to Creating the Wedding of Your Dreams*, 2004）以按部就班的方式將婚禮當天的複雜程度降至最低，在成功且無壓力的活動執行情況中將其分解成十項步驟。

《三個月內籌備一場絕妙婚禮》（*Plan a Great Wedding in 3 Months or Less*, 2007）。一對情侶選擇精簡的求婚儀式或將婚期提前可能有許多原因。他們需要一位企劃人員，以協助他們有效又快速地打造一場美妙的婚禮。而這位婚禮企劃人員要負責下列事項：

- 迅速找到立即可用的會場與好牧師
- 將婚禮企劃按重要性排序，使之不致遺漏或忽略基本要素
- 研究替代方案，例如渡假婚禮／蜜月之選項或是私奔
- 在過程中每一部分省錢和省時

書中也包含了所有愛侶們需要的基本檢核表、時間軸、工作表與其他資源。

全世界的活動企劃人員都希望我能分享我的創意，透過即將開播的電視系列節目與特別企劃、網站以及其他媒體，我和喬‧薛恩搭檔，透過我們的公司2jproductions（www.2jproductions.com）和Sensual Home Living™（www.sensualhomeliving.com）終於得償宿願，我將傳遞永續的、有價值和創意的最新資源，亦即創新的設計、舞台佈置、獨一無二的概念與生活體驗。

茱迪‧愛倫

銘 謝

　　超過七年的時間，基於讀者對《活動企劃》第一版的回響，與來自未來的企劃人員、正在該領域就業的企劃人員與商業專家對於更多活動企劃之解答的要求，《活動企劃》已成為商業暢銷書系列，在世界各地被該產業專家與企業經理人廣泛使用，也被大專院校選為課程教材與指定閱讀書籍。本書已被譯成五種語言。這系列廣受好評的叢書因而成為兩種大眾閱讀市場的共同平台——未來還會更多。我的第一個婚禮策劃人在該領域中是佼佼者，並且因為其活動企劃重點而被媒體認為是市場上最好的婚禮策劃者之一。

　　在寫作的旅程中，我很幸運地能和這個產業中備受敬重的出版商，以及該領域中的達人們共事。我要感謝John Wiley & Sons Canada, Ltd的專業傑出團隊，對於本書得以誕生的貢獻。我也要向下列人士表達我的感激：總經理Robert Harris；營運總監Bill Zerter；副總裁兼發行人Jennifer Smith；執行編輯Karen Milner；專案經理Elizabeth McCurdy；編輯助理Kimberly Rossetti；宣傳Deborah Guichelaar；宣傳經理Erin Kelly；宣傳助理Erika Zupko；行銷經理Lucas Wilk；Thomson數位公司；創意服務總監Lan Koo；出版服務Tegan Wallace；專案助理Pam Vokey、Pauline Ricablanca；新媒體與版權經理 Meghan Brousseau；會計與版稅經理 Jessica Ting；企業行銷經理Stacey Clark。

　　關於書籍的架構與校訂方面，能夠再一次和Michelle Bullard共事是件令人高興的事。Michelle總是讓這個過程十分愉快。她的建議與指導總是一語中的。

　　我也要感謝每一位看過本書，並提供有建設性的評語及反饋的讀者。你們願意將時間花在我與《活動企劃》這本書上，我深表感激。你們的意見對我跟書而言都極具價值。

　　同時，我也很高興能夠有這個機會，在位處安大略省的柯林塢（Collingwood）這座美好的「積極生活」小鎮，著手撰寫

本書第二版。我要向某些我住在這兒時，所遇到的非常特別的人們說聲，謝謝你：Sarah Applegarth MSc, CSCS, CSEP-CEP, SCS, Strength & Conditioning Coach Active Life Conditioning, Inc.（www.activelifeconditioning.com），這間公司的宗旨是「照顧最重要的事物——你自己。」積極生活、全人健康（wellness）、體適能與健康，這些是Sarah的專業指導、訓練與生活的準則。Sarah是世界級的高水準訓練師，我也相當榮幸能請她當我的個人訓練師。當我向她諮詢我一無所知之領域的專業協助時，我學到了提升身心靈的強度、體力與柔軟度是運動員得以成長至最佳表現的關鍵，讓他們能夠以最好的一面為自己及其親友、工作（生活目的）與世界做得更多和給得更多。世界盃加拿大高山滑雪代表隊（www.canski.org）的教練Brianne Law，去年夏天和Sarah一同參與我的訓練課程，她是令人驚豔的訓練者與老師。

擁有證照的按摩治療師Krista Campbell，她所採取的瑞典式按摩技術，藉由直接對肌肉、神經、血液循環與淋巴系統起作用而產生療效，促進整體的健康與幸福感，而且她擁有一雙驚人的療癒之手，讓我的肌肉回復到原本的完美狀態。執業於Mountain Chiropractic（www.mountainchiropractic.ca）的脊椎按摩治療師Heather Munroe博士，她藉由不使用藥物、非侵入性的方法協助每個病人減輕疼痛、預防傷害並提升個人素質，達到衛生保健的目的。只要一次療程，她就能復原整個秋天所累積的傷害，並且帶我回到無痛的狀態中，然後持續減緩因為久坐於世界各地的電腦前、飛機上與會議等場合中，經年累月所造成的關節壓迫。在我那本《活動企劃人員的時間管理》中，我分享了在個人生活與工作中取得平衡的重要性，以及參與所有的生命經驗的價值，這些經驗之展現，是為了提升你的知識與創造力的層次。我分享了我的全部所學，但是卻忘了提及身體健康這一領域。這是種終身學習、終身挑戰、終身轉換以及持續成長的經驗，它不斷到來，並且透過我的事業夥伴喬‧薛恩而展現，他比鋼鐵人要強上好幾倍，他以

致力於身體健康為榮，無論他在世上的哪個角落，或是個人與工作上的日常所需，而Sarah、Brianne、Krista與Heather（我的「量身打造」團隊）也是如此對待他們的生活伴侶。和一群被大自然環繞、為健康與幸福奉獻的人們一同生活在一座積極生活的小鎮將近一年，是趟不可思議的旅程，我也很感激能有這樣的經驗。我領略到以積極生活的態度去面對個人、工作，和當你在全球各地場勘、熟悉旅遊（fam trip）、現場工作計畫時所能得到的神奇裨益（以及藉由充滿營養的食物和健身訓練來充滿精力，而不是在這種全年無休的高壓產業之空檔中，靠咖啡因與匆忙進食解決），而且不僅僅將幸福、健壯與健康的生活模式之元素帶入你的日常與工作生活，更深入了你所籌備的計畫，使得其他人也能雨露均霑。就像你稍後將在本書中所能感受到的，當企業的保險成本受到辦公室生活的影響、因為不健康飲食所導致的過胖問題、普世生活習慣與相關疾病而不斷上升時，我覺得這會是個非常重要且成型中的趨勢（根據《紐約時報》報導，日本的男性勞工被要求腰圍不得超過33.5英吋，女性則是要在35.4英吋以下，而且就其薪資而言，生活品質就占了個人支出相當大一部分）。我所分享的案例，是關於如何引介這個新領域、如何透過創造多層次的活動企劃而應用之，以及企業是如何成功地應用這點，使得他們每年投資於健康獎勵計畫的40萬美元，能夠帶來200萬美元的回報。這個我所共事超過一年的超強團隊，在每一個向參與者介紹幸福原則的活動中都會是個很好的例子。我還要感謝我的瑜伽與皮拉提斯教練，專業的個人指導、訓練與教練員Judith Somborac；以及A&P副理Jackey Fox、Collingwood Running Company的Andrea與Becker Shoes的Tammy。他們每一位都在我的健身任務中扮演了重要的角色，和我一起消除長年久坐於電腦前的宿疾。我的「健體」團隊教導我關於營養、體能、耐力與伸展──不只是身體上，還有實質上的意義──作為將過去生活中各方面的不適導回正軌的工具。他們與我分享了他們的才能與專業知識，並贈予我新的工具，在我往後的生命中無論於公於私，當我擁抱

這個世界和出現在我眼前的各種可能性時，每天都能用上它。我相當興奮能夠把目的、熱情和玩興的新意義帶進這個世界，對我而言，這讓我更接近我個人、工作（人生目的）以及創造力的最佳狀態。

一如以往，我要感謝我的家人——我的父母Walter與Ruth；妹妹Marilyn及妹夫Hans；姪女Natasha與她的丈夫Ed，還有Jasmine和Rodney，以及我的朋友們，謝謝你們一路以來的愛護與支持。

我要再次向我的2jproductions夥伴喬‧薛恩說聲謝謝你。我期盼能夠和你一起把活動企劃帶向一個刺激、創意與創新的新境界。當我跟你一同把Sensual Home Living™、Sensual Living for Two™、Sensual Suite(s)™、Wecation(s)™和Welationship(s)™帶進全世界的家庭、生活與風格設計，和世界級渡假村的時候，沒有人能取代你的地位。最特殊的活動就是你的人生，以及你為它帶來什麼內容。創造一個有意義的、雋永的以及不可思議的生活經驗，就是活動企劃人員兢兢業業的目標，而這些相同的元素橫跨家庭、人生與生活方式——此刻工作成了遊戲，遊戲成為工作，無論是個人與工作上，都能一年三百六十五天，每天二十四小時地享受，並且開啟了一個全新的、充滿可能性的世界。

目　錄

CONTENTS

更多資訊請參閱　www.wiley.ca/go/event_planning

第**1**章

第一步：初始計畫與預算

　　設計與製作一場活動——不管是場會議、企業活動、募款晚會、研討會、大會、獎勵或其他特別活動——可用拍場電影來比擬，但其實更像是現場演出的舞台規劃。它有如在高空中走鋼索而不設置安全網。一旦活動開始，就沒有第二次機會了。它是沒有彩排的一鏡到底。不像有電影劇本般，活動企劃沒辦法大聲喊「卡」，然後重拍一次，甚至沒辦法預測客戶跟供應商會有怎樣的互動跟回應。然而你可以計畫、籌備，然後做好對於意外事件的應變。絕對不要忘記莫非定律（Murphy's Law）：只要你覺得會出錯，錯誤就一定會出現。

　　在某場規劃失敗的活動中，裝潢、舞台與燈光設定的人員提前幾天抵達，準備將這場在私人會館中舉辦的泳池畔的水舞燈光秀進行全面佈置。他們擔心的事情出現了，包括活動企劃公司在內，沒人注意到游泳池一個月前就被填平，因為公司及其供應商並未根據契約進行行前會議，也沒有在賣方契約或活動工作表中記載關於泳池條件的條款。大量的裝潢與舖張的煙火秀對活動企劃公司而言可是所費不貲，它必須在活動開場前最後一刻完工，以製造出讓其客戶心花怒放的華麗觀感，在一場期待已久的特別活動前幾天，這種額外的壓力其實是不必要的。

　　就算不是在拍企圖拿下奧斯卡的電影，仍然要記得你是在創造對某些人而言可能是一生難忘回憶的事物。每一場活動，不管是50人或超過2,000人的規格，都必須跟製作電影一樣地細緻處理與規劃，預算也是如此，用於會議、企業活動、產品發表會、研討會、大會、獎勵與特別活動的預算範圍，下自數萬起跳，上至幾十萬美元，就今日來說，花費數百萬美元也是很常見的。一場活動企劃如果沒有在活動當天與最後的協調會議出現意外，並且超越預期的活動目標的話，那麼就可被視為是場成功的活動。

　　在開始規劃活動之前，首先需要確定的是為何要辦這場活動或參與其中。這點跟決定活動目標有關，而且在每一場活動中都能夠同時兼具首要或次要目標。活動目標在本章稍後會有更詳細的討論。瞭解到為何要舉辦這場活動，能夠幫助你（還有你的客戶）去設計公司或

客戶目標——有形的（當天）與無形的（長期）回報皆然—以便讓你能夠選擇正確的活動類型，達成這些目標。拿商務會議來當個例子，一間公司可以在大會中擔任參展者、出席者或是活動贊助商；由公司發言人代表、出席研討會、主持惜別晚會，並為那些精挑細選的會議出席者準備一間接待室或一場晚間的活動。這些活動中的每一個場景都會為投入時間、金錢與心力的公司帶來不同的回報，但重要的是要分辨出哪一種類型的活動能在達成公司目標的過程中，產生最大效益並帶來最好的結果。❶

各種活動類型範例

- 董事會
- 商務會議
- 客戶感恩活動
- 研討會
- 大會
- 企業展
- 身心挑戰的客製化訓練課程
- 尾牙
- 管理階層渡假進修
- 募款晚會
- 獎勵旅遊與獎賞計畫
- 冠名權
- 產品發表會
- 置入性行銷
- 特殊活動
- 視訊會議
- 貿易展
- 網路廣播

註❶：《企業活動與商務招待的經理人手冊》（Wiley, 2007）提供對於主要活動類型的深度觀點，詳細剖析公司及活動之諸多目標中，每一項所能獲得的回報。

一旦設定好活動目標，也確定達成目標最合適的活動類型時，你就能策略性地設計一場針對這些目標量身打造的活動。❷下一步驟是要建立活動範籌。這點由兩項準則決定：金錢與目標。

決定你的活動目標

為了設計一個能夠獲得成效，並足以回收公司在舉辦時所耗費之金錢、時間與心力的活動，它必須要經過縝密的計畫，才能符合出席賓客們的預期和公司的期盼。你要製作的活動，目的是希望能讓賓客雲集，並且全力支持該活動背後所欲傳遞之首要、次要目標與訊息。

活動目標可能是有形的，也可能是無形的；它可以在活動前（舉例而言，如果是在獎勵活動的情境下，那麼達到銷售目標所需的業績就是必要的）、活動中與活動結束後達成；它也可以成為日後活動所需的下一階段目標之橋樑、平台與定位。活動目的必須是對主辦單位、參與人士而言是有價值的，亦能夠從工作成效擴展至個人成效，反之亦然。

例如，某公司想要舉辦一場活動或一系列活動，目的是讓旗下員工更具生產力、提升士氣、減少工作場合意外並降低員工的醫療照護平均支出。為了做到這點，他們專注在員工與工作環境等福利的主題上，並讓表現優異者參加三日完全免費的年度獎勵計畫，活動內容是攀登位於科羅拉多州高達4,200公尺的山峰。這個活動的重點聚焦在達成具體的個人健康目標，而且經證實相當成功，每年達成目標的員工越來越多。公司的醫療照護支出也減少至該地區平均值的一半，每年為公司省下了200萬美元，光是達成這項活動的目標，就足以支付每年

註❷：讀者可以在《活動企劃事業》（Wiley, 2002）中找到明確的策略性設計原則，以及策略性規劃的個案研究。

24

40萬美元的所有活動投資總額。此外，近幾年來，該公司已將職業災害理賠金額從50萬美元降低至1萬美元，並培育出更健康的員工，他們不但更具有生產力，如今在個人或職業層面上都有著更高昂的士氣。

你有多少錢能花？

　　你要做的第一件事，就是確定能在這場活動上砸多少錢。就算是最小的活動也需要負起嚴謹的財務責任。你可能會覺得說現在沒有經費辦活動，所以你必須做點別的事情以達成你想要的結果。

　　要記住，靜待時機要比花少少的錢辦一場成效不彰的活動要好得多。回到之前提過的研討會例子，你可能會想要將你所能動用的活動經費花在讓公司員工以出席者身分參與這場研討會 —— 他們白天不須支援調度與展覽工作 —— 並且舉辦一場創新的、私人的、高檔的晚宴，只邀請那些你想要以一對一方式接觸的關鍵人物會。由於活動資金有限，贊助雖能讓你的公司因為這場預算捉襟見肘的晚「宴」更具能見度，但也有可能不會呈現出你所想要塑造的公司形象。與其把可動用的活動預算花在超過1,000位出席者身上，但其中大部分是不會跟你的公司打交道的會議中拿去裝點門面、娛樂、餐飲，並且在最後辦一場與公司形象不相符的活動，倒不如把同樣的錢拿去用在接待你所認識的50幾位賓客，讓這些目標群眾印象深刻才是要務。

　　某間供應商完美地達成上述任務，其所舉辦的晚宴成為隔天研討會的話題焦點 —— 在一間知名劇院的舞台（活動當晚不對外營業），邀請明星出席並只為晚宴賓客表演。這場活動的確讓這間公司一夕成名。受邀的賓客參與了一場讓他們覺得有如巨星待遇般的活動，而那些沒有受邀的則渴望明年時能雀屏中選。他們也希望能和出席會議的公司員工建立商務往來，因為這些員工（他們以參與者的身分出席，而非展場攤位的工作人員）能夠和未來的新客戶一同步出會場，不受

時間限制的共進茶點或吃午餐。相較於把預算砸在其他類型的活動上，藉由這個別出心裁的會議與時程安排，這間公司在這雙重層次的活動中營造了許多關於該產業的討論，也確保未來的生意。當他們評估短程與長程的公司目標時，可以輕易地分辨出哪一種活動類型最適合其活動目的。

先確定好有多少資金可以運用是很重要的，如此才能選擇合適的活動類型，並且讓活動不超出預算。做預期花費的粗略評估是個不錯的想法，因為在活動提案通過之前，通常都要經過高層的預算審核這一關。

藉由基於活動展望所需的內容清單做個初步預算評估，你將會知道哪些事可以做，而哪些不行。舉例來說，假設某家公司打算辦一場希望在某特定地點舉辦的八天七夜獎勵活動，活動的話，他們馬上就會評估飛機票是不是會占去預算的絕大部分。如果是，可能就會考慮把時間改成四天三夜以求符合預算。如果他們認為八天七夜是不能改的，那麼就必須在其他地方做出讓步。或許會選擇離公司近一點的地方，或是想辦法準備更多資金，例如向企業或供應商爭取某些活動項目的贊助。

公司可能會需要尋找其他能增加活動預算的方法，或是尋找有創意與符合效益的與另一間公司合作的解決方案，並設計一場傑出、能夠結合每間公司特色的活動。

　　想獲取額外資金，可以考慮看看其他同業或是公司的供應商。然而要注意的是，你不能瞞著原本的供應商和另一間供應商結盟，或是冒險跨越商業倫理的紅線。❸

TIP

註❸：想獲得更多關於商業倫理與商務招待的資訊，請參閱《活動企劃的倫理與禮節》（Wiley, 2003）。

在某場非常高檔的新書發表會上，主辦單位商借了價值千萬美元的鑽石提供與會貴賓穿戴並拍照留念。某位女士便在一旁炫耀著一生僅此一次和超過2,000萬美元的鑽石合影的照片。鑽石在Brink's保全公司的卡車與20名武裝警衛的戒護下抵達，會場彷彿變成鑽光閃閃的堡壘（然而莫非定律登場了──兩位不速之客從一扇沒有戒備的門中偷溜進飯店的餐廳來偷吃晚餐，被活動主辦人注意到）。儘管千萬鑽石的影響力甚鉅，但為了能讓鑽石安全的待在現場，其維安費用是必要支出。

午夜時分，所有鑽石都運送回去，對於這個效果十足的活動元素──目的就是要呈現出奢華感受──唯一付出的硬性成本是保險、Brink's的卡車、武裝警衛與一名專業攝影師。提供鑽石的珠寶商則在隔天賣出了一些鑽石給出席活動的賓客。對店家來說，這是個將其鑽石展現給目標群眾的機會，也是個不錯的吸引新客戶來店的行銷方式。他們的創意點子使其公司受人注目，而代價僅僅是在預算控制範圍內的硬性成本。最小限度的花費創造出最大程度且獨一無二的活動效果，對書商與珠寶商而言，這都是場十分成功的合作。

活動展望

為了籌辦一場符合客戶目標與期望的活動，我們必須先瞭解他們對活動的初始展望是很重要的。如此你才得以決定哪些事物對他們而言是最重要的。在活動目標確立後要進行的就是對活動進行預想，這是所有活動設計的起點。你預想之後的結果可能與原始構想大相逕庭，但把活動展望繪製成圖表，便能協助你開始安排活動所需的支出。據此從現有預算中往回推估以瞭解預算是否有彈性的運用空間，或是據此找出其他有待發掘的活動需求。

例如，某間公司有4,500美元的預算舉辦一場250人的戶外午餐

會。根據他們被告知的內容，其預算包含了帳篷、餐桌、椅子、亞麻桌布、餐盤、刀叉、食物、飲料（紅酒、啤酒等）、娛樂節目和一個小伴手禮。他們預計辦一場紐奧良風的野餐，但實際的預算讓他們最多只能平均花18美元在一個人身上。光是大到能塞250人的帳篷——包括安裝與拆卸，以及許可與保險——可能就會超出總預算。如果認為紐奧良主題是達成活動目標最重要的元素而不可更動的話（例如在紐奧良舉辦一場獎勵活動），那麼創意的替代方案，譬如在當地的爵士俱樂部舉辦專屬活動，並且運用現有設備去設計一套在預算範圍內，有裝潢、娛樂節目（放影片或現場表演）、菜單、開放式吧台與含稅金和服務費的整體方案，並且還能保有最重要的活動元素。例如果仁糖（praline）—紐奧良的傳統招待品—這種不貴的好物不但不會超出預算，也能當作伴手禮。

當要進行活動預想時，可以參考我的五項活動設計原則：

1. 基本元素（Elements）：組成活動的每一部分
2. 必要成分（Essentials）：必備項目
3. 環境（Environment）：場址與風格
4. 活力（Energy）：製造氛圍
5. 情感（Emotion）：感受

對於這些內容的深度分析，在後續的章節將會說明，然而為了預算之目的而設計的活動展望藍圖，此處所提到的是你必須考量的整體概要。

基本元素：組成活動的所有部分

設計每一場活動的第一步，就是要從全局著手。活動預想必須在你決定活動日期，甚至開始尋覓場地之前就要進行。置身局外並採取

全觀視角去看待活動所需的硬性成本與空間要求是很重要的。最好的方式就是把所有事物都表列出來，並將重心放在活動當週。關於圖表該如何使用，在之後談到地點需求的章節中將會說明。

活動概要表能夠提供對於預算、活動時間安排、物流與流程方面相當有價值的切入角度，前述每一項都會影響到你最後的抉擇。圖表是很實用的活動企劃工具，它會隨著你的活動進展而演變，同時也是建立活動基本元素的根據。當隨著流程進行，而你想予以修改時，請務必記得要用鉛筆，不然就是用電腦的試算表去建構圖表。你可以多印幾張，以便排列初始的活動基本元素，用各種不同的方式進行配置，去找尋就活動能量而言的最佳組合，確保打造出完美大結局，並且讓活動在熱烈的氣氛中收場。活動工作表會引導你去思考活動基本元素的內容與預算決策。

當你在企劃活動時，務必要牢記在心的是：每一個基本元素都會影響到下一個。假如某一區塊被忽略了，骨牌效應就會出現，然後威脅到活動的成功。在一開始準備一張活動概要表，並且隨著活動進展適時修正，如此將可幫助你避開危機時刻與任何不希望發生的意外。花點時間預先計畫，你便可以沉著地輕鬆處理任何一個出現在最後關頭的變化。一定要考量到時間安排、物流與流程等等關係到你實際的活動、活動當天以及活動後之影響的基本元素。這些基本元素包括：

- 賓客交通
- 賓客住宿
- 物品運送
- 除了活動所需物品、人事、維安、許可、保險等支出之外，還有會場進一步的佈置，包括場地費、工資、設備租賃、工會費用、員工餐點等。
- 預演的場地，包括場地費、工資、設備租賃、工會費用、員工餐點等。

・活動當天的基本元素，除了活動所需物品與人事的支出之外，還包括場地費、工資、設備租賃、工會費用、員工餐點等。

・會場裝置的拆卸與移除，除了活動所需物品、人事、維安、許可、保險等支出之外，還包括場地費、工資、設備租賃、工會費用、員工餐點等。

在一個心曠神怡的日子裡，拿起鉛筆開始安排活動基本元素的時程表，你的活動正緩緩流動著，就像你現在正在做的一樣。此刻，和你共事的並不是現場實際的時間掌控與物流，而是你如何看待你的活動，及其前後一週之安排的概要。記得準備一本口袋型日曆，以便隨時確定任一個可能在你預定的活動日期前後的重要時點，例如主要的國定假日、宗教節日或長假，它們可能會影響廠商的供貨或賓客的出席。

必要成分：必備項目

活動的「必備項目」是那些出現在活動企劃初始時，沒有妥協餘地的事項。它們是由於以下考量所決定：

・硬性成本，例如飛機票、飯店住宿費、場地需求（移入、佈置、拆卸與搬出，就像供應商所需的儲藏空間、彩排空間、現場特定用途的空間等，這些是與活動時主要的會議／工作區有所區隔的）、會議／工作空間需求、餐點需求、活動需求等，以及所有相關稅金、服務費、許可、保險、聯絡費用、人員與管理費（就算這些支出事項可以協商與議價，但不論最終的活動設計與內容為何，它們都必須被包含進去）。

・對出席者而言，什麼是有意義的？

・哪些事物能讓活動對賓客而言是值得紀念的？

・哪些事物能夠使得想傳遞給參與者的訊息起作用？

　　某些活動的「必備項目」並非建立在實質的金錢上，而是情緒貨幣（emotional currency）與它是如何觸動你的心弦。有些很容易就能想到，並且無須大筆支出，然而其他的就需要多些思索、計畫與資金。在你開始進行活動預想時，辨明活動的「必備項目」是很重要的。記得思考每一項根據經濟與情緒貨幣而來的決策，要滿足的是活動所需要的，而非活動所要的。活動的「必備項目」可說是活動設計的核心，活動的基本元素則會隨著前者自然顯示出來。同時你也可以編列一張活動基本元素的清單、並且在預算許可下另行編製一張有如調味料般提升活動質感的項目清單。

環境：場址與風格

活動場址

　　那些從頭到尾完整地預想活動當日、辨別其客戶及其活動的「必備項目」以決定什麼事物是務必要納入，以及確認當下的財務狀況之前就匆忙跑去選場址的企劃人員，他們所須承擔的風險可能是忽略最適合其活動的場址，也就是在各方面都符合其需求及預算的地點。以之前提過的例子來說，在1個人有18美元預算的情況下，原本的紐澳良帳篷午宴就必須同時考慮利用私人設備、沒有額外的帳篷與租金的紐澳良爵士午宴。

　　最初的活動展望以及活動最終的模樣，可能跟你一開始的想像天差地遠。如果你以場址為重心來設計活動，只是為了能夠盡快確定日期的話，可能就會在對活動而言是重要的事物方面妥協，並且錯失了某些非常特別的東西。你最後就會規劃出一個遷就建築物的活動，而非設計出能夠給予你的客戶所追尋之結果的活動。

　　我們活在這樣一個時代：活動只會受限於企劃人員的想像以及預算限制的時代。當今的活動可以在陸上、水上、水中（例如馬爾地夫的餐廳跟溫泉中心）、空中（飛機上）、世界之巔或太空中舉辦。

傳統的活動場址包括：

- 私人會館（租賃或自有）
- 飯店
- 會議中心
- 博物館
- 藝廊
- 鄉村俱樂部
- 私人遊艇
- 葡萄酒廠
- 私人帳篷

然而除此之外你還有各式各樣的選擇。下列場所亦可舉辦活動：主題樂園、水族館、綜合娛樂城、溜冰場、劇院舞台上、私人飛蠅釣（fly-fishing）俱樂部、高爾夫球場、沙漠中的帳篷、在覆蓋後的游泳池上辦晚宴與舞會、包場的餐廳、拍電影的攝影棚、改裝後的穀倉、有大片林地的宅院、遊艇、農莊渡假村、鄉村市集、雜貨店、山頂、森林中、體育場、棒球場、屋頂，以及提供你和你的賓客私人包廂或空間，不對外開放的餐廳與夜店。賓客們可搭乘私人接駁車、名車與摩托雪橇、塞滿牧草的四輪馬車、雙層巴士與三輪車、快艇、騎馬、吉普車、大客車與豪華轎車等抵達活動會場。

尋找可以舉辦活動的場地——無論是傳統的或獨一無二的——當你在規劃活動展望時，你需要考慮到七個關鍵重點。更多關於地點需求的資訊將會在本書後續的章節詳述。

1. 地點（當地、其他縣市、國外）

你的賓客清單會是決定活動地點的考量因素。他們大多住在哪裡，以及哪一種交通方式與住宿選擇會被納進你的成本分析中？

2. 日期

哪一種國定假日、宗教節日或其他特別日的活動（例如運動比賽或選舉之類）可能影響到出席率或工資及其他成本？

3. 季節

甚至季節也會在場址選擇中占有一席之地。同樣的場址在不同的季節中會產生不同的活動物流配置與預算考量。根據你所選擇的場址類型，每一種季節都有其自己的挑戰。例如，一場需要搭帳篷的活動在盛夏某日的正午時分舉辦，就會需要考慮到空調、備用發電機、吊扇等支出，而在早春或晚秋舉辦的帳篷婚禮，則因為考慮到早晚溫差大、日照短、草地濕滑且讓賓客感到雙腳冰冷，因此需要暖氣或獨立電暖爐、鋪地板與照明的支出。大樓的選址也是一樣的道理。在某場活動中，曾有賓客因為沒有冷氣、只有暖氣而暈倒。在同一地點舉辦的另一場活動，則發給賓客特製的扇子作為解熱方式，並且成了活動後的紀念品。

4. 活動當日的時程

活動當日的時程是個重要因素。你是唯一一個在該場地舉辦活動的團體，還是有好幾個等著排隊？如果是後者的話，你會不會覺得好像身處工廠的裝配線上？如果排在你之前的活動因故延遲開始該怎麼辦呢？如果他們的賓客散會後還逗留在原地又該怎麼辦呢？你的供應商要花多少時間準備，以及賓客要花多少時間入場呢？如果你被排在比較早的時段，要如何確保賓客能準時離開以便讓下一場活動開始佈置？你會感到倉促與困擾嗎？以及如果你的活動是該場地當天唯一使用現場設備或指定空間的活動，你會得到更好的服務嗎？

5. 無論你的企劃是選擇室內或室外

如果你把活動規劃為室外而不準備雨天備案的話，就等於是置它於危險中。對於在春季、夏季與秋季舉辦的活動來說，配有

相同設備的帳篷或私人房間可作為壞天氣的應變方案。這點對於冬天的戶外活動亦同。選擇舉辦滑雪的公司需要預留可以替代的地點，以防危險氣候出現。

戶外活動需要特別的佈置與支出考量。例如，如果根據需求，你要搭一頂帳篷的話，光是把東西搬過來與搭設就會花個兩三天到一星期，遇到下雨可能還會延遲。土地變濕的話也會影響到工時，拆卸與搬離也同樣會花個幾天。時間根據你是把活動在哪裡舉辦而定，此外可能也要把裝設與拆卸所占天數的場地租金也算進去，因為場地與設備在那幾天中是沒辦法租給其他人的。你也必須確認一下在週六進行拆卸的工資是多少，因為可能會有額外的加成。其他的支出因素還包括場地維護費，或是為餐飲供應商準備的獨立烹飪帳篷，如果會場沒有可用的或無法滿足安全與其他需求的廚房的話。帳篷可是會被吹走的，因此在現場留一些得以立刻處理情況的機動人員，能幫助你避免一些重大問題。同樣的，確保租來的東西像是椅子、桌子、裝飾品、視聽設備等過夜的安全性，以及在人來人往中的移入、佈置、拆卸、移除等期間中的保護也是重要的議題。

6. 無論活動是在單一地點或眾多地點舉行

如果你的活動會用到兩種不同的會場，那麼就必須考慮在這兩個場地之間的往返時間，你的賓客是否能夠輕易地來回，以及你要如何安排抵達事宜。

7. 預算考量

並非每個場址都有著相同的使用條件與限制。舉例而言，有些東西在飯店是不會額外收費的，例如桌子、椅子、床單或特殊玻璃杯如馬丁尼酒吧用的馬丁尼杯，但是在會議中心、博物館等地則不必然會包含在房間費用裡頭。這些物品可能會需要為活動特地準備，並且付出額外租金。

活動風格

活動風格指的是你想要呈現的氛圍或整體印象。風格可以混搭，創造新的感受。風格是個人化的。在風格裡沒有「應該」這回事，而且風格絕對不是錢的問題。假設你選擇的活動風格或主題，以浪漫為例，你可以用幾百、幾千或幾萬美元辦一場超級浪漫的活動。你所花的錢可能會限制可用選項，但絕不會受限於重複的主題或活動風格的基本要素。

你的活動風格會影響到邀請函、場址、賓客服裝、花束、裝潢、音樂、娛樂和餐飲。活動的最終結果將會是各種氛圍的綜合，這就是你所創造出的活動風格。

以下列舉數種不同的活動風格：

- 傳統的
- 古典的
- 現代的
- 鄉村的
- 文化的
- 莊重氣派
- 低調典雅
- 浪漫的
- 趣味的
- 溫馨的
- 戶外的
- 主題的
- 季節的
- 假日的
- 海灘的
- 運動的

活力：打造氛圍

　　每場活動都會散發出活力。場址、裝潢、音樂、餐飲、活動以及賓客，上述總和全都影響著活動的活力並奠定活動氛圍。你所賦予活動的活力會因為你的活動設計而可好可壞。一個在時間掌控、物流安排與所含括的活動必要成分等方面十分糟糕的設計，能夠完全耗盡會場內的所有活力。氣氛變得枯燥、空氣沉悶、出現客套話或尷尬的沉默──當會場開始缺乏活力時，這就會是你所感受到的。一旦過度擁擠、等待太久、飢餓或疲憊的賓客以及座位不足等被忽略的地方出現時，負面能量可是會充滿整個會場的。就賓客的規模來說，選擇太大或太小的場地及環境同樣也會降低會場的活力。❹

情感：各種感受

　　你選擇的活動風格會讓其自身成為一種媒介，傳遞環繞在活動周遭的情感。例如，浪漫風可能會引起溫柔、柔和、親密等全部與愛情有關的感受。以趣味為主題的活動，描繪著嬉戲的特質，將會散發出輕鬆愉快的暖意，這種暖意是由體貼與些許的歡慶所構成。花點心思在活動風格以及你想呈現的感受上。選一個能夠掌握活動目標之精神的風格，以及一個能夠讓你的活動出類拔萃的情感吧。

🌐 活動展望Q&A

　　下表中的問題將能協助你打造活動展望、確定何種項目對你的客

註❹：關於如何發揮最大效益與活力的場地安排，更進一步的資訊請參閱《活動企劃事業》一書。

戶是最重要的，以及透過必要的預算考量之反思來指引規劃方向——那些看似不重要的項目可是能夠迅速增加數百，甚至數千美元的額外支出。如果在活動設計的初始階段沒有考量到這點的話，就會像之前泳池佈置的總體工資個案一樣。

　　問卷調查可說是開啟你和客戶之間討論的大門，它將引領你進入決策制定以及確定對客戶來說什麼是最重要的，以及如何配合其活動預算。

活動日期

- 我哪一年能看到活動出現？
- 今年（本季）何時我能親眼目睹活動進行？
- 能給我多少時間從事活動企劃？
- 我希望我們的活動在這個禮拜的哪一天舉辦？
- 我喜歡在一天當中的哪個時段舉辦活動？
- 每年此時，譬如月份、日期或時間會影響到出席率嗎？

重要貴賓

- 會有重要貴賓出現在活動中嗎？（這可能意味著要增加總統套房、加長型禮車等花費以及「必備項目」的預算內容。）

活動賓客

- 我預期有多少賓客會出席活動？
- 會要求出席者攜伴嗎？
- 我們將邀請的賓客年齡層為何？
- 小孩也能參與活動嗎？
- 賓客會有特殊要求嗎？譬如無障礙設施。
- 我希望出席的賓客必須是來自其他鎮、其他縣市或國外嗎？
- 我們會需要接待外地來的賓客，並且在活動前、中、後招待他們嗎？

邀請

- 我對邀請方式已經有特別的想法，或者還未定案？

活動

- 活動要在哪裡舉辦？
- 活動要在室內還是戶外舉辦？
- 要辦一場正式、像節慶般還是非正式的活動？
- 我希望參加活動的人穿著怎樣的服裝？
- 活動地點與賓客居住的地方相對位置為何？

活動裝潢

- 當賓客抵達時，我預期他們從入場的那一刻直到入座之間會看到什麼？以及當活動進行中時，會有什麼東西改變嗎？

活動音樂

- 我想要讓賓客在入場與活動進行中聽什麼音樂？（這有助於你決定場地需求，例如是否有需要協調樂團進駐等等。）

活動燈光

- 燈光會投射出哪種氛圍？
- 我想要會場傳遞出什麼氣氛？
- 活動舞台要如何打燈？

活動抵達

- 我是否瞭解賓客以什麼方式抵達？他們會自行前來或者須請司機接送？他們會搭豪華禮車或是採用其他的交通方式？

活動攝影

- 活動會有專業拍照、錄影或網路直播嗎？
- 誰會負責活動拍照、錄影或進行網路直播？
- 我希望在活動相片中看到怎樣的背景？

活動流程

- 活動中有哪些事物是超級重要、一定要有的？
- 我是否瞭解活動的流程呢？
- 我是否瞭解活動從開始到結束所要花費的時間？

活動場地需求

- 場地要如何規劃？
- 這會是場以站立為主、並備有零星座位的活動嗎？
- 這是場全程對號入座的活動嗎？
- 如果有含晚餐的話，座位是隨便坐還是有座位表呢？
- 食物是以自助餐的方式自取，還是已分盤盛好？
- 場地會有吧台嗎？或者飲料由服務生送上？
- 需要舞台供演講者、音樂家、DJ或娛樂節目使用嗎？
- 有舞會嗎？
- 有任何需要被納入場地規模考量的視聽器材嗎？例如背投式投影螢幕、電漿螢幕等？

活動視聽設備

- 會安排演說嗎？
- 會用到講台或麥克風嗎？
- 有任何視聽器材方面的需求嗎？

活動飲食

- 會提供哪一種飲料？
- 是免費吧台還是自費吧台？
- 活動會提供哪一類食物？

活動離場

- 離場時有任何特別的典禮，或是盛大閉幕會嗎？

活動前與活動後

- 我需要考量哪些關於移入、佈置、彩排、當日進行、拆卸與移出等階段前後的花費及空間需求？

　　一旦完成活動展望以及基於「必備項目」的初始預算，那麼這時就該做出關鍵的決策，好讓你能夠設計出一個更能賓主盡歡的活動。就算沒有做到這點，你還是可以辦一場規規矩矩的活動、根據有助於達成活動目標的基本活動要素為主軸設計而成，其中包括預算來源，或是懂得尋找用於「必備項目」的成本選項，使成本在必要的情況下與預算相符，例如在適合的情況下尋找贊助商。

　　舉例而言，有一項新的活動預算在活動企劃中越來越常見的、基於贊助與合作關係考量，對於企業與公眾有著巨大吸引力，並且逐漸成為一種「必備項目」的活動內容，那就是環保。在綠色會議與活動中，連碳排放量都要納入計算，其中可能包括舉辦期間、與會代表數目、班機、房間數量、電力使用量等，然後在公司或活動中加入一組減量措施（www.greenmeetingguide.com網站上有建議事項表），就成為了一套減碳贊助方案。這可為贊助單位以及主辦活動的公司帶來良好商譽以及媒體採訪，或者如果把綠色會議或活動以及對環境負責當作該公司目標之一，亦可納入公司的活動預算中。

　　打造綠色會議及活動的方式包括了：

- 用隨身碟取代紙本手冊，這樣可以減少紙張用量，也能把公司或贊助商的數位資訊存入隨身碟中，還可以加上商標。
- 從供應瓶裝水改成可重複使用的不鏽鋼水杯，這樣可以省錢、減少垃圾掩埋場的廢棄物，也是個更健康的替代方案（引起健康疑慮的酚甲烷（BPA），構成其主要成分的聚碳酸酯會滲進水中），也能放上公司品牌行銷的標誌。
- 作為公司品質認可或個人環保革新與成就的綠色獎章。
- 包括環保或企業社會責任（CSR）成分在內的「團隊精神」培育活動，像是志工與社區服務計畫，例如為動物的生存環境而植樹，或是為「人類家園」（Habitat for Humanity）募款與建造房屋。

如果有收到環保贊助金而要確認贊助商身分的話，用一種比較環保的方式而非傳統的為其立牌標誌是很重要的。在過去，立牌是最常被用來識別贊助商的辦法，但是除非那塊牌子可以重複使用，否則也只是製造更多的浪費。以較環保的方式感謝贊助商，譬如在每一個有紀錄與發言的機會提及環保贊助者的名號與商標，或是如果有製作印有商標的宣傳資料，切記盡可能要使用可回收的材質。

下面的初步預算範例可以讓你完成對於活動主要花費的粗略評估。有關預算的更多細節將會在第三章進行討論。

初步成本評估

一般來說，關於你所考量過的各種項目，都能從供應商那邊得到一紙書面估算。這些數字在初步預算通過以及得到活動需求的清晰資訊後便會固定下來。例如，某間外燴業者可以給你5道菜的基本款與高檔菜單的成本估價作為預算規劃之用，但真正的晚餐成本將會依最後的菜單選擇而定。

初步預算應該把主要成本包括進去，諸如下列事項：

- 邀請函
- 住宿
- 交通
- 場地租賃
- 彩排成本
- 食物
- 活動安排
- 視聽器材
- 燈光
- 特效

- 飲料
- 花飾
- 裝潢
- 音樂
- 娛樂
- 喇叭
- 維安
- 工資
- 電費
- 舞台佈置

- 攝影
- 座位卡
- 菜單
- 禮物
- 印刷資料
- 宣傳資料
- 保險／風險評估保護措施
- 活動企劃管理費

- 通訊費用
- 翻譯
- 運費與手續費
- 關稅
- 人員配置
- 其他雜項
- 稅金與服務費

　　打開Excel或其他會計軟體的試算表，製作一張詳細的希望清單，先無視成本的把所有可能用到的事項都列進去。在電腦上制定預算能夠讓你迅速瞭解現在的情況為何，以及對於接收到的成本資訊如價格等進行即時調整。當你增加或移除不同的活動基本元素時，立刻就能明瞭預算會受到什麼樣的影響。把那些絕對要被納入計畫的事項加粗加黑。剩下的項目則是非必要的，可以在你已經完成初始預算後再將它們計入。例如，假如餐飲屬於「必備項目」，而菜單跟座位卡則可以是不錯的活動配角，如果預算許可或是菜單跟座位卡就公司形象而言被認為是重要的話，那麼你就需要瞭解到這些支出是除了餐飲費用之外，也必須被納進初始預算的。

　　如果連同那些沒有商量餘地的項目在內，你的初始預算評估超過了原先預期的話，你就得慎重考慮是否應該要按照既定計畫進行，還是檢視有那些部分可以調整。例如，選擇基本款菜單但是把其他菜單跟座位卡列為非必要選項，或是堅持高檔菜單以符合你想要的活動基調？如果初始成本評估的確沒超過預期預算的話，接下來就可以開始加入那些非必要物品了。

設計活動體驗的目標

緊接著要考慮的是活動目標。為什麼你要辦這場活動？你的（而非公司的）活動目標與意圖為何？你希望能達成什麼目標？在之前的高檔新書發表會案例中，活動目標與基本元素就是要傳達「魅力」，而出版社的目標則是要為其產品吸引媒體報導並且創造銷售利潤。為了達成這些目標，他們必須舉行一場可能會被媒體認為是有新聞價值的活動（綜藝節目、談話節目、新聞節目、報紙、流行雜誌、網路等）。

切記一定要清楚地瞭解所有的公司目標與活動目標——每一場活動都有多個層次、必須達成的公司內部與外部目標。將它們進行優先排序，判斷它們能發揮多大效益，以及瞭解一場活動要如何成為舉辦下一場活動的堅實基礎（未來也必須為其編製預算）是很重要的。

例如，某間正在規劃銷售會議的公司，可能會將團隊精神培育這項活動基本元素納入考量，因為該活動可以賦予其職員創造健康所需要的技能，協助他們在職業與個人方面獲得成長，讓他們能做得更多、成就更多以及與公司一同成長。關於這場銷售會議活動與「團隊精神培育」的挑戰，他們可能有附帶的公司內部目標可擴展至辦公室：例如減少醫療照護、職災、生病等支出，或是招募新人與留職停薪等花費。

可以達成此目標的方法之一就是由公司的執行總裁以身作則，並且簽署承諾參加總裁挑戰（CEO Challenge）。總裁挑戰網站（www.ceochallenges.com）專為總裁們設計了一系列的運動競賽，以便從中找出全球最棒的總裁。該網站提供總裁鐵人挑戰賽、總裁鐵人三項，也有高爾夫、自行車、釣魚、帆船、滑雪、賽車和網球等項目。只要企業與活動目標包含宣揚健康與積極生活態度的公司，在該公司及其

總裁參加了總裁挑戰賽之後，無論是全體或是部分，例如光是銷售能力，就能達成目標。其中可以包含一個量身打造的「員工健康計畫」，我們可以將它設計成一個「團隊精神培育」的訓練活動來執行，目的是達到整體的健康標準。該計畫亦能在活動後持續於辦公室內進行，以室內為主的體能訓練器材讓職員與總裁可以不停歇地為了他們的身心健康目標而努力。還有，要是預算許可的話，考量到支出與長期效益，有些公司如 www.personalbest.ca 可以和企業一同合作，在工作場合打造完美的體適能訓練中心。也可以僱用個人訓練師和公司員工一起工作，協助員工達成最大的成果，也可以安排一些小活動以維持其動力，像是在公司總裁挑戰賽的之前或之後，評估公司總裁是否夠格參加世界盃大賽。

企業客戶及其參與者對於透過無聊又傳統的主題活動與獎勵計畫去達成公司目標——其中絕大多數如今看來都是千篇一律，一點新意都沒有——可是敬謝不敏，他們寧可選擇可以引起注意的客製化活動，像是之前提過的綠色會議或是以個人為主的活動，如專業發展或傳承。這類活動如今已變成公司工作環境與品牌行銷的一部分，某些公司也正往更高階的策略性活動設計邁進，提供參與者可以用來提升其家庭與工作生活品質的技能，以取得其生活的平衡，並且讓他們對公司或個人而言都極富價值。為參與者建立活動體驗的公司，多半會納入以下一項或多重的體驗：

- 教育性
- 啟蒙性
- 參與性（和公司／團體融為一體）
- 活力性
- 娛樂性，但是必須寓教於樂

啓蒙性

　　以啟蒙、強調身心靈和諧，以及讓個人的家庭生活與工作達成平衡為主旨所建立的活動，或許可以邀請像是瑜伽大師魯尼葉（Rodney Yee）來擔任引導人。葉大師（www.yeeyoga.com）是美國最棒的瑜伽老師之一，他上過《時代雜誌》（*Time*）、《時人》（*People*）雜誌、《今日美國》（*USA Today*）與「歐普拉有約」（Oprah Winfrey Show）節目。他在全國各地巡迴，也在全世界如英格蘭、峇里島、澳洲與墨西哥等國家成立工作室與靜修所。葉大師出版了超過17套暢銷瑜伽DVD和錄影帶，也是《邁向平衡：跟魯尼葉共度八週瑜伽》（*Moving Toward Balance: 8 Weeks of Yoga with Rodney Yee*, Rodale Books, 2004）的作者和《瑜伽：身體詩學》（*Yoga: The Poetry of the Body*, Yee and Zolotow, St. Martin's Griffin, 2002）的共同作者。

　　有些企業理解到，瑜伽訓練與冥想所帶來的好處在職場與個人生活中都用得到。瑜伽是最有效的減壓方式之一，而冥想練習則可激發更高的創造力、更好的專注性與更緊密的人際關係。參與者所學到的這些技能將幫助他們更懂得與他人相處，並且在工作場合更為放鬆、更能專注當下並且更具有創造性。

　　如果要有所成效，葉大師建議至少要以一星期為單位進行瑜伽靜修。早晨可以瑜伽作為起始，然後進入到一天中的會議部分。冥想可以利用會議的其中一場休息時間進行。如此能保持出席者的注意力集中，以及讓他們能重新充滿活力並準備好開始聽講。瑜伽也能運用在具有體育元素的企業活動中。許多頂尖的運動員——從足球到高爾夫球皆然——現在都會進行交叉訓練（cross-train），而就體力、耐力、健體與靈活度訓練部分而言，瑜伽在其中占有非常重要的成分。不妨以運動為主題，例如高爾夫錦標賽，舉辦一週的企業渡假進修，並且納入瑜伽與冥想技巧以協助參與者在比賽、工作與家庭中表現得更

好。瑜伽與冥想有助於修復體內的失衡、頻率、呼吸、注意力等，喚醒意識並教導人們如何透過這種實踐而生活。在瑜伽渡假進修中，參與者可以得到娛樂效果、學習並自我投資。伴侶與家庭瑜伽是另一種可以放入瑜伽研討會的元素。瑜伽墊、瑜伽球、葉大師的DVD與書籍都可以包含在客房伴手禮內，瑜伽服也是不錯的選擇。

另一項對參與者的個人與工作都能產生效益的啟蒙體驗範例是騎馬。到懷特·韋布（Wyatt Webb）所經營的Miraval Life in Balance™（www.miravalresort.com）渡假村嘗試看看吧。韋布是該渡假村的馬術體驗創辦人。Miraval有全美首屈一指，也是世界前五大的溫泉水療（SPA）中心，而韋布是其中的最大賣點。韋布要求他的客戶跟馬兒一起做些簡單的事，他即可從中瞭解客戶現在的生活狀況，因為和馬兒的互動可以作為人與人之間相處的一面鏡子。韋布身為知名的Sierra Tucson治療機構中青少年計畫的前任負責人，他耗費數年研究各種不同療法，然後發展出他的獨門絕活：把馬跟人湊在一起。他也是《非關馬兒》（*It's Not About the Horse*, Hay House, 2002）、《讓你克服恐懼與自我懷疑的五大步驟》（*Five Steps to Overcoming Fear and Self Doubt*, Hay House, 2004）以及《當你不知道怎麼辦時該怎麼辦：常識》（*What To Do When You Don't Know What To Do: Common Horse Sense*, Hay House, 2006）的作者，以及美國最受歡迎的治療師之一。

韋布的馬術體驗喚醒人們的意識，並教導他們要如何看待注意力與如何評判在其生活與人際關係中所製造出來的東西。活動進行一段時間後，許多人發現到他們的人際關係獲得百分百的改善，公司營收的黑字也是，因為他們為了讓自己更靠近成功，於是懂得如何傾聽與跳脫本位主義。騎馬體驗對於日常生活確實有提升作用及其效益。它成為一種個人經驗，參與者們在其中學習到要對自己負責。高牆倒下，他們看見真正的自己。上完課後，他們能夠評估自己是如何在家庭與工作中給自己找壓力。當他們在上課時，他們領會到這是非關工作，一如非關馬兒的。馬兒關注自己的內在（internally focused），

並且活在當下，然而人類，除非他們學習自覺，否則皆關注外在事物（externally focused）。參與者瞭解到身體的每一個動作都是對於他們個人信念的直接回應。他們瞭解到要如何集中注意力在所感受到的事物上、要如何看待他們的行為，以及要懂得生活中為何不能只關注外在事物，而且為何對他們的個人與職業生活來說，轉向關注自己的內在極為重要。他們體驗到一種情緒的轉變並且重拾熱情，享受他們正在從事的工作。

參與性

全公司上下能夠一同參與的活動可以設計成多層次的計畫，而且也具有能延伸過往會議與獎勵活動的附加效益。以一場活動來啟動計畫，接著用一整年執行——利用一些迷你活動來維持動力，其積累的能量可以用一次盛大的閉幕，例如前述的總裁挑戰賽做結尾。

活力性

現今的團隊精神培育或團體活動——於會議、研討會、獎勵活動或單一活動中舉行——將焦點置於個人的整體幸福與積極生活行動上，這種活動是為了將新的活力與熱情注入到個人身上而特別設計的。作為活動或公司目標的一部分，它對於個人的家庭與工作均有益處，並且再次強調，它是多層次的。例如，冬季時，在滑雪道上滑雪（或穿雪鞋、極速滑雪）一整天後，可安排在位於大自然中心的設施，如Le Scandinave Spa Blue Mountain（www.ScandinaveBlue.com）享受一次徹底的「滑雪後」（après）大放鬆體驗，夏季時則可以安排一整天的個人訓練、登山自行車、健行或高爾夫。提供給賓客個人化並印有公司標誌的長袍（繡上賓客姓名的字首以及公司或主題的標誌）或印有標誌的不鏽鋼水杯（兼具環保元素），不但可以在家中使

用，也能在他們造訪溫泉水療中心時使用，更是送給完成運動／積極生活活動後的參與者們的完美禮物。

教育性／娛樂性

藉由私人演出提供難以忘懷的體驗，對於企業行銷與銷售活動而言總是屢試不爽。不動產公司如今在這個基礎上予以擴展，藉由邀請挑選過的貴賓——未來的客戶——參加不對外開放的名人活動，借其之力來幫他們販賣新推出的建案。現在的企業則更進一步為參與者們推出了名人之旅。舉例來說，賓客們可以跟知名主廚一同到義大利旅遊、在超市中購物，然後在主廚身邊圍成一小隊，學習如何準備一頓健康又衛生的當日晚餐。同樣有教育性質的名人旅遊活動也可以圍繞時尚、品酒、競賽、網球、高爾夫等等主題。

不管「編造」（spin）的內容為何，活動的主要目標都應該要明確，例如像發表新車這種重要產品、表揚頂尖銷售員或是為公司開源節流—就像上述列舉過的，以便為活動的開銷取得正當性。千萬不要把活動當作是掩飾內部策略的藉口，或隨便辦一場私人派對就當成商務活動。舉例而言，籌辦一場所費不貲、因為某些缺陷導致銷售情況不理想的次要產品（minor product）發表會，不只是沒辦法解決你的問題，還會因為浪費金錢與損害公司商譽而越幫越忙。要確定活動是否值得為其企劃、運作、執行與協調付出時間、金錢與心力，以及需要從客戶那邊得到的付出時間、金錢與心力。

公司方面會認為這個活動值得，並將其視為具有教育、啟蒙、參與、活力與娛樂性質，或是對個人和／或專業是有意義的、令人難忘的以及不可思議的嗎？右表是各類活動不同目標之範例。

你的活動目標會影響你如何計畫、設置與安排活動。如果你規畫的是一場在會議中心舉辦的客戶感恩活動，對出席者而言，當天晚上可能還有其他選擇，那麼活動目標可能就要想一些新的噱頭讓他們產

生興趣，選擇到你的場子，還要讓他們不會中途離席，並且讓他們與你的人員持續互動。

各類活動的部分目標

會議

- 提供關於產品或公司的新資訊
- 讓外勤人員齊聚一堂
- 交換意見
- 找出現有問題的解決方案
- 發表新產品
- 提供訓練

企業活動

- 員工感恩大會
- 客戶感恩大會
- 供應商感恩大會
- 頒獎
- 聯繫供應商與員工
- 產品發表
- 支持企業提倡的募款善行
- 提高知名度
- 增強品牌辨識度
- 慶祝重大事件（五十週年紀念、第1百萬名顧客或產品售罄）

募款

- 募集研究資金
- 吸引媒體注意
- 提高知名度
- 吸引新贊助者
- 募集新支持者與捐款
- 增加志工人數
- 為未來的活動或贊助以及捐款需求擬定郵件清單

研討會

- 聚集各方人士以交換資訊及意見
- 發表新產品
- 銷售確認

獎勵活動

- 打造「獨一無二」的活動以確認銷售成長
- 聚合頂尖銷售員討論未來策略
- 讓頂尖銷售員與資深經理人在工作環境外齊聚一堂
- 獲得伴侶與家人的支持

特殊活動

- 吸引媒體注意
- 提高知名度
- 招攬新顧客
- 產品發表
- 頒獎表彰
- 紀念致敬

初步問題

- 我應該辦活動嗎？
- 我有足夠的資金辦活動嗎？
- 我有多少錢能投入活動？
- 活動的目的為何？
- 活動的開銷有正當理由嗎？

　　舉例來說，出席研討會的證券經理人會成群結隊到一家嶄新的綜合娛樂城享受充滿樂趣、美食與刺激的一晚。大客車則在其下褟的旅館待命，並帶著他們往返兩處。當賓客們上車時會拿到密封的包裹，並且被囑咐要抵達私人雞尾酒會才能打開。裡頭裝的是印有公司標誌的高爾夫毛巾，它具備雙重目的：團隊象徵與伴手禮。

　　第一層目的是為了把賓客們區分成六組，由不同顏色的高爾夫毛巾為識別。每一組都有個資深的主辦單位人員領導，以便讓該公司的代表有相當充裕的時間認識其組員。高爾夫毛巾可以輕易地別在腰帶或皮夾上，並且能夠一眼就認出每位組員。

　　在雞尾酒會場，賓客們會收到指示，然後開始兩小時的探險：一場特別的遊戲 —— 虛擬奧運。之後，大夥齊聚共享斛光交錯的晚宴並藉機分享彼此經驗。成績很快就計算完成，進行頒獎。接著是自由活動時間，賓客們可以休息或使用現場的娛樂設備。如果他們願意，也可在私人區域內享用飲料、咖啡與甜點。要離開的話，每半小時會有一班接駁車帶他們回到飯店。賓客們因為招待太週到而意猶未盡，導致活動結束時多半都還捨不得離開。他們得到娛樂體驗，而公司的目標也達成了；他們有著高品質的互動，而公司也逐漸瞭解其賓客。

　　高爾夫毛巾的第二層目的是作為伴手禮。絕大多數的情況下，這類禮物都是沒經過仔細考量、無實用性的小玩意，然而自從有許多證券經理人打起高爾夫球後，毛巾對他們而言便是實用的，也可作為活動的紀念。

　　活動如果只規劃雞尾酒會與現場晚宴，人們仍然可享有愉快的時光，但公司的目標則不一定能達成。假如沒有競賽團隊的活動安排，便不會出現同樣品質的互動。假如只是讓賓客自行去研究那些設備的話，他們可能會過於分散，以及沒什麼興致，草草喝完一杯雞尾酒與玩過一場遊戲後就往另一場活動去了。

初始企劃

　　某家公司或某個人決定要辦活動。在準備完活動展望與初步的成本評估後，他們得到的結論是：有足夠的資金，也能撥出其中一部分來辦活動。他們為活動目的下好定義，也確定活動可以花費的正當性。現在他們準備好要開始活動的初始企劃了。在這個階段中，如果他們沒有室內活動規劃人才的話，那就要決定是向外尋求專家的協助並帶來一整個活動企劃公司、僱用一名獨立的活動企劃專家與自己公司內部團隊共事，還是要讓公司的團隊直接跟活動供應商合作來處理活動設計；管理預算、物流、時程掌控與活動執行；以及安排並協助他們將整件事情從頭到尾進行一次活動預想。

　　在規劃重大活動時，太多人是以金錢的角度去思考而非感覺。客戶——企業、非營利組織、社交活動或婚禮——必須知道在何時與何處應該藉助活動企劃專業人員的協助，包括公關專家、掌控活動製作流程，從概念到完成的創意總監或製作人。重要的是活動企劃人員並不把自己當成僅僅是接單者的服務業，因為這不是他們的角色。相反地，他們必須把自己、公司與活動企劃產業呈現為有價值的商業銷售與行銷工具，能夠協助企業客戶、非營利組織與個人進行設計、製作與執行客製化的活動——而非工廠大量生產的模子——經由策略性地設計達成甚至超過他們所設定的公司、專業與個人目標。

　　絕對不要把花在活動企劃人員與活動相關諮詢顧問的費用視為是額外與浪費的支出。特別是如果在適當的時候聘用他們的話，到頭來他們其實可以幫你省錢。例如，好的公關公司可以幫你擬定賓客名單，並且確保邀請到「對」的人來參加活動；他們也能幫忙處理新聞稿與宣傳資料袋，讓你有機會在全國與國際的媒體曝光。創意總監或專業活動設計師的職責在於提供你有關活動設計的策略性觀念概要，

包括企劃、籌備、物流與協商等要素以及可以發揮魔法般效力的微小細節。

　　在今日，當說到活動企劃，可能只有「上天」能夠予以設限，不過專家還是能拓展客戶的視野。好比說現在太空已成功地被用在行銷上，例如一名太空人在外太空打高爾夫，為一間新開幕的高爾夫球俱樂部打響知名度，或是為了慶祝某家雜誌週年慶所設計的封面（沙漠中陳列著一個特大號的模型，而且被設計成以衛星從外太空拍攝）；將晚餐（或早餐、午餐、雞尾酒會）升空進行，活動業者以吊車將一個租來的用餐平台吊至離地50公尺高的半空中 —— 可容納22名賓客、1名廚師、侍者與音樂家，這場景在全世界都上演過（獲得准許的話）或是在活動中安排管弦樂團與樂隊在賓客的頭頂上演出；服裝秀則利用建築物的外側或甚至以空降的方式來走秀，以展示某位新銳設計師的作品與製造最前衛的流行氛圍，並且為獨家販售該品牌的店家爭取媒體曝光。活動製作人或活動執行人員要確保的是所有預想中的事項都能成真、負責確認消防與安全管控一切良好、取得每一項必要的許可，以及把該有的保險也準備就緒。

　　相同的原則也可套用在活動企劃公司。他們必須瞭解何時要聘雇專家，以及在何處與如何利用自由工作者以促進讓公司成長。

> 　　適時聘請活動企劃人員與活動相關的諮詢顧問，最終能幫你省錢。
>
> **TIP**

　　造成損失慘重的失誤往往出現在沒有聘請專家的時候。想像一下消防隊長站在門前準備要讓你的活動中止，因為你沒有取得相關許可，而現場的賓客數量超過了空間所能容納的限制或是沒有符合每一項安全規範。這種損失有多可觀？或是舉辦了一場超炫的活動，需要

媒體正面的報導，但完全沒有這方面的準備，這種代價有多高？又或者如果你沒有掌控好現場局勢，導致媒體報導說在甜點送上來之前，人們就急忙往門外衝去，這代價又是如何？公司有必要瞭解要在何處與何時聘請專家。究竟是要每一毛錢錙銖必較，還是感覺比較重要？記得，適時適地尋求專業協助才是明智的做法。

企業活動委員會或團隊

當成立企業活動委員會或團隊，或是與他們共事時，或者是公司以贊助夥伴的身分與非營利組織合作的情況，一定要力圖在責任範圍內配合其技術、利益以及可利用的時間。舉例而言，如果委員會成員的功能是銷售，而被期盼能在協助活動企劃時持續有所產出的話，他們在上班日時可能會沒有足夠的時間去進行現場實測、審視賓客名單等事務，或是當每月結餘計算中隨時待命，而且還要在最終期限前結束銷售。❺ 你所要做的就是讓銷售員不會覺得自己像個突然被車頭燈照到的小鹿一樣驚慌失措。

務必記得要請企業指派專人來負責和活動企劃公司或供應商的所有聯繫（如果該公司或組織正在處理其內部活動的話）。這點可保證供應商不會從一大堆資訊來源中接收到相互衝突的指示，以及確保高層主管同意這些支出。

活動類型

決定活動類型的時候，要注意你的目標群體。忙碌的專業人士可能不會犧牲預定跟家人團聚的時間去出席研討會，但如果活動有針對

註❺：活動企劃的時間需求在《活動企劃人員的時間管理》（Wiley, 2005）一書中有所說明，也有增加時間與節省時間的小祕訣與技巧。

其家人進行設計，像是包場的電影院或娛樂中心專屬預約的話，他們可能就會來了。會議可以在早上舉行，同時間其家眷則在享樂。他們可以約在午宴會場會合，利用剩下的時間跟家人們一起使用這些設施、在電影院看場電影或是在貴賓席欣賞大受歡迎的現場演出，研討會也可以早一點進行，然後在私人宴會中的餐前餐後準備些娛樂活動。一間有能力保證包場電影院或是秒殺的孟漢娜（Hannah Montana）現場演唱會門票的公司，對於讓以家庭活動為重心而舉辦的研討會出席人數爆滿是不會有什麼問題的，就像安排難得的太陽馬戲團演出一樣。某間公司舉辦了一場極為成功的私人晚宴，位於帳篷裡的會場還準備了在半空中進行馬戲團式的表演與特效。

　　若想要藉由創造出在活動前讓媒體進行採訪以招攬客戶上門的公開活動的話，多半會尋求與能夠有助於達到此目標的公司合作。例如，婚紗秀會希望能吸引情侶及其家人前來參與一場以展示價值百萬美元的結婚蛋糕為噱頭的活動。就像之前提到的高檔新書發表會一樣，珠寶商負責提供珠寶來裝飾極盡奢華的婚禮蛋糕。在這場活動中，珠寶商與結婚蛋糕設計師都獲得了知名度，再一次強調，製作百萬結婚蛋糕的成本不怎麼高（維安、保險、工資），但跟活動有關的人卻都獲得了巨大的回報。

時間需求

　　理想的情況下，就算你有至少一年以上的時間去企劃活動，還是會有很多細節被忽略掉。沒錯，在六週內籌劃好超過1,000人的重大活動是有可能的，但總是有代價。你得冒著無法提供最佳地點及最佳娛樂的風險。如果能未雨綢繆的話，為何要退而求其次呢？

　　在決定企劃所需的時間時，把所有你需要的事物都列出來，並且一一設定時限。一開始就要設想周全。為了讓活動成功需要做哪些事情？利用日曆進行回溯工作，並且開始安排活動的規劃時程。記得要

留下緩衝時間。為了確定切合實際的時間表，不妨花點時間去研究。❻

> 提前規劃，你就不須退而求其次。
>
> **TIP**

　　讓自己有充分的時間去達成最佳結果。有哪些不速之客會妨礙你完成預定的行程，像是與最終期限有所牴觸或供應商因為假日而休息？舉例來說，印刷廠按慣例會在7月最後二週休假。要記得跟你的供應商確認，並且將其列入時間表內。夏天一般來說都不是個好時機，就連媒體都不見蹤影。

　　在重要的企劃與執行的最終期限之前，會有關鍵人物難以聯絡或不在工作崗位上嗎？年終對於活動的舉行會造成任何影響嗎？

　　某位募款餐會主辦單位有三個月的時間去確定場址、取得贊助、安排節目以及印刷與販售5,000張價值500美元的門票。當該公司的企劃人員認為他們無法僅用靠三個月的時間就處理完這些事情，他們沒辦法找到夠水準的場址或屬意的表演者，也沒時間去確認可爭取的贊助金額，在經過多次開會討論後，他們決定將活動延後。時程根本無法

> 　　企劃時，如果你理解到按表操課將導致弊大於利的話，千萬別害怕延後活動。你可能會需要更多預算、時間，或是更好的地點與日期。有些時候支出並不是指金錢；勉強進行不合理的計畫可是會付出高昂的代價。
>
> **TIP**

註❻：《活動企劃人員的時間管理》會告訴你要如何創造與建立時間緩衝，讓你的個人與職場生涯都能獲益，並且減低面臨最後期限的壓力。

如期進行，有許多阻礙，如新學年開始以及猶太教節日。最後，企劃大幅翻修，才有了充足的時間去做合適的規劃、確定贊助以及與演藝圈的重量級人物洽談。

 ## 活動預想

　　確保讓活動能成功舉辦的過程中，預想是一項重要因素；事實上，這是在初始活動預想建立之後的下一步。它是一個讓你可以事先預想整場活動，以及看出可能產生潛在問題之領域的過程。這能讓你得以在企劃階段時解決這些問題，並且不會在活動執行當天讓你措手不及。

　　例如，假設你的賓客會全體一次前來，而會場有兩部手扶梯可通往宴會廳，一部往上，一部往下，請在腦海中設想一下現場的場景。你或許會想要讓兩部電梯同時設定往上，以舒緩擁擠並且提高入場速度。（在活動的尾聲時，則是採取相反的設定。）這也讓你能在一樓大廳安排兩個獨立的報到處以減少排隊等待的時間。此外，你或許也發現到可以使用兩個獨立的衣帽間。

　　事先將這些事項進行預想，能幫助你安排負責接待與引領賓客、報到處與衣帽間等作業所需的人員。活動預想會讓你去考慮所有的選項，並且在完成計畫前瞭解到它們是如何影響你的預算。

　　試著去想像一下活動從頭到尾的概況。你必須要能夠在心裡作一次完整而初步的預設處理。在此回顧一下我們先前提出你必須要問的幾個重要問題（與解答）：

- 活動的目的為何？
- 你想在一年中的哪個時間點舉辦？
- 人們會穿什麼服裝？（需要安排衣帽間嗎？）

- 一週當中的哪一天？
- 一天當中的哪個時段？（交通與停車狀況如何？）
- 誰會出席？（獨自前來或攜伴參加？攜伴的話，他們是一同前來還是各自前往？這個因素會影響到你需要安排多少停車位。）
- 哪一種會場最為適合、有最好的設施、最好的背景螢幕？
- 你事前計劃的時間夠長而足以取得最佳場地嗎？

　　切記，活動是公司形象的反映。時時記得今天的作為就是為明日打基礎，並且在為下一場活動醞釀契機時成為你的助力或阻力。關鍵在於你所創造的氛圍、節奏、流暢性以及活動從頭到尾的時程安排。

　　某位參與位在聖安東尼奧，五天四夜獎勵活動的賓客如是說道：「每天都像聖誕節一樣。每場活動都像拆開一件又一件令人興奮的禮物。」活動包括了專門為公司打高爾夫的人預約的私人高爾夫課程。這些人從一大早開球後，不到天黑是不會回來的。如果有賓客比較喜歡籃球，也安排跟知名球星進行一對一的單挑。

　　想要讓自己好好被寵愛一下的人，公司也準備了整套的美容課程。沙龍根本就是被他們包場了一整天。預約早已安排好，而高檔接駁車則在飯店與沙龍間來回穿梭。因為有供應午餐，使得大多數賓客選擇留下來參觀其他的美容課程，而非離開。改頭換面的效果非常好。所拍攝的專業照片也都會寄給他們。主辦單位還接到許多加洗的要求。

　　當這些成功的銷售經理人在週一返回崗位時，他們有著極度高昂的動力，他們的熱情傳染給了每一個人。精心策劃的獎勵活動促進了客戶們所想要獲得的感受 —— 他們達成目的了。聖安東尼奧的優秀參與者明確地從頭到尾都有著被照顧的感覺，而他們的另一半也跟他們一樣愉快。關照到每個細節，每一項需求都被事先考量到，並且予以滿足。這所有的一切直接回饋給公司，也獲得了員工待遇良好的形象。這次沒有達到業績目標的員工因而被充滿著想要成為贏家的能量所激勵，並且尋求能參與下一次獎勵活動的機會 —— 公司在聖安東尼奧的惜別頒獎晚宴上宣佈了這件事。

這還只是你的起點而已，我們將在其他段落進行更詳細的剖析。製作出活動的視覺畫面。列出每一項你想納入的要素。哪些是能夠讓活動一舉成功的優先事項（「必備項目」）呢？你有在活動中安排一項會讓人喊出「哇」的元素嗎？你想創造哪一種氛圍呢？哪一種讓人帶走的記憶呢？你公司的看法或動機是什麼呢？現在就在心中從頭到

> 獎勵活動中的一項重要因素在於公司的銷售目標不能遙不可及；必須是每一個員工都能達成的，而且能夠出席活動的員工人數不應設限。
> **TIP**

尾預想一次活動，以便掌握住關鍵的物流活動需求，這點需要審慎處理，而且可能會需要列進預算之中。

從一開始的邀請到現場作業，活動必須真實地反映公司的形象。這會如鏡子般地映照出你的事業運作情況，以及你的專業水準。

預算監控

成本明細表

當你開始計畫活動時，把你事先規劃的預算放到之前提過的Excel裡的成本支出明細表，能夠讓你清楚地看到包括了哪些項目以及讓你不超支。這也能讓你知道你的支出情況、判斷其他的選擇以及它們如何在預算範圍內運作。例如，一旦安排好成本支出明細表，並且檢視達到目標預算的當前程度為何，你可能會決定採用飯店提供的免費簡易蠟燭作為裝飾（點火的或電池的則要視飯店與消防法規而定），而

不另外安排精緻的花飾，把錢省下來用在雞尾酒會以及準備一些特別的節目。你的目標是要打造一場符合預算、具備正確活動元素而讓人難忘的活動。你要確保有採取任何可能達成這個目標的步驟。千萬別等到活動結束時才發現已經花了預算兩三倍的錢。預算應該要和活動的進行步調是一致的——每一次發現到有新的花費、做出調整或改變，預算都必須隨之更新以保證不會有意外出現。

既然每一場活動都有不同的內容，自然也就沒有一套固定的成本支出表格。當你開始建構成本支出明細表時，要把活動從頭到尾處理一遍並且建立大綱。記得要加進移入、設置、彩排、拆卸與搬出這些項目。然後回到表格並且填入花費。把所有的估算都用紙筆記錄下來。千萬不要用口頭交代。今日，員工來來去去已經是常態而非例外——人們今天在這裡，明天就離開了。你需要以書面確認哪些東西有被納入，哪些沒有。確定好供應商也有寫下來。當談到如小費這種無關緊要的項目時仍要具體而明確——它是被包含在帳單中，還是要另外扣稅呢？這樣總額可能就增加了，特別是如果跟飲食有關的話。同樣地，食物稅與烈酒稅也是不同的——請勿隨意假設。

找出有哪些額外支出可能會加到最後的帳單上，並且確保你有把它們編列到預算中。某些會場會向你收場地電費。在這些案例中，由於成本計算之故，不妨向那些最近有參與過類似活動的人們洽詢，以便取得預算評估的建議。至於演出，使用費是必須付給藝術家的（美國作曲家、作家與出版者協會ASCAP或美國詞曲創作人協會BMI，或是加拿大作曲家、著作人及音樂發行人協會SOCAN）。要確定負責處理演出需求的公司已將使用費等細節列入書面提案中。電腦試算軟體讓你可以迅速便捷地瞭解到，如果你有750到1,000人左右的賓客會如何影響到你的整體預算。你也能輕鬆地增加或移除項目，並且看出這樣做會如何影響到決算。

當你因為項目的增減而更動預算時，記得另存新檔。檔名要標上日期跟編號（例如，修正版1、修正版2）。你必須隨時綜覽預算的情

況，以便能夠對於要加入哪些項目做出明智的決策。當收到帳單時，在付款前務必要仔細檢查一次。要記得裡頭所記載的項目都是經過同意的，而且沒有什麼可能的意外。據此調整你的成本明細表。每當收到一份帳單，就要把確實的總額紀錄在支出明細上，並且與你預估的金額做個比較。這些金額正確嗎？在最後的帳單上，有任何支出是原本沒預料到的嗎？特別要密切留意那些要付費，但卻沒有簽約與落款的項目。如果有項目誤算了，你要立刻判斷這會如何影響你的決算，以便讓你能夠在活動進行前，於其他項目中調整預算作為補償。有位

> 利用像是Excel這種試算表來追蹤你的預算項目，並且做必要的更新。這可讓你維持較新的檔案，並且跟相關的人共享。
>
> **TIP**

企劃人員因為沒注意到包裹的尺寸過大，導致寄送給參與者的邀請包裹運送費超出原本的預算，最後多付了15,000美元的費用。

當你從活動的創意企劃階段進入到實際運作時，原先打算要納入的項目可能會有所變更。舉例來說，你可能想用當地的特產飲品來歡迎到訪的賓客，這就會需要租借特製的玻璃杯，而非一開始所計畫的用一般開放式吧台以及普通的杯子。這樣可能就會對你的預算計畫產生影響。一點一點地，幾塊錢變成幾百塊，幾百塊又會以等比級數往上衝。

如果你沒有隨時更新支出明細的話，你可能就會發現你的預算破表了。藉由持續更新支出明細，那麼你開始執行活動時，預算就不會讓你大感意外。這也讓你有餘裕去加入那些常常在最後一刻跑出來的額外支出，並且瞭解在什麼程度上你可以做出負責任的決策，像是可以在晚宴後再準備個免費酒吧，或是改成收費的方式。也可能你現在有足夠的預算去提供賓客紀念小禮物。參考一下附錄A的成本

支出明細表範例吧。你也可以上我們公司的網站： www.wiley.ca/go/event_planning 取得這些表格，以及其他本書中所沒有包含的資料。

付款日程

某些企業客戶曾經要求活動企劃公司為他們的活動規劃財務。這是一件很冒險的事，應盡量避免。

TIP

簽約之前，你需要準備一張付款進度表，以便瞭解支付日是否有必要進行調整。如果因為要配合你的客戶的支票或現金週轉，而使付款有所變化的話，飯店和其他會場是可以協調一下的。

製作客戶與供應商的付款進度表是十分重要的。活動企劃人員一定在其客戶簽訂付款契約時告知這點，並且在合約中列出附有緩衝期的時程與總額。如果和供應商簽約之前，對於付款日程有任何顧慮——或是讓你的客戶跟供應商，在客戶欠缺活動贊助以致活動企劃公司不願讓自己陷入險境的情況下簽約——必要時必須要修改合約中相關的條款。

成本支出明細是建立付款日程的基礎。付款進度表則會因為你打算要加入的項目或預期賓客人數的改變而有所修正。在付下一次的款項前先據此調整總額。記得在建立付款進度表時，要把付給供應商的違約金也納入考量。活動在任何時候都有可能會取消，所以須確定有足夠的款項去支付這些違約金，管理費亦同。參考附錄B提供的成本支出明細樣本，以及據此做出的付款進度表。再次提醒，想獲得一些範例，以及其他本書所沒有納入的資訊，請上本公司網站查詢：www.wiley.ca/go/event_planning。

活動設計原則檢核表

在預想一場活動時，隨時都要考慮到這五項活動設計原則：

√	基本元素：組成活動的每一部分
√	必要成分：必備項目
√	環境：場址與風格
√	活力：製造氣圍
√	情敢：感受

 ## 活動體驗設計目標

要考慮的五項活動體驗設計目標如下：

• 教育性
• 啟蒙性
• 參與性（和公司／團體融為一體）
• 活力性
• 娛樂性，但須寓教於樂

或者也可能是以上所有項目的總和。

活動——無論是企業活動或是作為商業投資之用的社交活動——是被用來衝高業績、提高知名度、打造品牌忠誠度、獎勵表現、提升生產力與增進利潤的。當你在思考關於活動設計以及如何打造活動體驗時，這個涵義將會創造並帶來令人驚豔的結果。

TIP

D.R.I.V.E.

D	訂立公司與活動目標
R	研究並發展活動預想
I	利用我提供的設計原則與活動目標，以創新與打造客製化的活動體驗
V	審慎地進行活動預想，以掌握活動所需的所有基本物流以及花費
E	一絲不苟的按表操課

第 **2** 章

籌備與時程安排

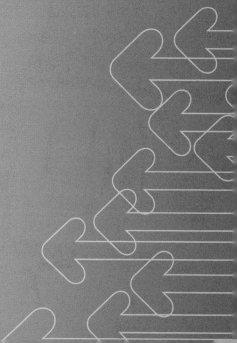

　　每一場活動都有其必須細心安排的頻率與節奏。這全都必須提前籌備——各安其位、蓄勢待發。繪製關鍵路徑能讓你成功地執行活動，持續聚焦於當前必須要做的事，以及準備終場時所要考量的需求與手法。

關鍵路徑

　　你已經確定好公司或客戶的目標，也建立好活動目標、選擇活動風格、擬定成本支出明細與制定初步預算、向供應商要求報價並刪減選項、根據預定成本為選定的活動基本要素更新預算，並收到合約，以便在簽約前檢視條款與付款要求。現在該把合約上簽訂的時程與物流資訊加到活動行程表上了，這將成為所有人都會涉及其中的官方版主要關鍵路徑——活動企劃人員、活動企劃公司團隊與供應商——大家都依此行事。隨著活動的運作進展，表格必定會有改變，活動基本元素會增加或刪減或升等，意想不到的時間需求會越來越多，而且你會隨著新資訊、供應商、會場等方面的需求出現而必須持續地更新關鍵路徑。切記一定要把每一份修正過的關鍵路徑加上日期與編號——跟之前的成本支出明細表一樣——以便讓你能夠輕易地瞭解是否一切都已就定位。

　　系統化以及對細節的密切注意，是籌辦一場成功的活動中最重要的兩項因素。經常確認是否一切都按表操課與依表行事是基本條件。所有相關成員——企業客戶、活動企劃員工與供應商——都必須跟著設定好的指導方針走，並且對於合約內容沒有歧見。花兩個月去取得某一項目的共識可能會造成無效率的活動方案管理，並導致你的活動直到最後都是處於有時間壓力的狀態中。舉例來說，你可能會會為了創意函邀請設計耗費時日，但如果印刷廠那邊沒有足夠時間處理的話，它對出席這部分就會是一場災難。這就是為什麼建立作為工作關鍵路

徑的活動進度表，會是在決定要辦活動之後成為你緊接著要進行的基本事項之一。

　　為了打造關鍵路徑，拿出日曆並且從活動當天開始往回規劃工作吧，注意何時要做什麼事。關於差點把事情搞砸的悲慘故事不勝枚舉。在某場活動中，節目表與看板臨時有所變更，結果差點開天窗。另一個案例是，插頁在手冊都發完了才送來。而第三個故事則是印有標誌的衣服送到會場時還熱滾滾－裝衣服的箱子打開時居然冒著煙勒！以上的案例都是向出席活動的人傳達出活動沒有做好策劃的訊號。這種失誤與近乎災難的狀況均顯示了活動沒有經過良好的規劃與協調。

　　必須要設置嚴格的截止期限，否則你就會知道什麼叫骨牌效應。一件微不足道的小事是如何造成重大影響，這過程是令人驚訝的。在某個募款活動中，所謂的「主辦單位」一直到活動前一刻都還在變更座位安排，以至於沒有時間作最後確認。其下場是導致一些讓人難堪的失誤：兩家貴賓贊助商的賓客被安排到同一張桌子，於是在緊急調來另一張桌子的過程中，貴賓們只好站在一旁等待。這也意味著沒有預見到對於備用桌、桌布與裝飾品的需求，讓這張桌子跟其他相比是特別「獨樹一格」。這場桌子的意外，正是來自於主辦單位沒時間去檢視座位表的修改之故。

　　你的目標是要在你和客戶、供應商與現場活動企劃人員進行行前會（pre-cons）之前，讓一切都處理妥當。會議要在開始移入與佈置前排定時程並妥善執行，才能讓所有相關人員有時間去檢視最後的細節，以及找出原本可以預期到，卻因為物流問題而被忽略的小差錯。你希望每個人都在活動煥然一新的時刻蒞臨，並給予他們最佳的呈現，使之能專注在每一項成功規劃與執行的活動元素上，而非因為時間用罄，只好把東西隨便湊合湊合就推出來的活動。

　　檢視每一份合約，並且確定所有重要的截止期限都在你的關鍵路徑上。對於人員變動跟取消日期要特別注意。當你要改變出席人數

（人員減少）或是停辦整場活動時（取消），這些是不會造成罰款或是最低額度罰鍰的最後期限。一般來說，你可以根據合約載明的條款，在特定日期之前減少食物擔保份額，或是預定的客房數量，不需額外付費。在關鍵路徑中加入最後期限與緩衝時間以便檢視。讓自己有時間去做出明智的決定吧。如果你錯過了變動日期和減少賓客人數的機會，導致因此要基於原訂的簽約人數或房間而付費時，這可會是個昂貴的失誤。

千萬記得，絕對要隨著你的活動進展持續同步更新關鍵路徑、成本支出明細與付款時程表。對於合約所用的詞句要特別注意。舉例來說，如果餐飲最終確定要在某個確定的日期送來，記得請你的供應商給你一張註明你所要求的日期的單子，而不是活動前的「某」一天。又例如，對某些公司而言，活動前十四天就是在活動之前的十四天，但對其他公司來說可能是活動前的十四個工作天，而不是日曆上的天數，這可是差很大的。當你設計關鍵路徑時，要對每一個項目都有一段敘述，誰要為此負責、最後期限為何等等。掌握時間去準備關鍵路徑，並且將它放進你的個人進度表中。

接下來你會看到關於某場預定在11月1日舉辦的活動中，在活動時間表上邀請函方面的關鍵路徑內容。這個範本會讓你瞭解一些準備賓客名單以及邀請函上所建議的時間表。這些是要加入到以日期排序的主要關鍵路徑中的初步時間表項目，並且隨著活動作業過程而隨之擴展。在這範例中，一間郵遞公司簽下寄送合約，把邀請函置入信封並寄出。只要有額外的時間與人員的話，這也可以在公司裡完成。如果員工要在其例行公事外另行處理郵務的話，你可能就要有延遲的心理準備了。這份大綱包括了關鍵路徑中的一些重要日期。當然，時間會依據你的特定需求、供應商最後期限與淡旺季而有所變化。

　　每當你在處理郵務時，記得要寄一份給自己。這個方法可以讓你知道是否出現了意外的寄送延遲，而且假如你檢視信封上的郵戳日期，也能知道邀請函是否確實按照進度表上的日期進行。

TIP

關鍵路徑內容

完成日期	任務	負責人
5月1日	賓客名單研擬會議	蜜雪兒
5月1日	邀請函設計會議	瑞克
5月7日	郵務公司簽約	瑞克
5月15日	賓客名單檢視與確認	蜜雪兒
7月12日	邀請函設計初校	瑞克
7月26日	邀請函二校與確認	瑞克
8月3日	邀請函送至印刷廠	瑞克
8月3日	賓客姓名與地址檢視	蜜雪兒
8月5日	把賓客名單與地址寄給瑞克	蜜雪兒
8月9日	把信封與賓客名單交給郵務公司貼上貼紙	瑞克
8月15日	把邀請函交給郵務公司封裝	瑞克
8月23日	邀請函郵寄至賓客名單A	蜜雪兒與瑞克
9月13日	貴賓證寄至有回覆的賓客名單A	蜜雪兒與瑞克
9月27日	賓客名單A回覆截止期限	蜜雪兒與瑞克
9月27日	邀請函寄至賓客名單B（必要的話）	蜜雪兒與瑞克
9月27日	賓客名單B回覆截止期限（必要的話）	蜜雪兒與瑞克
10月12日	貴賓證寄至有回覆的賓客名單B（必要的話）	蜜雪兒與瑞克

📋 工作表

　　編劇有劇本、流行樂創作者有樂譜,而活動企劃人員則是有工作表。上述每一項都在履行相同的功能。就像一個好故事,有開頭、過程與結尾。路線的每一步都是照本宣科;每個音符都以它被指定的方式精準地演奏出來。每個人都進行著同一步驟。每個人都十分仔細。如此便減少了失誤的空間以及避免掉「可是我覺得……」的狀況。這也略去不少灰色地帶,也減少事情被遺忘的狀況。魔法來自於細節中。

　　工作表可是一群活生生的東西,你則是它們的創意總監。這可說是活動的核心,從頭到尾都要密切掌控。有個人要負責準備它們、控管所有接收到的資訊,而這個人也一定要是唯一一個跟供應商聯絡,以及完成計畫的人。創意總監必須透徹地瞭解活動——每一瞬間、每一步、每個細節,正如引導交響樂團的指揮或拍電影的導演。領導者不能只是扮演著活動主持人或社交公關的角色。每個人員都要知道其職責所在,以及何時入場,但總有一人是要負責扛全場的。所以確定好每個人都清楚他們獨一無二的角色。可別讓6、7個人去聯絡一間供應商;這可是災難出現的萬年公式,而且對你跟組織的專業形象也會產生嚴重的打擊。

　　隨著活動進展,你可能就不再需要參考工作表,因為已經背得滾瓜爛熟了。就像指揮家一樣,你知道什麼時候有人走音了。某位婚禮企劃人員為了一位名人的婚禮,在數個月前便預定了私人豪宅,而且在活動前10天才發現到在新人預定要說誓詞的草坪上竟然悄悄建造了一個大池塘與熱水浴缸。據該企劃人員表示,新人除非施展輕功水上飄,否則根本沒辦法結成婚。像這種慘事的發生可說是無法想像,而且一直到10天前才知道這件事情更是完全沒有任何藉口可言。這就是

工作表的意義所在——確保每件事都妥妥當當、不出意外。解決方案是找到了，然而改用新的安排又要花費多少代價呢？誰必須承擔這種壓力以及一切額外支出呢？由於差勁的管理，讓活動企劃公司在這場活動中損失了5萬美元、往後的生意機會與公司商譽，還必須處理在法院等著公司代表、心情惡劣到極點的客戶，因為他們的活動被搞砸了。美國是一個動不動就愛提訴訟的社會，而且今日的活動企劃、作業、現場執行都有妥善建檔之強制必要，以顯示所有方面是否獲得應有的注意。工作表的功能即是如此，並能事先幫你標出警戒區域以及即時採取適當行動。

注意細節

　　工作表就是告訴你的供應商，你想要如何處理活動的資訊準則。它會確實地闡述合約，將內容、協議的預算，以及你想要以何種配合活動風格的方法去處理活動要素。它也能確保不會有事項留給供應商自行決定。要是供應商選擇對他們而言最輕鬆的方法，而不是對活動最好的方法怎麼辦？

　　例如，有間飯店習慣把甜點與咖啡吧台的杯子和杯盤分開擺放。你可能會希望擦得清潔光亮的咖啡杯盤一組一組疊放在一起，這樣賓客們就可以用一個動作中即取用杯盤。而且如果要更美觀的話，你或許會希望把糖、牛奶、奶油放在銀色容器，而不是塑膠或紙製品中，並附帶一個醒目的垃圾桶，期望人們會花點時間把包裝紙丟進去，而非凌亂地丟在桌子上有礙觀瞻。你可能也會想在每個杯盤上都放個湯匙，而不是塑膠攪拌棒。

　　你必須確定這些活動的服務需求都已經事先說清楚，而且沒有懸而未決的部分。另外，如果你偏好選用方糖、紅糖或白糖，或是假如你已經協調好採用冰糖棍或巧克力匙並且登記在工作表中的話，這些物品的數量、成本、外觀、擺設方式等，都要被詳細列在裡頭，至於

特定時段的正餐或休息時間中，咖啡與茶的部分亦同。餐巾也是一樣的道理。紙製餐巾可以被接受嗎？如果可以，其品質、顏色、尺寸與如何擺放均需決定，或者你的活動風格必須使用亞麻布製的餐巾呢？當飯店人員準備報價與擬定合約內容時，他們需要事先知道這點，如此一來才能建議活動企劃人員是否有額外能用於工人、租賃與其他特殊需求的花費，這些細節需要明確標示於工作表中，以確保飯店正確地指示員工更換佈置。上述的甜點與咖啡吧台的例子，只不過是活動中的一個小小層面，整體來說還要乘上好幾倍……，不對，或許是1百萬倍，你就知道為什麼活動企劃人員必須做好萬全準備了。

> 隨時都要記得跟你洽談合約條款的人，可能跟負責你的活動，甚至是參與活動執行的不是同一人。顯然，為了不出意外，把談好的每一件事情都做成書面紀錄是至關重要的。
>
> **TIP**

　　飯店、會場與活動供應商都很看重細節。他們有時候還會把你的工作表當成一本「書」來看，因為可能會超過100頁，但這是一本他們真的會讀的書，因為他們瞭解到每件事都必須在活動當天前徹底就緒。他們可不能說對某件事不清楚，因為流程都已經寫得鉅細靡遺了。如果星星燈（twinkle light）的線路用特定顏色（例如跟紅色相比，綠色或咖啡色）和裝飾更搭配，而且這些條款都已經在一開始對於合約裡報價與協議的需求中載明，那麼這項要求就必須在工作表中有所記載。

　　活動當天那些你所要求的內容就是你所希望看到的一切。你要清楚表明其餘選項概不接受。如果你的要求或你所計畫的安排出了問題，要做的是立刻瞭解，而不是等到活動當天才知道。當供應商審視並簽下第一版的工作表、收到修正版，以及和負責活動當天流程的活

動企劃人員一同開行前會後，他們會有足夠的時間向你告知任何潛在的問題。讓供應商知道你會指派一名工作人員作為推動或監督活動各方面之用。記錄下來誰會負責管理每一個特定部分，以及何時會前去監督佈置以便確保每件事情都是根據你的工作表所訂立的計畫在執行。重要的是當你規劃工作表時，即意味著在想像整體的視覺效果。鏡頭會看到什麼？賓客又會看到什麼？有哪些影響？創造的氛圍？為了打造你所要的場景，工作表就是一本按部就班的準則。

　　工作表就是工作的劇本。每間供應商與重要人物都要及時收到一份初始影本，不僅審視，還要做出任何必要的變更。供應商經常提到工作表對他們理解活動的全貌是很有幫助的。例如，它能協助一間帳篷出租公司瞭解餐飲商打算帶什麼東西到烹飪用帳篷內，以及何時會進行佈置，讓公司能據此安排員工並且讓他們在餐飲商預定來的時候先離開。這樣餐飲商就不用先卸貨並且試著在有帳篷員工的情況下做事。理想狀況是，你會把帳篷供應商與餐飲商在起初的場勘中聚在一起，工作表在討論過後會做個修正，就像最終計畫定案後一樣。工作表會顯示預定的時程安排、物流與雙方的法律相關需求（像是消防局的許可、保險等）。如果計畫在這點上沒有做出結論，那麼你在檢視完工作表後就要標示警戒記號——一如你在準備這些項目的時候一樣——當帳篷廠商和外燴業者拿到同樣一份詳載著工作流程的藍圖時亦同。

　　一旦你的供應商有機會檢視你的原始工作表，並且和你一同修正過任何有疑慮的區塊後，記得把修正版的影本寄給所有人。行前會要準備好提前在實際活動日的數天前舉行。這是一場讓所有供應商與重要人員檢查工作表最終版本的會議，以確定對於預期的事項有清楚認知，以及做最後的問題解決。（這種會議原本是以「在研討會之前舉行的會議」而得名，但「行前會」如今已經是指所有事先的企劃會議。）在活動當天，所有面向都已經由一群活動企劃人員預先完成，他們是現場隨時待命，既監督佈置，也確保所有安排跟工作表所規劃

的一樣。他們會向創意總監回報每一個有疑慮的區塊，後者則是要負責處理所有問題。

聯絡表

　　工作表應該要從「聯絡表」開始進行，它包括了所有人名、職稱、公司名稱、地址、電話、傳真與手機號碼、電子信箱、簡訊地址、緊急聯絡人，有時候還要加上家裡電話。這有兩個目的。首先是創意總監可以在同一個地方找到所有的聯絡方式。例如，假如創意總監需要聯絡正載著貴賓的豪華轎車駕駛，他／她立刻就能用手機打過去。第二個目的是有了這張單子，你就可以在會議結束後安心地坐在椅子上寫感謝函；這些聯絡表不但具備一切資訊，也能當作檢核表使用。

　　對於第一次辦活動的人來說，飯店與會場能夠提供一紙他們推薦的供應商清單。在某些情況下，你會受限於只能用他們推薦的供應商。要記得詢問他們是否能接受你雇請自己選擇的供應商。

TIP

　　聯絡表裡的資訊是要保密的。要讓收到影本的供應商與所有相關人員都有意識到這點。重要人員在活動中要隨身攜帶自己的工作表，最好能集中放在一本活頁夾裡，並且確定他們不會遺漏任何應注意的事項。每一位人員都要對他的影本負責。這些表格的另一個用處是，寫下之後在檢視活動時要討論的事項。

　　工作表可用來陳述每個人的工作內容。而且當你開始要完成這些表格時，它們便會清楚地顯示現場必須有多少人、他們的職責、任

務，以及安排在何時與何地。請參考附錄C的工作表範本。這些範本同樣也能在我們我們公司的網站：www.wiley.ca/go/event_planning找到，裡面還有其他附錄C所沒有包含的資料。

> 假如你在募款活動的工作表中有指派特定任務給志工，要記得讓他們知道活動當天準時到場的重要性。
>
> **TIP**

　　若是有兩場不同的募款活動，要注意會有志工不足的狀況 —— 超過一半沒有出現 —— 而且這會影響到活動的成功，因為剩下的志工可沒辦法順利完成所有的事，除非他們能夠以一當十。問題不在於委員會的成員；一般來說他們有著強烈的使命感去支持其理念、付出無數的時間與心力。

　　告訴志工你有多感謝他們、需要他們的幫助，以及他們對你的活動之所以成功有多關鍵可是超級重要的。花點時間把他們填入活動的行程與任務分配表中吧。讓他們知道有哪些要準備的注意事項（服裝規定、應對禮節、時間）。不要讓他們在什麼都不知道的情況下出現在活動當天；確定好你有指派活動企劃委員會其中一員和他們一同審視其任務並監督志工，活動期間他們需要有一位專門回報的對象。

　　隨著日益增多的企業客戶成為非營利活動贊助者，要同時達到活動標準和你的企業客戶、潛在新客戶與非營利組織之需求，會是件難以完成的任務。當某個企業客戶把公司名稱與品牌冠到活動上時，重點在於要記得他們有足夠的資金來引進專業人員並運作活動。這些人習慣於極度精準的執行活動，而對於藉由志工來達到減少人事成本的活動期望也是相同的。

時程安排

　　挑選一個良辰吉日對於活動的成功與否可是相當重要的因素。與之相關的問題是要確定大多數你邀請的人都會來，以及選日子時要考慮其他相關因素。例如，在活動預定的時間前後還有什麼其他事會發生呢？如果你想要邀請帶小孩一起來的家庭，在週間晚上舉辦的活動可能就不太適合。賓客不會待得太久，因為隔天不管是父母或是小孩都要早起去上班上課。把活動移到週末會更有吸引力，而且也能減少每個家庭都開兩台車來的可能性，因為他們在平常日時會從上班地點直接過來。如果你還是執意要在週間晚上舉辦的話，那你知道活動是否剛好在考試前後舉辦？這也會造成影響的。

　　某間公司正在考慮，要不要讓小孩與青少年也能參與在週間晚上舉辦，也是萬聖節後一天的活動開幕。有人就建議說這會個錯誤的決定，因為就往例來看，要連續度過兩個忙翻天的晚上，孩子們在第二

　　打聽一下有沒有其他重要活動可能會在同一時間，甚至同一地點舉行是千古不變的重點。想像一下在6月的週六晚上抵達某間飯店，準備出席你的正式晚宴時，結果發現警察大人在大廳內站崗，因為隔壁的舞池正在舉辦學校畢業舞會。一場重要活動就這樣毀了。賓客們抵達後既混亂又困惑，因為消防隊跟救護車也在差不多時間來到現場——有些參加舞會的人可能會昏厥並且需要醫護協助。在學校畢業舞會隔壁辦活動絕對是能免則免的，所以記得要詢問會場，你的活動進行期間還有沒有其他預定要舉辦的活動。

TIP

場活動時可能會又疲憊又煩躁，而且出席率也會因為父母考慮要不要連續兩天都讓小孩那麼晚回家而受到影響。

　　在計畫定案前，記得把季節也納入考慮。舉例來說，傳統上5月跟6月是婚禮跟畢業舞會的高峰期，而11月與12月則是節日慶祝宴會的熱門時段。詢問一下會場，看看是否有什麼可能的顧慮是你必須要注意的。例如，某間飯店有兩個主要競爭者搶著預約在同一時段舉辦新品發表會，而且連邀請的賓客名單都一樣，試圖讓他們不要出席另一邊的活動。

　　氣候是另一個需要討論的點。由於全球暖化，什麼事都可能發生，天氣已經不再是可以預測的了，氣象史也需要修正。研究一下你打算前往旅遊的目的地，是否正處於可能發生大雷雨、龍捲風、土石

　　今日，風險評估在活動企劃中占有非常重要的地位，從協議合約的時機與取消之類的保護條款，到「不可能性」，也就是所謂「不可抗力」的活動取消保險，這些都是除了因為當事人一方導致飯店或會場無法舉辦活動之外，保障當事人雙方的作法。不可抗力因素就是卡崔娜颶風在紐澳良所造成的災情，整座城市的基礎建設都需要重建，而在最受歡迎的獎勵活動目的地印尼與泰國——曾在2004年12月26日經歷過影響到11國，造成22萬5,000人死亡的南亞大海嘯。某位活動企劃人員注意到他想在紐澳良舉辦活動的飯店，短短數週內就這樣從世上消失了，而且當他把活動搬去佛羅里達時，發現那邊也同樣被颶風侵襲過。

　　本書稍後的章節將針對其他重要的風險評估項目有所著墨。❶ 隨著今日的風險評估對賓客安全與所有相關維安程序的需求越來越受重視，這點當然也要被加到工作表中。

註❶：《企業活動與商務招待的經理人手冊》對於活動取消保險與活動風險評估（氣候、健康諮詢與其他關鍵的風險評估考量，以及賓客安全與維安）有詳盡的介紹。

流的最佳時間點。查清楚那邊是否有颶風季。詢問一下當地會不會因為暴風雪，而導致某些時節有道路中斷的現象。這可能會影響到在滑雪渡假村舉辦的會議。

計畫何時舉辦活動的第一步是確定年度，就像你在決定預算時一樣，開始向後回溯去選擇一年中的最佳時間點、某一週以及當週的某一天。包括移入、設置、彩排、活動當日、拆卸與搬離等需求，然後在關鍵路徑中安排活動時程與物流，以便瞭解你是否做到充分的規劃與配置準備時間。

一年中的最佳時間點

對於正在規劃將舉辦活動的你，最佳時間點絕對值得細細思量一番。有任何假日或全國性的活動事件嗎，譬如選舉？可能有會妨礙到活動舉辦、對出席情況造成額外支出嗎？如果活動是在國外舉辦，你要考慮的是可能會影響到活動的當地與國際性假日。以馬來西亞為例，當地有個宰牲節（Eid Festival）的活動稱為開齋節（Hari Raya Puasa），這是慶祝為期一個月的禁食與禁酒之結束，對回教徒而言是非常特別的活動。這個歷時兩天的活動是國定假日，大部分的商店是不開門的。如果你的活動在吉隆坡舉行，那就要知道這點並且納入考量。然而能夠加入當地節慶，對活動出席者來說也可以是個很好的紀念，像是墨西哥為了紀念處女瓜達盧佩（Virgin of Guadalupe）的街頭燭光遊行（12月12日），但是要確定你已事先瞭解它會如何影響你的活動。據此去考量當地活動是否會衝擊到你的活動與計畫。

要注意到在我們非宗教性的文化中，我們經常忘了宗教在世上其他地區的巨大影響力。當我在摩洛哥進行場勘，搭著豪華轎車在全國遊歷時，我親身感受到宗教是如何能夠在你的活動預定行程中占有一席之地。我們的駕駛是位回教徒，一天要向麥加朝拜五次。我們安排會面時可以避開這些短暫的時刻，如此不僅是尊重駕駛，也尊重供應

商的信仰。如果計畫沒注意到這點的話，鐵定會是個災難。

所以要確定你的活動不會跟任何長假或節慶，像是父親節或母親節之類的重疊，這些是典型的家庭團聚日。春假也是個問題（時間不固定），而夏天則經常會發生你想找的人不在家。這會影響到跟官方簽約之類的時程安排，是你在安排關鍵路徑必須要重視的（這跟合約義務一樣都要納入你的代辦事項中）。❷

對於每一種類型的活動，以下是當你在計畫「何時」的時候應該要牢記在心的特殊考量。

> 探討為何你所選擇的最佳時間點，對於成功達成公司與活動目標會產生最佳效果的理由。這是辦活動的正確時機嗎？還是有其他時機更合適或能達到更好的結果？
>
> **TIP**

會議、研討會、大會

傳統上，新車發表會都在秋天舉辦。這是汽車經銷商預期和製造商一同瞭解新產品的時機。你要確定的是新車發表——製造期待與興奮感的重頭戲——和實品入店之間的時間不要隔太久。

某間汽車製造商發現到，藉由改變該公司傳統上新車發表的時間——從以往的6月到晚秋——會有更多汽車現貨可供現場交易，公司也能跟上該產業的時程安排，並且搶在其他競爭對手之前占據有利位置。此外還新增獎勵計畫，這提供了他們所尋求的在初秋時和頂級銷售員有所緊密聯繫的機會，並且開始討論新產品。這項調度措施使

註❷：《活動企劃人員的時間管理》一書中剖析了關鍵路徑的待辦事項與職責，並且教導你如何善用右腦（創意）與左腦（邏輯）思維，以規劃出最有效率的一日行程，並完成更多事情。

得銷售超級大成功。製造商得以跟經銷商發展更緊密的關係、介紹產品，並且讓他們對於消費者即將面臨的新貨感到興奮和大肆談論。他們會想要多接點單，然後在秋天時跟經銷商再次聚首，在經銷商看見實際成品與入店陳列之間不會隔太久的時間內，交貨與傳遞銷售訊息。當他們在6月發表新產品時，等到實品在晚秋進到經銷商的展示間時，經銷商已經從其他新車發表會上回來了，對於其產品的興趣便顯得沒那麼高，一開始很興奮，但後來就完全給忘了。

你要一直保持高度的動能。把這股力量投注在每一項產品上，作決策與制定程序也是一樣。千萬不要在會議或研討會上介紹公司的新政策或運作程序，結果又沒準備好要在近期內實施。

募款餐會

一年中的這個時候你想要吸引的人們和贊助商都會在城內嗎？如果你的活動是社交性的，記得你屬意的賓客在冬季這幾個月可能會在國外多待一段時間。

你的活動會被其他進行中的重要活動，像是電影節或音樂節壓過去嗎？你有什麼可以跟它們競爭的嗎？查看一下當地報紙、雜誌以及旅遊暨會議局，瞭解有哪些在何時舉辦的活動。此外也有公司是專門向其會員提供即將到來的活動資訊。詢問你所在的旅遊觀光局，在該區域內是否有這樣的公司存在。

獎勵活動

你選擇的時間對公司跟對屬意的賓客是同樣合適嗎？你該不會把人從傳統的家庭聚會時間，像是暑假或週末長假中拖走吧？

你考慮要去旅遊的目的地，在活動預定時間是否最具有吸引力？艷陽高照的巴貝多島（Barbados）在寒冷的冬季作為獎勵活動的地點很具有吸引力，但是夏天就燠熱難耐了。你計畫要在最佳時間點前往的地方可有任何關於天氣的顧慮？颱風季？雨季？你可向當地的旅遊局索取過去的氣象紀錄。

「需求日期」

　　當飯店或會場處於淡季時，把活動選在這些日子舉辦會有價格優惠嗎？例如根據經驗，對外國人而言，美國在陣亡將士紀念日、感恩節跟選舉週這些時段，五星級飯店不但訂得到位，還會有折扣。

　　當你屬意的時段是飯店的高房價旺季時，還是有些地方可以協商獲得優惠：

- 免費的迎賓接待
- 免費使用付費設施或贈送禮物
- 免費使用溫泉／健身房
- 提早入住
- 延後退房
- 免手續費的外幣付款
- 免費早餐
- 房間升等
- 免費的迎賓雞尾酒會
- 額外的貴賓套房
- 延長住宿期間的優惠房價

一日中最佳時段與一週中最佳日期

　　你考慮要舉辦活動的一週中最佳日期，會對你能否達成目標有所影響，一日中最佳時段亦同。要考量的是參與者們會從哪裡前來。早一點開始會議並提供輕食，會比晚一些進行要來得好。這樣能把賓客被困在交通尖峰時段的車陣中，或是在出席會議前想先辦點公事結果辦不完的風險降到最低。假若你安排在週五白天舉辦活動的話，到下午時出席者的腦袋就會開始思考如何避開週末車潮、自己的計畫以及如何盡快離開現場。他們大概不會有興趣繼續待著參與討論。

會議、研討會、大會、獎勵活動

曾經出席過會議、研討會、大會或獎勵活動的人想必都對休息時間時電話亭前長長的人龍、以及一堆講手機、傳簡訊的低頭族，還有那些偷偷溜出去處理未談妥的生意，然後人就蒸發的景象印象深刻吧。你也把活動安排在這種特別忙碌的時段，導致出席者的心思根本沒放在現場嗎？舉例來說，在促銷期間的尾聲，公司裡的業務人員想必都在外面忙簽約，根本沒空來參加舞會。將活動安排在週三會比安排在週一來得好嗎？還是你的行業傳統上在週四或週五會比較清閒呢？如果活動是在很遠的地方舉辦，你就非得把旅行時間、支出（避開週六晚間的話飛機票會比較便宜）、抵達目的地前的過夜住宿，以及公司會如何處理加碼的要求皆考慮進去。你會需要人員在週一的時候返回崗位，還是有其他彈性選擇呢？

企業活動、募款餐會、特別活動

對於企業活動、募款餐會與特別活動而言，週三與或週六晚上都是最容易達成出席率極大化的日子。安排在週五晚上的活動可能會讓那些有宗教信仰或想要在週末時出遠門的人卻步。許多事情在你選擇活動最佳日期時都會來軋一角。以下是需要考慮的地方：

- 活動應安排在白天還是晚上？
- 何時開始及結束？
- 需要穿著正式服裝還是不拘形式？
- 如果賓客要直接去上班或下班後直接過來的話，是否有時間換裝？
- 志工是否有足夠的時間離開現場，並且在賓客蒞臨之前讓所有事項就緒？

對於大部分的這類活動來說，你的賓客都會受邀攜伴出席。如果

活動是計畫在週三的白天舉辦，那麼某些人的另一半可能就有出席上的困難，晚上會是比較好的選擇。或是你也可以考慮改到週末，這對雙方而言都比較有彈性。

　　你的賓客會從哪裡來呢？當你開始規劃開場時間時，把這點也納入考量吧。他們會直接從上班地點過來嗎？一般來說他們何時下班呢？如果他們有攜伴，也是一樣的情況嗎？他們會不會被交通狀況影響呢？你是讓他們從住宅區到市中心嗎？活動會持續到多晚？隔天是上班日的話，出席者及其伴侶必須早起床嗎？出席者是一人一台車獨自前來的話，有足夠的停車位嗎？

　　好幾年前，在洛杉磯有一場私人慶祝晚宴。主辦者刻意將其與奧斯卡頒獎典禮一同舉辦，還辦了個奧斯卡之夜的主題派對。所有賓客都是從郊區前來，而該晚宴也成了他們的惜別活動。好萊塢的魔力無遠弗屆，而此處的明星更是隨便都會撞到一個。至於這場洛杉磯接風派對呢，現場安排的電影設備被賓客接手，讓他們有機會可以去拍屬於自己的「電影」，還有完整的劇本、化妝師跟服裝。這場奧斯卡派對在距離飯店很遠的地方舉行，所以交通工具是一定要的。24台加長型禮車已經事先預約好，在眾人想到奧斯卡之夜這點子很久之前就已經安排好了。就像你能想像到的，這種豪華轎車在奧斯卡之夜時絕對是尊貴、不凡的唯一象徵，而進一步的企劃則是要確定賓客們在當晚會自由使用。在派對結束之後，賓客們前往等待已久的豪華轎車，開始體驗獨一無二的洛杉磯之夜。

　　這是場令人難忘的活動，而且直到現在都還讓人津津樂道。確定好活動的時程安排，而且如果不是事先安排、簽約並準備好豪華轎車的話──可別讓汽車出租公司有機會漲價──這場活動是無法這樣完美收場的。

　　豪華轎車會是活動的考量因素之一嗎？如果同時間還有婚禮和學校畢業舞會熱鬧登場的話，會影響到豪華禮車的取得嗎？就確保你想要的活動基本元素或地點而言，時程安排會是活動成功的原因之一嗎？

如果活動是要穿著正式服裝，你的賓客會有時間回家換裝，或是需要帶著禮服去上班嗎？他們的職位有高到可以早退嗎？

時程安排會影響到任何活動基本元素的報價或取得嗎？

日期選擇

雖然我們在最後一章會簡要地談到這個問題，然而在決定日期之前，拿出你的日曆對以下七個領域做一次地毯式的調查，並且判斷這些因素會對你的活動有什麼影響：

1. 重要節日
2. 宗教儀式
3. 學校長假
4. 長週末（按：週末前後再加一、兩天的假期）
5. 體育活動
6. 其他特殊活動
7. 其他考量

上述某些項目如果經過適當地規劃，即便是假日也能成為你的助力。舉例來說，在過節之前舉辦的靜默拍賣（以書寫方式競標）募款會，可以因為賓客們想趁這個機會買禮物並且順便捐善款而獲得巨大成功。某一場在週六下午舉辦的募款會具備上述的所有條件，但是卻搞砸了。策劃人在過節前辦了場靜默拍賣會，然而競標情況卻不如預期，因為邀請函中沒提到有拍賣活動。賓客們對於高品質的拍賣品很滿意，可是他們若非早就買好禮物，不然就是沒帶夠現金、信用卡或支票。想法很棒、賓客名單讓人印象深刻，而舉辦時間也恰到好處。然而靜默拍賣會必需事先在邀請函上告知。邀請函應該把靜默拍賣會當作主要賣點之一宣傳，可能的話，還要再加上一些熱門拍賣品。

重要節日

確定一下活動前後是否有任何重要節日，賓客們可能會有自己的安排，而且戶外宴會的出席率可能會受限。

宗教儀式

活動日期可能會與任何宗教儀式衝突嗎？譬如，猶太教正統派的週五晚上，或是基督教的星期天禮拜。在這種日子辦募款活動，會因為宗教因素而導致出席人數有所限制。

週六晚上辦正式餐會（企業或募款活動）可說是相當合適，尤其是當活動設定為攜伴參加的話。一般來說，週六都被認為是傳統週末假期的中間點，伴侶們可以悠閒地換裝和為活動做準備。他們可以開一台車就好，畢竟這時段不太會從公司直接趕來。賓客們也可以因為隔天不用起個大早去上班，得以更盡情的好好享受一下。

如果你正在規劃在外地舉辦的活動，並且感覺到有些賓客希望能前往當地的基督教會或猶太教堂的話，那麼飯店的服務櫃檯可以提供他們詳細的地點與時間資訊。如果你感覺到這對大部分的活動出席者皆適用，那就考慮一下這時段要不要排個團體活動，以免賓客們錯過重要的活動。

TIP

學校長假

活動日期會跟任何重要的學校長假衝突嗎？可以想像賓客都會

跑光光，然後出席率低得可怕。學校假期會因為國家與地區而有所不同。如果你的活動安排剛好遇到其中一個學校放假的話（時間與行程可能會隨著出發地和最終目的地而有所不同）。你可要對於地點的選擇多所留意。假如是自己所在地區的假期，那出席率可能會很不理想，而且如果是目的地那邊的假期，你又可能會面臨住宿與活動場地預定的問題，例如，復活節或5月5日前後可別打算去拉丁美洲的任何一個地方。趁著該地的非旺季時期去旅遊，會讓你感覺比較好一點。再舉個例，若迪士尼樂園的隊伍排得沒那麼長的話，便顯得好玩多了。我們都聽說過，放春假時，沙灘渡假勝地擠滿了大專院校的學生，以及當地城鎮是如何在這段期間完全變了個樣貌。你或許會比較想選擇一個更符合需求的時間去旅行。

長週末

你正打算在長週末前後的週一、週二或週四晚上舉辦活動嗎？賓客們可能會選擇延長他們的休假時間，而這也會影響到活動的出席率。

長週末總是令人引頸期盼，也經常事先就已排好行程。長週末前的週四晚上往往被用來提早前往鄉村農居，或是為即將到來的週末做準備──採買、食材準備、清掃。同樣地，過完長週末之後的晚間則被用來當作遠行之後的趕進度時間。

> 長週末前後，以及期間的日子並不被認為是能夠讓活動出席率極大化的好選擇。人們的精神與焦點都會集中在別處。
>
> **TIP**

體育活動

辦活動的同時，有其他重要的體育活動也在進行中嗎？

某間企業決定舉辦一場位於國外的特別活動，而時間正好跟美國職棒的世界大賽同時。該公司早已租好私人包機，準備在當天將賓客們送回家觀賞系列賽的最後一戰——假如地主隊能撐到那時候的話。當你要考慮活動的日期時，絕對不要低估體育活動的重要性，尤其是季後賽。確認一切的可能性，並且把你的發現記錄下來。

另一間企業舉辦的入座式晚宴則成為經典的負面示範。該公司認為賓客們會喜歡宴席，於是費心挑選菜單，並且對其門面精雕細琢。該公司花了極大的力氣在所有細節上——除了某一項之外。明顯地，這些企劃人員沒一個是運動迷。這場晚宴竟然安排在大聯盟季後賽的某一天。公司根據收到的邀請回函，向飯店訂好雞尾酒與晚餐。結果150個賓客中只來了45個，但公司還是要付150份晚餐的錢。就算賓客當天打電話通知說要看棒球不能來，對於調整人數而言還是太晚了。出席賓客在150人的場子裡看起來稀稀落落的。某些受邀賓客跑去現場看比賽，其他人則是在家看轉播，還有些人不來是因為宴會地點與球賽和其他進行中的重要活動太近，他們不想塞在車陣中。比賽時間跟宴會入場時間重疊了。

要是企劃人員在做最後定案前能理解到日期衝突，就算沒有其他日子可選，還是有機會能夠力挽狂瀾。他們可以把活動搬出市中心的飯店，改到比較有吸引力的地方，再藉由宣傳把它變成非常吸引人的場所。主辦單位可以物色許多燈光美、氣氛佳，又有特色的餐廳或私人招待所，其中任一間都可以把整場或部分包下來辦私人宴會，這樣或許能招攬多一點人來，尤其是那些不想在市區人擠人，而是喜歡附近有許多停車位的賓客。

另一種可能性是如果他們察覺到時間衝突，或許可以把活動改成運動酒吧風，內附一面大螢幕。更好的想法是直接訂下球場包廂，在那裡舉辦活動。如果真有夠特別、夠好玩的東西，人們就算塞車也會願意前來的。

其他特殊活動

　　還有其他事情跟你的活動安排在同一天嗎？花點時間來個城市巡禮吧。會有劇院開幕或是電影首映會嗎？有新的演出來到貴寶地嗎？有其他會衝突到的活動，像是爵士音樂節、煙火秀或重要活動，如奧斯卡頒獎典禮嗎？另外也要注意的是募款晚會、宴會以及特殊活動等跟你的活動同性質的場合，這些會影響到出席情況，甚至把活動給毀了。例如，一場讓道路封閉、交通改道的慈善／募款路跑活動，可能會導致賓客、供應商和人員遲到，此時對策便需要事先擬好，而且不能等到活動當天再把東西搬入並佈置。

　　如同前述，你可以向某些公司索取該城市中的活動資訊。他們可以登錄你的活動，讓你知道哪些方面會產生衝突。跟你所在的旅遊／會議局確認一下，看看是不是有這種公司存在。

　　仔細研究一下你的目標群眾──賓客名單會由哪些人組成呢？你的活動會跟其他活動搶同一批人嗎？

其他考量

　　還有什麼情況會影響到你選定的活動日期呢？而又是什麼會比較受青睞呢？限量供應往往會導致額外費用，以及尖峰時間的其他成本增加。以洛杉磯為例，不只是豪華轎車人人搶，相較於3月與4月其他時段的飯店住宿率，奧斯卡當週的週末可是高得嚇人。同樣的，想預約一間高級餐廳也是難如登天，而且會等到海枯石爛。

　　你的活動──不管是在當地、外地或國外舉行──所預定的時間和地點，會因為屆時的衛生、維安或賓客安全等狀況導致出席率有所限制嗎？在當今的世界，這些都是非常實際的考量。在過去，出席者渴望能夠環遊世界並且盡情體會異國風情。然而我們目睹了像911、

SARS爆發、卡崔娜颶風、毀滅性海嘯與伊拉克戰爭等等的事件。科技的進步與網路，將全球訊息在發生的同時，不停歇地帶進我們的客廳、電腦、手機裡。科技與全球訊息也改變了人們旅行的方式（例如，日益森嚴的機場維安與新的手提行李規範）、想要做的事情和打算去的地方。結果，網路會議成為新的活動基本元素，職員們則很高興可以不用離開舒服的辦公室，甚至是溫暖的家，專程去開會，就像越來越多的公司也同意員工可以選擇在辦公室上班或是在家上班。在過去，生意是面對面談的，然而在如今的世界，面對面的會議實際上可以由網路攝影機取代，而且還更為省時。

關鍵路徑檢核表

　　關鍵路徑可說是把你的活動展望轉成活動現實的關鍵。成功的活動執行，端視你的關鍵路徑有多詳細與精確而定，以及你有多嚴格的遵守時間期限。關鍵路徑就是你主要的待辦事項表，在其中開始規劃時間軸、排定進度、確認日期，以及供應商和會場需求這些你和你的團隊——從客戶到供應商——所必須牢牢掌握的事項。你會很清楚地知道要做哪些事，以及何時要做好；你也能在其中得知個人、工作與活動企劃等方面的壓縮期（crunch period，最後階段的忙碌期間）；還有哪些任務是你必須把其他人也囊括進來一起做的。現在你已經有了開始進行活動所需要的大部分資訊、擬定各項契約、通信方式與預算支出摘要明細表等。

　　你可以用手寫或是用電腦來製作關鍵路徑。以電腦製作會比較有效率，因為不管是在序列中增加與移除項目，還是列印給所有相關人士的修正版影本都要容易得多。想開始準備關鍵路徑，你會需要下列各項：

√	一本專門用於活動細節的全新日曆；記得選一本在日期下方有足夠空間可以寫東西的，以及每週是從週一而非週日開始的，如此一來你就可以把週末當作一組時間區塊，專注於活動運作之需求。
√	一組各種顏色的螢光筆
√	鉛筆跟好用的橡皮擦
√	所有供應商的合約
√	所有和你選定的會場與供應商來往信件
√	修正版的活動展望概略圖表與大綱
√	修正版的活動預算支出細項
√	一台打孔機（當你要把簽完名的合約、報價單，以及重要的原稿分類，裝進活動流程活頁夾時即可派上用場）

制定你的關鍵路徑

1. 路徑的設置以月份為標題與時間單位，從簽約時一直延續到活動當天。然後到活動前兩個月時則細分為以週為單位。在每一頁日曆的最上方寫下合約裡中止期限的工作日，如此一來這日期就會持續的提醒你，而且也容易看見。切記，這個工作日要早於供應商開始履行合約的日期。大部分飯店與供應商的合約中都會明確記載工作日（週一至週五）作為中止、更改與取消的日期。對供應商來說，合約的開始日期不必然就是你的活動日期，例如，如果裝潢公司的佈置日期比活動日期要提前一天，甚至更早，那麼這個日期──而非你的活動日期──就是該公司的開工日，對會場來說也是同樣的道理，因為他們的合約中可能會有同意提早移入的條款。你要估算的是到合約中記載的中止日期為止的工作日數，而非全部的實際日數。一般來說，你可能會有二十一個中止日期以應付各個供應商。也一併把它們記載在序列中吧。以下為制定關鍵路徑的範本：

2月——活動企劃開始

3月

4月

5月

6月

7月

8月

9月

10月

11月

12月

1月

2月

3月

4月——活動前十二週
　　　　保證日前六十個工作天（日期／供應商）

5月——活動前八週
　　　　保證日前四十五個工作天（日期／供應商）

5月——活動前六週
　　　　保證日前三十個工作天（日期／供應商）

6月——活動前四週
　　　　保證日前二十一個工作天（日期／供應商）

活動前三週——保證日前十四個工作天（日期／供應商）

活動前二週——保證日前五個工作天（日期／供應商）

活動前一週

活動前六天

活動前五天

活動前四天

活動前三天

活動前二天——移入與佈置

活動前一天——上午彩排

活動前一天——下午彩排

活動前一天——晚上彩排

活動當日——早上

活動當日——下午

活動當日——兩小時前

活動當日——一小時前

活動當日——正式開演

活動當日——拆卸與移出

　　在可供運用的月份中，把所有辦公室關門、你聯絡不到人的重要假日都標記出來。

2. 當你獲知你自己、重要工作人員，以及負責決策／簽約的客戶會因公或個人因素而人會不在的時間時，把它們加進去。

3. 當你的工作負擔很大的時候，注意一下個人或工作的壓縮期。

4. 跟活動主要會場與供應商的聯絡人確認一下，看他們何時人會不在辦公室。

5. 整理合約細節，將付款期限、人員縮減期限、餐飲保證期限和其他保證期限都列出來。

6. 整理供應商的所有保險契約、條款和一般資訊手冊等細節，把所有會影響活動和供應商的中止期限列出來。

7. 把所有必須送到會場或消防局的許可證與保險影本的最後期限列出來。

8. 把要從供應商那邊收到的所有許可與保險影本的最後期限記錄下來。

9. 拿出供應商給你的報價與預算摘要明細表，開始決定適當的時間軸，例如邀請函打樣一定要印出來的日期、邀請函一校的截止日、

要給表演者的曲目、攝影師需要的主要活動攝影清單等等。記得要在序列中持續更新所有紀錄。

10. 填入你知道的中止期限，例如賓客名單A的邀請函、賓客名單A的回函，賓客名單B的邀請函，完成座位表等等。

11. 列出所有供應商的場勘日期與排定的會議日期。

12. 定期更新並記錄經過一段時間後的預算——隨著價格定案，可以是每日或每週。

　　當每件事都以這種日期方式安排好，哪裡會出現工作負荷過重，或是個人與工作的時間表何時會與最後期限撞期便顯得一目了然。在此刻之前，你所有的就只是這份關鍵路徑準則。現在，你必須開始回溯式安排關鍵路徑，並且建立緩衝時間與最後期限，以便讓你有喘息的空間。這些日期必須在關鍵路徑中的時間序列上持續被列出來，如此你才能一直注意它們，並且在日後要同時進行時可以信手拈來。讓它們保持原來的樣子，然而記得拿起日曆，在預定日期的三到四天前另外做個備份——選一天合適的工作日而非假日，然後同步更新行事曆——並且在序列中填入最後期限。務必要留點餘地給自己，例如，你的餐飲擔保期限不應該跟賓客名單A或B的預定回收期限排在同一天，因為你會需要時間去設想回函最終統計結果對於需要的桌子數量、空間安排等等的影響。同樣的，假如你正處於計算收到的回函以決定最低擔保份額之數量的話，那麼在最後下訂單之前，你也需要時間去思考一下其他選擇。設定緩衝時間是必要的。為了取得供應商與會場最後期限之間的平衡，這是必須要做的事。

　　要特別留意活動前的最後一個月。你的目標是盡可能在這個月前把事情都處理完，以及盡可能的把項目完成期限提前。讓活動前最後兩週保持一片空白，留給尚未完成的活動運作討論，沒有必要到最後關頭前還一直在計畫。舉例來說，演奏者可能會在活動前一個月要求曲目清單，但如果你可以早兩到三個月給的話，你就能夠讓你自己有

多餘的空閒去做別的事。你要盡可能、盡早清除一切障礙，以便完成活動工作表，但也要務實一點。藉由在日程表中陳列出所有即將到來的任務與最後期限——個人的、工作的與活動的，你便能提早瞭解有什麼會出現在你眼前。如果關鍵路徑顯示你的工作年終（year-end at work）即將到來之際，你還在查核賓客名單的姓名與地址資料正確與否的話，你就知道大事不妙了。因為假如你有設定一個明確的郵寄時間，這些邀請函可是還晾在那邊，等著組裝與彌封呢。

　　簽約方面也是越快越好。要持續且定期地與供應商聯絡，確認是否有事項需要更新。必要時，可直接拜訪供應商並以書面明訂保證數量，但是如果提早解決太多工作的話，你也可以進行下一個專案的關鍵路徑以保持進度。就算你增加新的項目，也跟供應商那邊確定好時程與物流，關鍵路徑仍舊是有變化的。切記要以某些方式劃線或標記，例如螢光筆，而非直接刪除那些你已經在關鍵路徑上完成的事項。這可作為一種已經處理過的提示，而剩下的則會特別明顯並且吸引你的住意。如果有任何改變，記得要標上日期並且把修正過的版本印出來；否則你會混淆。舊版別急著丟，把它們另外放到一本名為「撤除」的資料夾中。這些便只剩下參考價值了。讓你的活動資料夾中只有正在進行中的事項即可。

　　清楚地看見有哪些事擺在眼前，可以讓你預先準備和主動出擊。消除未知的部分並擁有一份行動計畫，是會對你、你的客戶與供應商有所幫助的。如果你沒有在最一開始的時候花時間去規劃每件事的話，你就等於是為自己排好一長串骨牌，然後一腳踹下去。錯過一項截止期限，其影響可不只及於下一個，還有你的成本，其他供應商可能也會被波及到。一旦簽下合約，接著就是要更新預算支出摘要明細表、修正活動流程概要、準備關鍵路徑、檢視日期、建立緩衝時間並且盡可能的不要動用到計畫中的最後一個月，如此一來你會發現到你是全盤掌控著活動基本要素，對它們瞭解得一清二楚，並且對於要配成的條款知之甚詳。

　　假如你只有準備關鍵路徑，而沒有一併建立個人與其他工作上的職責的話，你將沒辦法預見問題區塊，並且藉由爭取協助和把期限移到好一點（早一點）的時間，以緩和壓力。這也能讓你藉由給予客戶關於何時、何地與如何需要其協助與制定決策的進一步提醒，讓他們得以準備，並且對其個人和工作的行程表做出必要調適。你越早跟供應商確認細節，對大家就越好。他們可是正忙著同時進行一堆特別活動呢，而且你越有組織，他們就能提供你越好的服務以及協助你打造活動展望。

　　為了在時限內付款和履行擔保責任，這重責大任可是完全由活動企劃公司承擔。絕對不要指望由供應商打電話給你，提醒你最後期限要到了；這是幾乎不可能發生的，他們只會直接擱置要負責的工作。全盤掌握時間表、擔保責任與職責是你的責任。一旦關鍵路徑就位，進行起來就輕鬆多了。你在設計關鍵路徑上所投入的時間與努力，到最後會向你證明不但做得好，而且更有莫大的價值。安排與設定活動工作表日程，是關鍵路徑所具備的雙重目的。

第3章

地點、地點，還是地點

　　建構好活動展望的框架，以及瞭解所有宴會場地的需求後－包括供應商移入、設置、彩排、活動當日、拆卸與搬出的空間需求和期待，要找到完美的活動會場就簡單多了。當遇見了合適的地點時，你會有一種強烈的感覺。這是一種內在的、直覺的，隨著你過往曾有過的類似經驗累積而出現的感覺。有的室內或戶外地點你一進去，就會把它跟活動展望相容的可能性排除掉。像這種會場就是感覺不對的。

　　開始尋找會場之前，藉由打造完整活動展望、設計活動圖表（作為建構活動的藍圖之用），以及越來越熟悉場地空間、活動與供應商的需求，你便足以判斷何者能在各方面都最符合深植於你腦海中，活動的「必備項目」需求。不管該建築物有多完美、陽台有多迷人、在那根柱子前拍團體照有多威風，只要你認定其他基本元素跟活動的「必備項目」不對盤，那麼這些都是枉然。

場址選擇

　　正如房地產業的名言：地點就是一切。對於要舉辦的活動而言，你選擇的地點占有極大的重要性，它可以成就或摧毀你的活動。

　　思考一下，有一場為老人舉辦的展覽，要在分為兩部分的大型會議中心舉行——北區與南區。北區比較舊，但比較容易進到宴會廳。離停車場也近。南區比較新，然而距離停車場大約要走二十分鐘。在這個獨特案例中，南區被選為展覽地點，可是考慮到目標群眾是老人，所以北區會適合得多。南區另外還有辦一場大型花卉展，賓客們可能會買各種大小的植物。再次強調，對賓客與展出者來說，這個選擇均會造成不便，他們必須千里迢迢從停車場走到宴會廳，然後再提著沉重的戰利品走回去，尤其是因為會議中心並沒有像飯店一樣，提供協助搬行李的服務。這對於出席者與展出者來說都是一次令人筋疲力盡的經驗，後者也付出高昂的代價。這項因素導致了出席率甚低，

以及銷售情況不甚理想，因為植物重到大部分賓客一想到還要自己搬回車上就懶得買了。所以要確定好活動類型跟場址選擇是否合適。找個對賓客來說最方便抵達會場的可能方法吧。

一場兩年一度的大型專業展（specialty show）即將在多倫多舉辦。這是非常受歡迎的活動。展覽會場提供地下停車位——參與者可以把大衣留在車內，然後搭電梯直達活動現場。策展人有準備推車，讓大家能夠買的輕鬆點。走道很寬，還有個活動式房間可以在其中遷移。如果你買到塞不下的話，東西可以先寄放在位於大門前的領取處。大會也有提供人員協助買家將東西搬上車。現場各處都有許多座位。也有好幾個休息區，提供水和各種價位的食物。大會還準備了高檔廁所、附有尿布的尿布間，並且設有無障礙設施。符合舒適的要件這裡一應俱全，人們也都摩拳擦掌，因為他們知道這會是個可以放心大採購的活動，需要的配套這裡全都有。

你不用受限於飯店、會議中心或餐廳這些地點選項。時尚精品店也能讓你利用其設施作為私人雞尾酒會與晚宴之用，接著安排時尚秀來介紹新一季的服飾。某些活動甚至會用到店裡的廚房，以便讓餐飲部分的準備與招待更為簡便。你可以選擇遊艇、溜冰場、飛機棚，或是兵工廠、博物館、藝廊來舉辦宴會。可以在停車場搭帳篷、在有屋頂的網球場，或甚至是在飯店屋頂辦自助餐會。私人俱樂部、餐廳或閒置倉庫的空間都能夠有效與完全的利用。

唯一能限制你的，就是你的想像力和預算。或許你必須要先付出一筆保證金或額外費用把會場包下來，這點也是在考慮場址的選項時所必須注意的。你可能會認定這成本難以負荷，於是轉而尋找能夠容納賓客數量的私人房間，不考慮完全包場的設施。最重要的是找到適合的物件。例如，某間餐廳可以包場並提供壯觀的10米挑高屋頂和四座大型壁爐，可說是完全符合作為冬日燭光或聖誕節慶為主題的婚禮會場，也可以在能俯瞰晚宴區的夾層提供服務。

熟練的活動企劃人員在遇到是否發現正確地點這疑惑時，可以藉

由直覺得到解答，這地方是否散發著一種他們尋覓已久，也符合所有活動基本元素與物流需求的活動能量？他們能看見它、感覺它，只要一踏進現場就能把它具象化。有一種內在的知覺感受可以讓他們找到完美的搭配──直覺會告訴你，就像金髮姑娘（源自童話故事「金髮姑娘與三隻小熊」）曾說過的：「剛剛好（just right）。」她找不到更好的了；她要的就是對她來說剛剛好的。當你在規劃特別活動時，這就是你必須去找到的。

> 　　無論何時何地，只要有可能，就試著走出宴會廳吧。某一次廠商決定要選在多倫多最受歡迎的餐廳莫凡彼市場（Mövenpick Marché），舉辦迪士尼《美女與野獸》的全球公演開幕宴會，而該餐廳之前從未被包場過。
>
> 　　這活動有兩項重點，其一是要在一天的流程中滿足這1,000人，其二是這些人會同時抵達，但莫凡彼市場感覺上就是對這活動而言「剛剛好」。一大堆舞台佈置的相關元素，在這裡都早已預備好了，像是噴泉與迷人的森林更能增添夜晚的氣氛，以及鄉村景色的裝潢，這裡的美食區全都改名為劇中各種不同的角色：盧米耶火焰串燒、波特太太的茶與咖啡吧、來富拌沙拉、笨女孩壽司吧、加士頓酒吧、寇格華斯海鮮自助餐、瑪希長棍麵包、巴貝特甜點和大嘴女士的烤肉與義大利麵。這是完美的搭配。當然啦，這些都可以在宴會廳中打造出來，可是既然已經有完美的現貨在那邊，而且只要一點點小小的活動企劃創意就能把它變成一場令人不可思議的難忘回憶時，為何又要另外花那麼一大筆錢呢？
>
> 　　在莫凡彼市場舉辦活動所帶來的感覺，不只比在一般宴會廳舉辦來得特別而已，還有一種創新的快感──又一個第一次。

　　在世上許多地方，將頂級餐廳包場舉行私人活動是常見的做法，然而某些餐廳仍舊不接受這種想法，而你可能就會踢到鐵板。餐廳最大的擔憂在於，一旦賓客們被拒於門外，就再也不會回來了。下面是

一些有助於克服這類憂慮的建議。這些是在和餐廳洽談時，跟成本相關的部分。餐廳也許會指定一些項目費用，但你想要的卻是其他項目。你必須事先找出哪些項目會被涵蓋在內，把它們列在合約上，然後把你要負責的支出部分加到成本表中。

- 事先張貼店休的告示。
- 在活動當週期間鋪上提醒用的桌布。
- 在活動當天張貼「私人派對」告示。
- 告知當地飯店門房，餐廳將被包場。
- 向每一位想入場卻被拒於門外的顧客發放免費的飲料或小菜兌換券，感謝他們的體諒。
- 告知附近的餐廳，讓他們能夠準備應付額外的顧客。
- 安排前往其他餐廳的接駁車。
- 安排員工到地下停車場，告知打算前往餐廳而停車的顧客說餐廳沒開。

　　除了這些禮節跟善意的表現，還有許多其他事情，是計畫在餐廳舉辦活動時所必須要注意的：

- 如果餐廳是位在購物中心內，確定好你有取得購物中心經理的許可，並且找出有哪些限制會跟你的活動有關。許多購物中心都是靠一定比例的租金在營運，而該比例則依據商店的營業額而定，若你在平時沒太多人潮的晚間時段舉辦活動，對商家來說等於是賺一筆外快。假如活動會引起媒體注意的話，也能為購物中心帶來宣傳效益。為了表達善意，在取得客戶的同意下，不妨邀請購物中心的高層也出席派對。
- 通知購物中心承租人即將舉辦特殊活動的事宜，讓他們能據此計畫。你會發現到這對他們而言無疑是難得的機會，因為他們可獲得免費宣傳。而且，該地點對客戶來說可能也從未造訪過。

- 假如餐廳是獨立建物，跟當地消防局和警察局確認一下有沒有什麼你必須要注意的法律問題。如果餐廳位在購物中心裡，那就跟購物中心和餐廳經理雙方確認相關事項，避免違反任何租賃契約或是火災及安全規範。

- 如果你有跟餐廳協調過在早餐或午餐後便關門的話，讓現場人員在這些時段過後就到餐廳去確認是否真的沒剩下任何客人。千萬別讓某些快打烊才進門的客人一直待著，妨礙到你接下來的佈置。他們當然會不高興，而你也是。當你要把某個單一區塊封閉起來只留給你的賓客時，也要這麼做。一直都要提前準備好，並且跟經理再三確認你何時要把場地封起來。經過解釋與招待一杯飲料後，大部分的客人都能夠理解並配合調整座位的。

永遠都要對發生在活動之前的事情瞭若指掌。須確定合約書上的進場佈置與裝潢時間明確無誤。舉例來說，某個很熱門的會場經常被用來舉辦特殊活動。它也是婚禮的首選場地。你必須知道的是，在你開始移入之前，該會場的行程表，並且確定有預留足夠的緩衝時間。此刻，你可能剛好碰上在你的活動進駐之前預定舉行的婚禮彩排。婚禮彩排常常因為開始跟結束都很難準時，導致時間拖延。你對這點可要有事先的心理準備，然後確保婚禮派對明確知道你移入的時間，以避免之後有什麼誤會。他們必須瞭解到按表操課的重要性，以便彩排能順利進行，不會在最後因為時間倉促而草草結束。

我還記得某年10月的其中一天，在下著滂沱大雨的加勒比群島海岸上奔波（甚至連牛都被趕到公車候車亭下避雨），尋找即將於1月舉辦的歡送宴會的完美場地。我察覺到自己的膝蓋不時會深陷於水跟泥巴中。有句警語是這麼說的：千萬要留意餐廳開門之前留下的東西－我就遇過一次，那是兩隻非常盡忠職守的看門狗。

當地機關向我建議許多地方，但沒有讓我感覺到「剛剛好」的。

對於試圖要在活動當晚完成的事情，我的腦袋裡有張非常清楚的圖像。這座獨一無二的島嶼作為目的地非常貼近我的想法；它就像是我第二個家。無論是渡假或工作，我在這裡都有著很愉快的回憶。我想要確定的是，參與者離開時也能對這座島嶼留下美麗的印象，因此我在找到「剛剛好」的環境之前是絕對不會停下腳步。

　　被選上的餐廳就是這樣一個跟活動絕配的地點。那真是個不可思議的晚上——一輛又一輛的全白豪華轎車在下褟飯店和餐廳間接送賓客，當晚完全就是為他們量身打造的。在夕陽漸漸沒入海裡時，賓客們盡情享用著雞尾酒、海面因黃昏而呈現出明亮的金、紅與橙等顏色交錯。桌子採用全白色調，桌上的燭光柔和且搖曳，當地最知名的表演者在台上演出，賓客們則在滿天星光下相擁而舞。這絕對可說是一幅如詩如畫般的風景，讓人心曠神怡。這是一場完美的歡送宴會。

　　把時間花在尋找何處對你的活動「剛剛好」，盡一切可能確保活動體驗的完美無瑕，這代價一直都是值得的。如果你辦的是戶外活動，可以研究一下何時日落，屆時便很適合安排雞尾酒會了——落日餘暉是不用另外收費的。然後別忘了回顧一下天氣紀錄——你有考慮過要在雨季時辦戶外活動嗎？

　　每一個季節都有其值得注意的問題，並且會對地點選擇與預算相關的事項造成影響。我們可以確定的是，天氣無法預測，但可以提早因應。賓客的舒適和第一印象是最重要的。

　　在其他國家辦會議時，淡季反而能發揮某些最大價值。在你預約之前，思考一下如果氣候不如預期，對你的計畫可能會造成什麼影響。可別想要在颶風季跑去加勒比海或佛羅里達州，也別想在土石流或大雷雨的時節前往亞歷桑那。在你做最後決定前，請當地旅遊局提供過去的氣象紀錄－－溫度、降雨量和濕度。跟他們要求官方的氣象數據統計史，這些都是公開資訊。可別隨便被一份口頭報告矇混過去。就算目的地在你打算辦活動的期間，從來沒有降雨或下雪的紀錄，還

是要做好戶外活動的備案，並且事先因應——班夫（Banff，加拿大渡假勝地，位於洛磯山脈）在6月可是有下過雪的。天氣型態由於氣候暖化之故已然改變，不再像之前那樣可以準確地預測。極端的天氣狀況變得越來越平常，而我們也目睹了某些城市在面對災難襲擊時，根本毫無防備。確認你對會場當地的安全與維安程序，就像對於活動取消條款一樣的熟稔。以地毯式搜索的精神檢視合約中的取消條款。確認客戶有注意到如果活動因為不可預期的情況，例如氣候或傳染病SARS等，以至於在最後一刻取消時，錢還是要照付。如今對於活動企劃人員來說，最重要的事情不僅是合約取消條款，還要設想萬一客戶的財務突然出了狀況怎麼辦。企劃人員必須準備一套包含合宜行動方案的全盤風險評估計畫，並提供其客戶活動取消之保險的選項。

　　規劃戶外活動時，一定要確定你手上有天氣因應備案。活動當天（或更早，端看活動佈置的需求），假如天氣看起來不太穩定的話，你就還有時間以電話通知說要改到哪個地方開始佈置。找出一個明確的時間，作為你或你的客戶決定要在哪裡辦活動的最後決策期限。

　　對於某些目的地而言，高溫並不是個問題。像拉斯維加斯，溫度可以飆高到超過攝氏38度，卻不會影響到活動。賓客們是由配備冷氣的大客車或豪華轎車送到有冷氣的飯店。一整天之中，他們若非很舒服的開會，要不就是在游泳池裡消暑，到了晚上沒那麼熱，他們就跑去街上好好逛一下。總之，飯店跟賭場靠得很近，因為這種設計就是要你一直待在室內。如果會到戶外的話，多半也只是從有冷氣的飯店走到有冷氣的車子，然後反向再來一次。高溫一點都不是個問題。

　　游泳的時候，也要注意到天氣會對水溫所造成的影響。對於那些打算在夏季南方舉辦活動的人，要注意某些區域的水母會比冬天低溫的時候還多。對於那些計畫在大型遊輪上舉行會議的人，記得要瞭解氣候會對航行產生何種影響——海面會有比較平靜的時候嗎？至於租私人遊艇的話，則要注意船上在白天有多少陰涼處，以及晚上的時候能提供賓客多少休息的地方。當突然來一陣暴風雨時，每個人都能很舒適的待在船內嗎？有足夠的地方遮陽嗎？

如果賓客要搭飛機離境的地方是冬季，需要轉機的話，盡量把他們安排在南邊的轉機點。例如，假設有個團體要從冬天的多倫多搭機離開，然後有芝加哥跟達拉斯兩個轉機點選擇的話，就選達拉斯吧。因為當地因天氣導致班機延誤的機率不會像芝加哥那麼高。

TIP

切記，天氣幾乎在任何層面都能影響到你的活動。一定要有所準備。

策劃露天活動時，天氣因應備案更是一定要的，尤其是在比較冷的氣候地區。戶外活動的另一個考量點則是暖氣。南加州有許多的戶外晚間宴會，是在可以俯瞰海洋的懸崖上舉行，而獨立式的暖氣可以讓賓客們愜意許多。這裡的背景是如此令人難忘——想像一下，聽著古典吉他的絃聲，就像銀色月光在婆娑的浪潮上漫舞。這種魔幻般的背景可是沒辦法在宴會廳裡複製的，然而就像這種風格的效果，對募款活動而言並不適合，因為活動中會有一場展示品項的靜默拍賣，又或者你可能會安排聲光效果、舞台表演或演說等。關鍵在於場地必須能配合你的活動與你的賓客。

地點和預算

地點選擇與成本考量也適用於實體建築、地點環境或目的地。假如你正在籌辦一場位於國外的活動，關於地點的一些重要考量如下：

- 需要把機場過夜的住宿費列進預算嗎？
- 有直達目的地的班機嗎？
- 如果賓客要轉機的話，他們願意等待很久嗎？

- 全部的旅行時間能夠作為停留總天數的正當理由嗎？例如，某間位於北美的公司打算在夏威夷或是往東方舉辦會議，但除非他們的賓客全部都從西岸出發，否則兩者間的時間會是八天七夜與四天三夜的差別，因為你要算進整整兩天的旅行與班機延誤時間。
- 從機場到飯店要花多少時間？
- 飯店和目的地在各方面都符合你的需求嗎？
- 你能夠為了班機時間變更與延誤做多少讓步？例如，當賓客抵達時，他們或許會需要在房間內稍事休息一下，換個裝與適應時差。歡迎會最好在隔天晚上舉辦，因為他們第一天可能會太疲累而沒辦法好好享受。

場地需求

　　當你策劃時，可以從活動概要出發，畫一張類似下一頁那樣的圖表，把各種需求列出來。這能讓你在腦海中建立起最初的活動流程，與需要加入哪些項目的全景圖。圖表可以送到各個你正在考慮的會場，看看它們是否能符合全部的條件。記得要把移入、設置、彩排、拆卸、移出、時程安排與物流的需求加到圖表中，後二者尤其重要。

　　進行活動預想以決定適合的空間需求。從研究可能性著手，並開始準備成本支出明細表。內容要很具體。假如你需要20英呎的挑高空間以配合聲光效果與舞台的話，那就把它寫進圖表中吧。事先的佈置與彩排空間也要包括在內。如果你需要的是二十四小時開放的宴會廳，讓你已經完成的佈置可以一直持續到活動當天的話，那就也寫進去吧。如果你需要替表演者準備後台、為員工準備辦公室，或是一區用來準備或佈置展場的空間的話，記得要在一開始的時候就先跟會場方面洽談，讓對方可以預留一區適當的空間給你。一旦簽訂契約後，逐步減少作業範圍要比增加或在不適合的空間中作業來得簡單許多。

企劃大綱	第一天	第二天	第三天	第四天	第五天	注意事項
早餐						
上午活動						
午餐						
下午活動						
雞尾酒會						
晚間活動						

　　為了準備精確的預算表，你需要注意活動的所有面向，以確定有把盡可能多的支出都算進來。當進行到這一部分的工作時，你要能發現到那些必須被納入成本中的各種不同事項，像是街道使用許可、聘僱非值勤警察等等，在何處要納入以及為何要納入。隨著你的進度持續更新成本明細表，當情況有所改變時增加或移除項目。就像之前提過的，在你打算要花的錢中，隨時瞭解你身處的情況為何是很重要的，這樣當計畫往前推進時，你才能做出適當地調整，並且確保能要到足夠的資金去完成活動基本元素，以協助你達成公司跟活動的目標——而正確的地點在其中則扮演著一定的角色。

　　舉例來說，活動地點要符合的其中一項目標，是擁有可以進行一些奢華內容的環境，以及能夠在活動結束後數年間仍為人所津津樂道，像是在沙漠星空下，搭配知名歌手的交響樂演出之類。你不妨讓賓客們搭著熱氣球在日落時抵達會場，著陸後以香檳迎接。根據活動的創意程度，你也需要考慮地點所需的實際支出，像是天氣因素的運

輸備案，或是如果風向不利於熱氣球升空的話該怎麼辦，運輸方面的支出或許可用汽車牽引拖曳熱氣球跑，而非直接操控熱氣球；至於回程，因為熱氣球不適合在夜間航行，所以不妨選一幢明亮的塑膠帳篷（以便識別）作為天氣備案，同時還有煮菜用的帳篷、流動廁所、把一切相關事物運到沙漠的支出、以防萬一的醫療協助、維安、照明、暖氣、電力與備用發電機，以及一位負責進一步檢查環境，防止小動物來鬧場的人員。當這些支出全部都加到預算中時，你就可以判斷這場在沙漠中舉辦的活動雖然別開生面但成本高得嚇人，因此你必須動動腦，或是審視一下成本支出表，看看可以從哪裡找到錢，以便讓原本的想法實現。你要隨時確切地瞭解你的財務狀況，如此可以讓你做出正確的決策，並且讓活動在實際進行到企劃與運作階段時，不會出現需要重大改變的「意外」。事先就清楚地瞭解所有支出，如此一來你便能做出可靠的決策。

飯店與會議中心

　　飯店與會議中心間的相異處會影響到你的預算。兩者的設備都很完美，但是要確定你知道它們的差異，以及有哪些事物需要被納入成本細項。

　　假如你除了客房外也需要宴會空間的話，在飯店舉辦活動會是個較省錢的選擇。因為飯店不但有房間收入，也有餐飲部分的收入，這樣一來在佈置與彩排時的房價就有了議價的空間。一般來說，如果有了餐飲這部分的收入，飯店就不會收取活動舉辦當天的住房費。當然，這點要看你到底在飯店花了多少錢而定。

　　如果飯店跟會議中心的距離是超出徒步範圍的話，在飯店辦活動便意味著你的賓客可以很輕鬆的抵達會議室，如此便省去了額外的運輸成本。

　　並非所有的會議中心都會跟附近的飯店有合作關係，並提供優惠房價，所以你有可能要跟飯店與會議中心分別洽談。不妨作一張價格對照表來比較一下。至於房價的部分，還有其他的成本因素要考量。

　　大部分的飯店都會願意提供自己的車輛讓你去接送賓客、安排員工幫你運送活動物品。（記得要把小費加到預算中。）通常，飯店不會把作為報到和展示之用的桌椅費用算進去，而且也有大部分的特製酒杯，像是作為活動一部分的馬丁尼吧台所用的特製馬丁尼杯，並依據活動人數的多寡來決定要不要另外收費。飯店宴會廳通常都鋪有地毯，這樣就不用另外花錢去買了，而房間清潔的部分，一般來說，也是不會額外計費的。通常飯店都會提供上鎖的行李儲藏區，鑰匙掉了的話也願意免費替換。

　　對於以飯店為主，只辦一天或是有好幾天行程，但沒有客房需求的活動也是可行的，休息室或更衣間可以拿來安置員工或貴賓。如果活動會持續好幾天，也需要客房的話，包括客房、商務套房、提早入住、延後退房、一定數量以上房間的其中之一，這些都可協商優惠價或免費贈送。假如除了房價跟稅之外，還有其他額外支出，像是參與者在退房時所付的飯店相關費用，這些也需要加入到成本支出表裡頭。簽約時，你的預算必須考量到這些額外費用——或是跟飯店談看看——以便讓你對於總體房間成本有清楚的瞭解。

　　額外費用可能包括了：

- 每日設施使用費（resort fee）
- 每日侍者費用
- 每日健身俱樂部費用
- 代客泊車費用
- 每日招待費用
- 送報費用
- 每日場地維護費用

- 免費早餐的額外飲料費用，如柳橙汁（非專屬團體方案）
- 飯店電話費用
- 客房禮物、邀請函等客房迎賓費用
- 網路費用
- 商務辦公室費用
- 無線網路費用
- 充電費用
- 毛巾費用
- 室內保險箱費用
- 使用房內迷你吧台費用
- 開床服務費

> 記得要先確認，當你出國的時候是否有手機啟動費。某些國家有權利封鎖你的手機，使你在當地無法撥接，除非你付了這筆錢。你也必須研究一下當地飯店或旅行社所提供的手機租賃費。
>
> **TIP**

飯店可提供許多服務，包括根據個人需求而供應的迷你吧台、乾洗、洗衣、傳真、打字、影印、透過飯店內部的視聽設備外接延長線、手機租借、無線電對講機、接待櫃台的電話轉接、懸掛布條（這個可是貴得嚇人喔！），以及半夜時使用飯店的電腦，因為常常會發生在演說前一晚時，客戶沒帶電腦卻想變更內容，而是你必須連線到遠端帳戶去處理活動內容。然而要注意的是，上面提到的每一項服務都可能要額外收費。

事先找出每一項額外費用是一定要做的功課，並確定你有授權把所有花費都直接以主要帳戶支付。記得要在影本上明確標記各種花費

的用途，以便讓你能夠將其納入帳目查核表中，並且讓有權准許這項花費的人簽字核可。

　　跑去當地的影印店去印文件或傳真當然會比較便宜，但是當你在活動執行中時，這項時間成本值得嗎？這就是錢或感覺的問題了。飯店會給你一張他們可以提供的服務清單，以及相應的價格。盡可能的把這些花費納入你的預算中吧。舉例來說，假如你知道在活動的接待櫃台會需要電話，你就必須加入轉接費與市話費（這部分會隨飯店不同而有所差別；某些飯店不收費，但某些飯店則是每通可能收費超過1美元）。評估一下這筆數目並加到你的支出中，因為花錢容易如流水，於是預算就破表了。

　　上述這些與其他的額外支出同樣也有稅金跟服務費的問題，需要詳細計算並且加到除了實際費用以外的花費部分。宴會空間的租賃費以及私人的餐飲部分同樣也是可能不會載明於合約上的額外費用，只會簡單的以雜費名義，如團體餐菜單，陳列於合約背面的條款中，像是廚師費用、即使人數少但你還是要用原定房間的額外費用（要注意到飯店有保留移動你的團體的權利）、如果你的視聽設備供應商使用了過多電力的額外電費，或是在租借宴會空間時要付的場地費。在你簽下跟飯店的合約之前，你必須確切地瞭解有哪些費用是花在刀口上，把它們用書面記錄下來，並判斷這會對整體預算產生何種影響。

　　在會議中心，上述那些項目並不必然相同。可能裝卸貨需要付工資，而在某些情況下你可能要付最少三或四小時，甚至是超時的場地費。桌椅及其裝飾可能都要錢。會議中心可能不會有特製酒杯，要自己花錢買再帶進去。有間公司第一次選在會議中心而非飯店來辦活動，並且以馬丁尼酒吧作為廣告宣傳。該公司於是面臨到為了租馬丁尼酒杯而付出超過6,000美元的情況！展示空間不見得有地毯，租一塊則又是一筆額外費用。複製鑰匙和清空展場也是一筆額外支出。仔細找出來哪些項目需要而哪些不需要，並以書面記錄下來，議價空間和基本開銷之外的支出便應運而生了。

不管哪一種設施都記得要問:

• 員工是否屬於工會?

• 這點會如何影響到工資與其他支出?

• 何時要洽談合約與工資?

• 有整修工作正在計劃中嗎?如果有,對你的活動會造成何種影響呢?

可別還在談工資的過程中,或在有罷工的可能下勉強舉辦活動。你必須事先知道有哪些已經排定好的整修工作。他們是大工程嗎?這會如何影響到服務、設備情況,以及賓客們在活動期間中會有怎樣的體驗?

TIP

假如你已經完成了比價,你會瞭解到不管是飯店還是會議中心,對於辦活動的會場而言都是最省錢的,你也可以跟會場提出一些特定要求。會議中心有機會可以砍掉某些項目的租賃費,當然飯店也行,但是在這之前他們必須確切知道你會花在他們的設施像客房、餐飲等項目多少錢。飯店也好,會議中心也罷,都會因為人數減少而增加租賃費,這是你必須有所準備的。這點會在合約中載明。這方面要特別注意,因為它會對預算造成重大影響。

在簽約之前,記得要找出來可能會付哪些額外費用,你可以透過詢問以下的問題而得到答案:

• 桌椅要付費嗎?

• 有什麼東西是要自費帶入活動的嗎?

• 清潔要收費嗎?

• 有超時費用嗎?

- 有一定要合作的特定公司嗎？
- 電費怎麼計算？

記得要求在合約上把所有額外費用都以項目方式陳列出來，並且把這些都納入預算中。你可是負擔不起活動結束後的意外帳單，特別是當你的預算有限時。

飯店和會議中心都有其各自的強項與弱項。重要的是找到最能符合活動需求的設施，並且確保你對於任何需要被納入預算的可能支出，皆獲得充分的注意。

餐廳、私人會館、外燴業者

你可能會想在有別於傳統宴會廳以外的環境舉辦活動，並且去找尋一些有特色的場地。比較好的選擇可能是博物館、藝廊、表演藝術的劇院、私人豪宅、古蹟建築、包場餐廳、機場飛機棚、遊艇俱樂部、賽馬場、當地景點和娛樂中心、高級俱樂部、溜冰場、附屬網球場、室內排球場、高爾夫俱樂部、零售店、水族館、改建的倉庫、兵工廠、電影片廠、包船、豪華轎車展售點、花園、沙漠或海灘。甚至連海洋都可以用來舉辦白手套雞尾酒會暨晚宴，賓客們在南太平洋上穿著浴衣坐在餐桌前（服務生則是正式打扮）。這一長串地點選擇清單，只有你的想像力跟預算可以限制其範圍。

詢問一下你接洽的設施，是否擁有進行室外活動（off-property event）的專屬權利。某間飯店有一棟美不勝收的私人房舍，外加一座令人嘆為觀止的花園，可以在舉辦特別活動時作為參加賓客的接待所。飯店仍然可以獲得房價與餐飲收入，而賓客則有機會可以體驗不同於飯店的特別環境。

就像你和飯店或會議中心租借設施時一樣，你從一開始考慮在非

傳統的地點舉辦活動時，就必須找出每一項合宜的費用與物流費用，並且記入成本支出摘要表中。為了能夠精確的達成這點，記得要把活動的所有面向從頭到尾都設想一次，以便捕捉每個活動基本元素所需要的支出，例如沙漠環境所需要的流動廁所。

劇院

　　劇院可以用各種不同的方式——電影院或舞台劇劇場皆可——來舉辦特殊活動。某些比較新的劇院可以讓你租來辦正式宴會，而其他劇院則可以讓你租來辦雞尾酒會，或是之前提過的舞台上的入座晚宴。你可能會決定整場活動都在劇院裡舉行，或是想在劇院辦完開幕後，把接下來的招待宴會移到另一個地方。另一種選擇是，可以先在其他地方辦完晚宴，再把賓客們載到劇院，然後再送回一開始的地點休息，抽點雪茄、喝杯咖啡與酒，以及吃幾塊甜點。

　　當你考慮要在劇院舉辦活動時，先確認你有做過一次完整的場地詳細檢核。找出真正的人數容量——有多少座位是故障、壞掉或某些方面不能用的？到後台瞧瞧。確認一下火災逃生出口是否暢行無阻，說不定你可能會因為其實並沒有逃生出口而感到錯愕。但是萬一你因為忘記確認這點，使得消防局強制結束活動時，你保證會被嚇出心臟病。有位活動企劃人員打開逃生出口，看見垃圾堆得跟山一樣高，還把其他出口也擋住了。原來員工在冬天時直接把垃圾丟到巷弄裡，沒有放到適當的地點。巷弄不只是有火災的危險，把東西搬入也需要靠這條通道。在該企劃人員的要求下，垃圾終於被清除，劇院方面也徹徹底底的把這條巷道清理一番，清除掉遺留在此的臭味與污漬。

　　就如同其他設施一樣，如果你發現這個劇院——不管是舞台劇劇場還是電影院——是工會的一份子的話，務必瞭解要遵守的規範，以及會產生哪些費用。確認劇院何時能夠讓你開始佈置。劇院的租賃、

員工與清潔團隊方面的支出又是如何呢？

假如你預告說會放電影的話，在活動開始前先做一次徹底的排演，以確定所有事項都各安其位。在活動當天正式放映之前，計算一下將一部投影機搬到現場會產生哪些花費。曾經有部電影在預播時，據說其中會出現十分鐘的無畫面與無聲音現象。這部電影原本有中場休息時間的設計，但如今已經沒有了。記得把膠卷中的這部分重新剪接。其他要考量的因素，還包括確認影片品質和放映時有沒有出現雜訊之類。

如果電影是從國外進來的話，確定好你有充分的時間報關。提前拿到手總是比冒著活動當天，東西還卡在海關的風險來得好。跟電影公司洽談一下電影版權及相關費用。某些公司有設置當地代表，他們能協助你相關的事項。劇院經理也能提供你這些聯絡人的姓名與電話號碼。

其他能夠成功舉辦電影活動的方法，還包括了把入口處的遮蓬換掉，和鋪設紅地毯（或是任何合適的措施——今日的「紅」地毯在顏色與量身訂做的迎賓方式中都可作為開場的意思），把現有的地毯和地板好好清洗一番。把客戶的標誌印在飲料杯跟爆米花桶上。思考一下關於抵達會場的問題。人們要隨身攜帶票卷跟邀請函嗎？安排兩條動線以避免人潮堵塞跟不必要的等候。需要哪一種識別標誌呢？需要準備報到桌、桌椅裝飾和放飲料的桌子嗎？

大家同一時間抵達的話。你知道準備700人份的爆米花、包裝、跟其他文宣一起塞進小購物袋中，然後放到每一個座位上要花多少時間嗎？千萬不要等到活動當天才知道這些事情。討論一下飲料的準備與分配問題。糖果是要放在盤子裡，或是用某些東西包裝起來？你會用到繩子跟柱子嗎？要做一個「私人派對」的標誌嗎？你要如何應付常看電影的賓客呢？如果你要把電影名稱印在遮蓬上，你會需要專人負責可能打來詢問的電話嗎？你需要人群管制嗎？探照燈呢？有任何特殊主題或贈品嗎？

　　有提供交通工具，讓賓客們可以來往於一個以上的地點嗎？假如賓客們同時抵達、離去和前往第二地點時，你會需要考慮到交通管制嗎？花點心思在各區域的人潮堵塞與排隊上，以及要如何避免這個現象。劇院在活動結束後會對外繼續營業，還是整晚都是你的？如果是前者，你就必須要考量一下那些準備買票入場的觀眾要在哪裡等候。你必須要把宴會廳跟廁所區域全部淨空，直到賓客們全部離去為止。在簽下合約之前，記得確認直到活動結束前，場地都是專屬於你，且不對外開放的。然後，最後一點是最重要的，就是確定你有把所有支出都納入預算中進行考量。

帳篷

　　假如你正打算在帳篷內舉辦一場特殊活動的話，那你應該要看一下《貝西的婚禮》（*Betsy's Wedding*）這部片，這樣便能夠充分感受到把某些基本元素納入預算考量的重要性何在。在本片中，主角一行人所租的帳篷上頭有些補釘，那些小裂縫在下暴雨時很快就成長為大裂縫了。帳篷撐不住雨水的重量，於是一部分就這麼垮了下來。蓬內的草地瞬間成了泥巴海。

　　帳篷可以作為主要會場之用，或是提供額外空間，成為第二場地。例如，假若你打算辦的是婚禮或特殊活動，你可以把主要區域拿來招呼與接待客人，然後將他們移到帳篷內入座，享用晚宴。或者，你也可以讓整場活動從頭到尾都在帳篷內舉行。帳篷可以提供遮蔽──對體育活動來說相當重要──也可以當作是天氣不佳時的場地備案。如果活動所在的室內場地像歷史古蹟這類禁止抽煙的地點的話，你就可以在隔壁另外架個抽煙用帳篷。

　　最適合活動需求的帳篷類型，也是你需要研究一下的問題。立桿帳篷（pole tent）有著既高且尖，像馬戲團那樣的天頂，而立架帳篷

考慮帳篷尺寸時，可以用每人平均1.8平方公尺進行計算。如此才有足夠的呼吸空間，尤其是假如遇到壞天氣而把所有人都趕到帳篷內的情況下。

TIP

跟你所在的帳篷租賃公司聯絡，確認你能否看到他們所提供的帳篷實際樣本。雖然有目錄，但還是要親眼目睹一下。例如側牆在目錄裡的照片看起來可能很明亮很棒，然而實際上可能是灰灰髒髒而且滿是裂縫。花點時間到供應商的銷售據點去做個場勘，如此一來你才能確定品質是否跟他們提供的產品一樣。你想要的是單一純色還是條紋樣式的帳篷呢？哪一種側牆是你要的呢？確保他們安裝的帳篷上沒有刮痕、裂縫、破損或是明顯的修補痕跡，並且是在帳篷良好的狀態下進行安裝，所以要注意一下合約上的這些項目。一定要具體明確。側邊骯牆的帳篷是行不通的，而且需要好好清理一下。在合約中聲明這點，也寫入你的工作表中。一定要清楚瞭解這件事的完成時間。在某場活動中，當賓客們抵達會場時，還目睹了工人正在清理帳篷呢。

TIP

（frame tent）一般來說則是要花較多的安裝成本，但結構也比較穩。

和供應商在合約中議定，要一同到活動地點去做場勘，以便決定最適合活動的帳篷類型。帳篷在照片裡看起來有多漂亮，根本不是重點；重要的是根據地點與具體需求而進行的帳篷設計作業。帳篷租賃公司要決定的是帳篷是否能夠直接架在地上，或是否需要用錨固定，

以及可能因此造成的額外支出。例如，假設你想架在一處停車場上，該場地的表面就不可能在不受損的情況下讓帳篷架上去；因為在這種情況下，帳篷可能會需要用錨去做穩當的固定。假如你打算把帳篷架在田野上，那就得去研究一下這方面的設計。如果帳篷裡頭會放杉木的話，帳篷的高度就要選夠高的。相同的道理也可以反向應用在如果有鋪設在低處的線路時該如何處理。另外你有考慮過帳篷架設的地點，是潛在風洞的可能性嗎？

你必須要瞭解到，哪一種帳篷最適合場地，而不是只有看起來很漂亮。沒做過場勘前，千萬不要簽下合約。場勘時，帳篷租賃公司、外燴業者和提供桌椅等相關人員都要出現在現場。絕對不要用猜想的。精確地評估要做哪些事情。評估的地點一定要仔細測量，看看選好的帳篷尺寸是否合適。

至於其他的考量也不能大意。外燴業者會對你提出他們的需求。你需要準備一個獨立的廚房帳篷，讓外燴業者可以在不被客人看見的情況下處理食物嗎？如果要在帳篷內煮食，良好的通風就是重點了。照明跟電力需求又是如何呢？場地會不會凹凸不平呢？這種情況下，地板可能就不是選項，而是必要物品了。你也必須要根據帳篷與建築物的距離，做好跟防火有關的管制規範。

你打算搭帳篷的地是屬於誰的呢？需要誰的許可和哪一種許可呢？你需要申請帳篷許可嗎？建築許可呢？會需要土地使用許可嗎？還有哪些其他相關的許可呢？你也可以在餐廳的範圍內搭帳篷，因為餐廳有土地使用許可、所有權，可以同意讓你做這些事情。又或者，假如你想要在公園裡舉辦活動的話，就必須取得相關管理單位的同意。你會需要水資源使用許可嗎？你打算利用水力來發電，或是自己帶發電機呢？你所決定納入活動中的項目，會影響到你需要取得的許可。誰要負責去申請？每個案件都是不同的；沒有所謂的標準規則。確認、確認，再確認。在合約上載明是誰要負責取得每一項許可，並且一定要堅持在活動前先各拿一份影本留存。到了活動當天，確定好

帳篷還是用錨固定的好。它可能會被吹走。某一場在洛杉磯舉辦的宴會開始之前，有個帳篷就真的被吹走了，需要另一個來替代，可是當時全城都已經找不到相同尺寸的帳篷了。**TIP**

你手頭上有所有必要的許可，以防臨檢到來這種意外，另外再放一份影本在資料夾中。

佈置跟安裝會需要用到多少天呢？某間汽車經銷商打算辦一場不對外開放的活動，帳篷則作為展示區域之用，直到他們發現需要在活動前花兩天的時間把帳篷搭起來為止，這意味著必須把車輛從展示區移走整整三個營業日。這當然會對營業額有嚴重的影響，因而必須尋找會場的替代方案。他們原本預期只要移走一天就好。

取得酒類販售執照要經過哪些步驟呢？向公司的法務請求關於社交主人責任（social host responsibility）方面的協助，並購買保障客戶和公司權益的保險。為了符合上述規範，你需要什麼資料呢？在某些地區，含酒精飲料只能在封閉的區域內提供。帳篷要安裝成什麼樣子才能達到這種要求呢？帳篷租賃公司有提供火災逃生出口的標誌，還是你要自行準備呢？會需要安排流動廁所嗎？確認一下有多少管制規範方面的要求吧（如果你這方面注意不夠的話，活動可是有被強制結束的可能性。）

預算許可的話，最好能分別提供男女專用的流動廁所。高級一點的廁所拖車附有污水槽跟自來水，相當適合租來辦宴會活動；這樣你就不必再設法要找地方蓋廁所了。這邊記得也要安排人員，以保持乾淨。

廁所方面的黃金比例，大約是平均75人配一間廁所。**TIP**

　　當你在辦帳篷活動時，如果活動需過夜的話，記得編列一筆額外預算，用在帳篷佈置到活動開始這段期間的維安工作。這樣可以保證三件事：已佈置完成的桌椅之安全、不會有不速之客到你的帳篷「野營」，以及帳篷到活動當天都還是直挺挺的。其他會影響到預算的項目還包括了桌、椅、瓷器、銀器、餐巾、裝飾、外燴業者等方面的租賃或接洽，以及相關項目如外燴業者的烹飪用帳篷與電力需求等。而且要記得的是，壞天氣可能會拖延帳篷的安裝進度。所以當你在安排送貨期程和計算整體準備與設置時間時，先確認有把天氣因素考慮進去。另外也記得要瞭解搭帳篷與活動前後的場地清理費用。你需要把場地清過一輪嗎？需要剪草、灑水嗎？

　　以上是所有會影響到活動預算的項目，此外還有主帳篷區、烹飪帳篷、吸煙區的地板鋪設、照明、發電機、空調或暖氣，以及其他必要的帳篷佈置項目。許多人會認為鋪地板不是必要的，然而除非你的預算實在是少的可憐，不然想想看把帳篷直接搭在草地上會怎樣吧。由於搭帳篷可能會用到兩天的時間，你可得事先計畫一下要如何跟大自然搏鬥。假如地面非常潮濕，又沒有時間弄乾的話，在沒有地板的情況下你就會看到桌椅以一種詭異的角度陷進地裡。當賓客們努力從下沉的椅子中掙脫時，一定會抓著桌子，然後讓大家一起陷得更深。這對桌上裝飾、場地佈置和整個餐飲服務來說簡直就是災難。再者，要是著正式服裝的女士穿著高跟鞋呢？或是當夜間時分，溫度下降時，那些濕濕的草圍繞在你腳邊的感覺又是如何？鋪個地板可以讓你的客人既舒適又安全。

　　如果你計畫在早春或晚秋舉辦帳篷活動的話，記得除了鋪地板跟照明（用於晚間活動）之外，還要把暖氣加到預算裡頭。在較冷的季節裡，暖氣可以讓你的賓客舒適些。切記，要是有點過熱的話，就用電風扇促進空氣對流。暖氣還能用來平衡溫度。舉例而言，假如說你想在主要場地舉辦雞尾酒會——譬如一間房屋裡——而把帳篷用來上主菜的話，你就會希望賓客們進到帳篷時仍舊維持之前的舒適感。

帳篷有許多不同的側牆可以讓你選擇，你可以選那種像帷幕一樣，天氣熱時可以捲起來的，還附一層用來擋小蟲的網狀薄紗。天氣轉壞時則可以放下來。另外要是你有準備特效，像是室內煙火這種的話，你可能會需要編列一筆排氣系統的支出。

如果你要辦的活動同時會用到室內與室外設備的話，更應該把帳篷視為兼具天氣太熱或下大雨的備案，以及獨立會場的雙重選項。而且假如場地整體容納人數與邀請的賓客數目，是把室內與室外部分合在一起計算的話，帳篷可以讓人員流動更為順暢；它會是活動中的重要部分。你要確保的是賓客會跑到這邊來並待上一段時間，讓室內場地不會太過擁擠。

達成這個目標的其中一項方法是，把主菜安排在帳篷區，將賓客們從其他地方吸引過來。確認帳篷內有足夠的座位、自助餐設備、音樂或其他娛樂項目，要不然賓客是不會待太久的。與其準備豪華又豐盛的自助餐，讓侍著四處供應輕食與冷熱開胃菜，可以空出更多空間來放桌椅。桌子可以小一點，讓場地看起來比較像俱樂部的樣子，而非宴會。據此你便打造出兩區充滿高度活力與熱鬧氣氛的場地，相較於帳篷只是在主要空間之外用以疏散人潮且不具備任何特色的情況要好得多。假如賓客們的死氣沉沉（沒有音樂或娛樂節目）、缺乏氣氛，也只有提供少許食物跟幾張桌椅的話，你的帳篷就會出現一種拒人於千里之外的感覺，尤其是假如你已經在別的地方營造出很熱烈的氣氛時。在帳篷裡安裝上面提到的東西吧，不但可以吸引賓客，還能夠留住他們。

當你在花費重要支出時，就像實際上處理其他類型的特殊活動時一樣，在帳篷的安排部分省錢是完全沒有道理的。找一個很熱血的樂團，打上特殊燈光或來一場雷射秀，如此你就能把帳篷打造成另一個刺激又有樂趣的區塊。記得要找專家來設計雷射秀，避免因為封閉區域內過度密集的燈光，造成人員的眼睛傷害。

新會場的開幕宴會

　　把活動設定在對外開放不久的會場時，要注意某些新的活動基本元素，它們會在開幕是否能照原訂計畫進行中扮演著重要角色。以下是兩個要留意之事項中差異非常大的例子：

　　有一場超過2,000名賓客的宴會開幕活動幾乎快要辦不成了，因為建築承包商還沒拿到款項，而且有些項目也處於爭議中。承包商在開幕當晚出現，準備要把建物內的物品搬走、甚至中止這場活動。所以你要好好研究所有合約中的條款，讓每一個爭議在開幕之夜前就能夠得到解決。

　　另一間重要的餐廳開幕宴會也是差點胎死腹中。他們忘記讓消防局與營建署做對外開放前的最後檢查。賓客預定抵達時間前一小時，餐廳被告知停止食物的準備，並且要把燈具等固定物從牆上拆下來。所以你務必要瞭解，對外開放之前有哪些功課是一定要做的。到政府機關那邊去研究一下需要哪些許可，以及要做哪些事情以完成所有安全與火災的管理規範。

　　幸運的是，這兩個案例中的企劃人員都有能力做緊急應變，在最後一刻找出解決方案，但你可不能期盼這種好運。還是事先計畫好，並且思考每一個可能的突發事件吧。

　　許多活動企劃人員都不太喜歡在新會場辦活動，除非他們有至少六個月以上的作業時間。如果你在新會場舉辦活動，請準備好風險評估的保險，以免該會場發生無法如期開幕的意外。

TIP

合約

　　除了隨身攜帶各種許可的影本之外，另一件不能忘記的東西就是已簽字的合約影本，以及針對合約中有關地點或其他活動基本元素的關鍵爭議往來信件之影本。隨身攜帶這些文件，可以讓你立即處理各種問題。

> 　　某場在墨西哥舉辦的獎勵活動中，有個客戶直接了當地指明他的團體要住哪一種客房，並且實際走訪了所有的房間——最後選擇了海景房，該飯店最好的房型。然而在行前會上，他們發現飯店打算換成另一種房型，比較差的那種。之後活動企劃公司還是簽了約，而飯店方面則全面更換房型目錄與名稱。由於工作表上除了合約上的具體房間數量外，都是以房名與房型作為查閱方式。所以當飯店出示新的圖表時，公司方則出示了舊的和已簽字的房型目錄細節的合約。飯店說已經有別的客人簽下海景房，他們愛莫能助。企劃人員當然不會同意這種事情。活動企劃的第一守則是，絕不接受「不」作為答案。公司方最後直接打電話找到這間連鎖飯店的副總裁，後者很快就解決了這個問題，而賓客們也如原始合約記載的住進了海景房。
>
> 　　這件事中，最重要的就是公司方有隨身攜帶原始合約與圖表，而且從一開始，往來信件中就有詳細地提及房型目錄。正因如此，他們才能迅速行動，在客戶與賓客們抵達前把所有問題都處理好，事後也證明了的確有其他廠商在該公司簽下合約後，又跟飯店簽約，才會出現房間的爭議。

　　當你正在與對方洽談合約的變更或妥協時，確定他們裡頭有人是可以做決定的。你可能會需要跟更高層的人接洽。 **TIP**

當你在籌辦活動時，特別是在國外舉辦的那種，務必要比團體提前抵達現場並確定所有事情都已處理妥當。切記一定要對合約、飯店以及所有與活動相關的供應商工作表做一次最後檢視。

行前會的參與者可能會從3個人到數千人，端看活動的複雜程度如何。每個人的行動都必須一致。他們的安排必須彷彿像是層層相疊的群峰般這麼完美。就像個緊密相依的接力賽團隊，棒子一棒接一棒，精準地在正確的時刻於每個人手中傳遞。如果有人掉棒，其他人就必須有所準備，毫不猶豫地把它撿起來繼續衝刺。

藉由審視所有相關的合約與工作表，你便能確定並未遺漏或忽略掉任何合約上的記載事項。你的目標就是要確保所有相關事項都正在進行中，並且各在其軌道上。

> 在另一個例子裡，有個參加獎勵活動的團體正在加勒比海的遊輪上。我搭著飛機，比他們提早到達預定停泊的每一個港口，佈置迎接他們到來的特別活動。在最後的港口時，我們打算來一場從船上就開始的惜別宴會。當我在最後的星期五晚上抵達港口時，我注意到有一堆又大又醜的大卡車，就停在我們打算舉辦宴會的會場入口處的停車場裡。就外觀上而言，這些車子整個毀掉了場地的氣氛。在所有合約與往來信件中，都提到這塊地一直是處於清場狀態的。卡車的老闆把他的車停在這裡一整個週末。由於合約中有載明，而我有隨身攜帶影本，所以我就有權請對方聯絡卡車公司，讓他們撤離。

判斷地點時，不管最後它們到底適不適合你的活動，都有許多關於活動地點的相關元素是需要被仔細思量的，而非只是比較設施的尺寸與佈置。藉由一一抵達現場，你便能夠更準確地評估與控制活動支出，並且決定該地點對於活動規劃的合適程度。

地點Q&A

Q&A 你何時能進行場地勘查？

對於能夠進入場地的獨占時段要非常清楚，並且確定在合約中有所記載，如此一來在日後就不會有誤解的空間存在。現在和你共事的人，之後可能就消失了，以及在活動企劃的過程中，你可能會從對方的銷售部門轉到執行部門，再與活動當天的現場人員合作，因此這點要牢記在心。所以從第一天開始，隨著活動的進程，把每件事情都用書面記錄下來吧。

Q&A 有足夠的時間佈置嗎？

如果你需要進行佈置的時間比會場方面所提供的更多，而打算用活動中販售餐飲的收入作為交換的話，你可能需要和對方討論一下額外時間的計價問題。要記得，儘管對方能夠從你的活動中受益，要求他們延長關閉一段時間還是會造成一筆額外的餐飲收入減少。他們可能會同意以其他的補償方式作為延長佈置時間的代價。除了瞭解你的佈置需求外，你還需要找出在進行場地移入、佈置、彩排時，有哪些事情會妨礙到時程安排。

有一場新車發表會正在策劃要使用某個場地，企劃人員發現，為了把車移到預定的地點，必須穿越過被其他活動訂走的區域。於是協調之後，後者被換到別的地方，原場地則改成二十四小時開放，這對於加速車輛的移入與移出是必要的（由於門寬限制之故）。在簽約之前就要找出關鍵的物流需求，而非等到移入當天才做。

確定你的合約中有載明保證你擁有使用的時間與空間，以及在上一場活動結束後，場地會恢復成你們約定好的狀態。

Q&A 有要移除的設備或固定物嗎?

　　勘查空間時,可不要受限於裡面的設備或固定物。大部分的場地都會同意把這些東西移走 —— 像是懸吊燭台,這個物件可能不太適合作為某些主題的裝飾,或是會妨礙到聲光效果的視線和照明條件等 —— 把它們暫時存放到其他場所以容納更多賓客。在合約中,要寫清楚你要將哪些項目移除,以及哪些支出是你要負擔的。

Q&A 承上,會有哪些相關的額外支出呢?

　　為了移除這些物品而找來的人員,可能會有所謂的工會需求費用(像是供餐、最低時薪等),這點視會場而定。如果該場地沒有提供儲藏室的話,那可能就要找搬家卡車把這些東西搬去放個一晚,或是更久的時間,端看佈置、移入、彩排、活動當日、拆卸與移出會需要多少時間而定。你可能也必須把活動結束後,隔天營業之前,將那些物品搬回場地並復原所需的人員和其他相關的物流費用納入考量。確認你有幫這些設施找到合適的保險,以防有遺失或損壞,以及所有相關的其他狀況出現。另一個要注意的點是取得讓卡車能裝卸貨物的路旁停車許可。

Q&A 活動的前、中、後,需要自己雇用清潔人員嗎?

　　千萬不要預設會場方面會免費幫你準備清潔人員。雖然這經常是個可以協商的項目,但你還是要在簽約前具備以上的認知。

Q&A 法定容納人數是多少人?

　　務必要瞭解空間容量並遵守其規範,這點無論怎麼強調都不為過。有時候想要讓賓客人數最大化的方法,就是在寄送的邀請函上寫著兩個或以上的具體時間,像是早上、下午和晚上時段各自獨立的宴會。在這些時段中,每一場活動的必備要件是都要有官方的開幕與閉

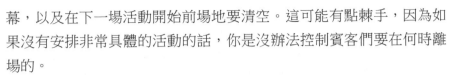

幕，以及在下一場活動開始前場地要清空。這可能有點棘手，因為如果沒有安排非常具體的活動的話，你是沒辦法控制賓客們要在何時離場的。

某個上流社會活動企劃人員試過很特別的策略，他打算找消防局跟警察局進場疏導賓客並結束整場活動。他們跟客戶說，那些高雅的賓客們會瞭解「這是一種社交態度」，並配合寄給他們及其家人，小孩也包括在內的邀請函上的條款。第一次是邀請A團體，時間是晚上6點至10點。第二次則是B團體，時間是晚上8點至12點。接下來的事情，有經驗的企劃人員很容易就能猜到。A團體因為孩子們玩得正瘋而不想離場。當整個派對氣氛正熱，賓客們也樂在其中時，你要如何強迫A團體在晚上10點時離場呢？甚至就算你採取「識別」ID的方式來分辨誰是屬於哪個團體，你也真的想讓自己扮黑臉，去叫那些你自己邀來，還想繼續待著的賓客離開嗎？

這時候把法定容納人數搬出來，或是分開辦兩場及以上的活動就很重要了。這樣做不只可以保護賓客們的安全，也能符合法律規範，還可以保障你的客戶、公司以及你自己的權益，免於因為被發現人數過多和因此產生的意外而鬧上法院。真的有過這樣的案例。某間夜店租給別人辦活動，結果發生大火造成多人死傷。某間宴會廳地板因為人數過多而崩塌，亦造成多人死傷。某艘私人遊艇因為承載人數過多超過負荷，於航行時翻覆並造成多人死亡。

有很多可以增加容納人數的創意方法，其中有些是藉由廁所設施的數量來控制。例如，假如會場位於辦公大樓裡頭，便可以透過安排額外的維安人員來使用更多的設施。也可以租比較高級的流動廁所。和當地的管理單位一同檢視你的創意點子吧。一同合作總比讓他們因為你的違規行為而出現在會場，並強制結束活動要好得多。

賓客們的舒適也是首要的考量。如果他們擠得像沙丁魚，或是非得排隊才能上廁所的話，可是不會爽快到哪裡去的。他們最後會很掃興地離開你的活動。

> 　　某場在私人場地舉辦的募款活動邀請了數百名賓客。現場情緒低迷焦躁，因為只有一間可用的廁所，由於場地預定在活動結束後進行大規模整修，所以把大部分設施都封了起來。這場活動原本是要送別這個即將全面翻新的知名會場。場地的空間很寬廣，然而不可能會在只有一間可用廁所的情況下通過場勘。一旦官員來檢查──他們都是無預警來的──活動立刻就會被強制結束。再者，一如預期的是，廁所一直到活動預定的結束時間前都無法好好運作，而賓客們則四處尋找還可以用的廁所，然後臭水四溢，以致最後無法使用。

Q&A　什麼是區域劃分？有哪些限制或規範是你應該要關心的嗎？

　　找出什麼可以做，什麼不行。務必要跟當地主管機關進行確認──消防、醫療、警察和市府官員等。例如，假如活動會出現熱氣球的話，那你就必須跟鄰近的機場聯絡，並取得對方的書面許可，因為熱氣球可能會對航班造成潛在危險。某間公司打算在船上辦一場團隊建立活動，需要港警局的許可。因此救生艇、員工與待命的醫護人員都需要在計畫跟預算中有所規劃，以便讓活動能順利成行。

Q&A　會有噪音管制嗎？

　　如果會場設施是位於住宅區當中的話，可能就會有噪音管制，這點會影響到你的活動能進行到多晚，以及音樂能放多大聲。例如，有一座令人驚豔的城堡與美麗的戶外草地，非常適合用來在夏季夜晚辦戶外活動，然而它位於住宅區中，超過晚上十點就不能在花園裡播放音樂，不管是現場演出還是錄音。至於室內，聲音也必須維持在一定程度的分貝以下。渡假村對於私人的戶外宴會，同樣也會有噪音管制，管理單位希望確保其他的賓客不會因為晚間的樂團演出而感到不便。

為了保障賓客、客戶、公司和你自己的權益，會需要哪些保險呢？

　　務必要和會場及供應商一同研究相關的保險需求，並且和你、你的公司法務與客戶及其公司法務討論，以確保所有面向都有顧及並獲得保障，不出一點差錯。也要記得按照一切程序來走。例如，在企業的團隊建立活動中，從賓客那邊取得免責聲明就是必要的。

　　切記，假如賓客們會進行體能活動，而你有供應酒類飲料時，活動結束後再供應，不要在活動前。舉個例子，某場有趣的團隊建立活動選擇以汽車拉力賽的方式舉辦，賽道中的確認點提供了各種輕食，像是當地的冰淇淋等。其中一個可以安排午餐，但不要有酒。喝酒不開車，開車不喝酒。你可以等到活動結束，回飯店辦迎新派對（check-in party）時再提供酒類飲料，讓賓客們一邊暢飲一邊談論今天的感想。或者，如果你想要在活動結束後的午餐地點辦迎新派對，並且供應酒的話，你可以找來大客車在現場待命，將賓客們送回飯店，然後將租來的賽車送回出租公司。

　　安全絕對是在保險考量之上的，曾有位參與者死於歐洲的公路拉力賽中。假如你打算在像巴貝多這種國家辦公路拉力賽的話，那裡的駕駛方向跟加拿大是相反的，有許多方法可以解決這個問題，而非讓它對賓客們造成困擾。舉例而言，你可以將拉力賽改成GPS導航尋寶競賽，賓客們則乘坐由專業駕駛操控的豪華轎車、迷你沙灘車（Mini Moke）或是小貨車參賽。線索可以用當地方言組成的五行打油詩作為提示，然後教賓客們一些簡單的詞句後進行比賽。如果地點在墨西哥的話還可以更耍點花招，就是所得到的指示全部是西班牙文駕駛。

　　不管你正在籌備的是什麼活動，都要特別重視賓客的安全與場地維安，找出活動必須符合的法律規範，以及需要準備多少保險以保障你的客戶、供應商、公司，防範任何可能的萬一。某些飯店與會場會規定要在合約上強制加入客戶與供應商的保險相關條款，也就是說，你會被要求確保供應商買了X百萬美元的活動險，至於取得保單影本證

明對方的確獲得保障,並把影本傳給會場方,則是由你決定,因此務必要將文件影印一份作為記錄。

Q&A 你可能需要避開哪些使用限制?

歷史建築、博物館、藝廊與其他地點都有非常明確的守則,指出什麼可以做、什麼不行。向他們要一份租賃協議書的影本來研究一下吧。上頭會載明該場所的具體使用方法－這是沒有標準格式的。限制可能是千變萬化,就像會場的種類一樣。歷史建築內可能是禁止吸煙的,甚至就算辦的是私人活動也一樣(在某些會場,雖然對外開放時不准吸煙,但如果是私人活動把它包場下來,或是在隔壁另設吸煙帳篷的話,有時是可以通融的)。又或者是不准在牆上張貼任何東西。

你必須知道哪些能做,哪些不能。在博物館可能需要付一筆額外的維安費用。賓客們可能也不被准許進入某些限制區內。在某間藝廊,賓客們可以看展品但不能碰,而某些區域則用繩索圍起來做區隔。在上述這些地方可能都沒辦法提供飲食。在某間汽車博物館中,某些飲料是禁止提供的,因為濺灑出來的液體可能會傷害到古董車的烤漆。假如你租了一間私人豪宅,你是只租外頭的草地,還是賓客們可以任意進入到建物裡面呢?

簽下合約前,找出所有相關的限制使用。如果有額外的費用,像是維安之類的話,那就要加到你的成本支出表中,以便計算會對預算產生怎樣的影響。

Q&A 你需要自行準備什麼東西?

某些會場可說是完美到只要再加一點小東西就足夠了,其他的可能需要來一次全面大改造。

首先要注意的事項之一就是照明。照明可以增添趣味與氣氛。它可以是戲劇性的,可以是浪漫的。它能協助打造某種氛圍,也能夠增加現場活力。藉由今日科技,它還能花點小錢就創造出大特效。

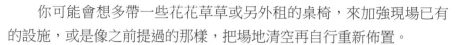

　　你可能會想多帶一些花花草草或另外租的桌椅，來加強現場已有的設施，或是像之前提過的那樣，把場地清空再自行重新佈置。

　　如果要用租的話，道具屋可說是個非常多元化的項目來源。跟當地的裝潢公司洽談，檢視他們的產品目錄，看看能不能引發關於活動的某些點子。如果預算許可的話呢，另一種選項就是訂做家具跟其他相關道具。這些東西可以事後賣給會場或裝潢公司，以回收一點客戶所付出的成本。

Q&A　視線如何呢？

　　假如你想要安排演說或聲光表演的話，視線就是你要特別注意的事項。如果場地有柱子或任何從天花板吊下來會擋住視線的東西的話，為了活動就必須把它移除，如果有這種狀況的話，不管是移除全部或一部分，都記得要把相關的工資費用納入預算中。某間活動企劃公司認為宴會場地裡的燭台不會擋到螢幕，於是決定讓它繼續吊著。但是它們卻忽略了當電扇運轉時，燭台被吹動而產生的聲音會讓人分心；聲音甚至大到把台上講者的演說都蓋過去。企劃人員一定要讓場地方面展示燈光全開時的空間樣貌，不能有一絲黑暗。

　　當企劃人員進行場勘時，他們必須要把賓客們將會看到、感受到、聽到與聞到什麼，以及他們將體驗到的品質設想一遍。例如，如果你想在有著整片落地窗的房間內辦一場聲光展示，企劃人員就得決定說要不要把燈全部關起來，以提供比較好的顯示條件。在許多餐廳，你是不能做這件事的，你可能需要考慮自備鐵管與布幕——一種獨立的裝置，材料可以掛在上頭，將窗戶遮起來或是隔開場地。

Q&A　廚房在哪，而它又能提供多少服務？

　　賓客們的食物怎麼辦？有安排其他場地作為廚房區嗎？例如在一間飯店裡，除了私人宴會供餐之外，同一間廚房也要為飯店附設餐廳的客人服務嗎？同時能提供多少產能呢？在保持最佳品質的前提

下，廚房一次又能應付多少賓客呢？

　　某間獨特的餐廳，其廚房能同時供應兩個只以走道隔開、完全不同需求之區域的食物。然而為了要服務另外一邊，服務生就必須拿著點菜單穿過餐廳的主要區域。他們可以做得很謹慎，但你應該事先知道這點，然後評估這樣合不合適。如果你把場地整個包下來，那麼這當然不成問題，但假如你只是在餐廳的主要區域舉辦活動，情況就完全不同了。你恐怕不會想要在活動當夜出任何的差錯吧。

Q&A　廚房有多大，以及要如何設置？

　　釐清廚房所占的面積。如果你在私人會館舉辦的活動是找外燴業者的話，跟廠商或是負責廚房的人員約在現場會面，以便讓你得知對方的所有需求和對場地的意見。外燴業者做場勘是很基本的工作，他們必須要熟悉設備安排、所占面積，以及從食物準備與供應的觀點來看，所有可能的場地潛在問題。這其中包括了一些看似不怎麼重要的問題，像是廠商的鍋子能放進會場的烤爐、冰箱或冷凍庫嗎？廠商的盤子是否尺寸過大，又有多少餐具能配合？能放進會場的洗碗機或微波爐嗎？他們會需要多少插座？位置又要設置在哪呢？會需要延長線嗎？需要額外或備用的發電機嗎？關於停車與裝卸食物及設備，他們會需要什麼協助呢？他們有任何特殊需求，像是獨立的烹飪帳篷嗎？詢問一下食物會在何處準備──在別處做好前置作業，再到現場完成，還是全部在現場處理完畢？

Q&A　有足夠的玻璃杯、餐具與刀叉，以及足夠的人員進行更換嗎？

　　活動中最後一件你需要注意的事項，就是當賓客們四處閒晃，等待新的杯子、餐具與刀叉進行更換的時候。某間餐廳舉辦一場來了1,000名賓客參與的美食品嚐募款餐會，就真的發生過這種事情。至少有25間頂級餐廳都會對受邀賓客提供各種食物品嚐服務。無法預料到的是，有些餐廳是使用高腳酒杯來裝甜點，導致杯子不夠用。此

對於外燴業者的報價，一律只接受書面形式。確定好你的報價單裡頭包含了菜單的選擇、數量、價格、稅金、運送，以及提供多少有經驗的員工。對方是否詳細列出合約上的工時，包括準備、抵達與清理等部分。記得確認對方明訂了他們員工的職責範圍。員工會進行點菜與送菜服務嗎？他們會重新整理與清理桌面嗎？他們會處理清潔與洗碗部分嗎？

TIP

外，賓客們要走去每個供應區拿乾淨的盤子與刀叉。當用餐完畢，他們就隨便找個地方把餐具放下，走到下一個食物區，然後重複剛剛的動作。不用說，這1,000人在短時間內就用掉一大堆的盤子、刀子與叉子。髒盤子到處都是，疊得又高又醜又危險。清潔員工的人數不足以應付這個情況，廚房裡只有3個人負責永不停歇的髒餐盤攻擊。人手完全不夠。清洗餐盤、整理並放進洗碗機、取出來再把乾淨的放回會場，這部分所需要的人數在你企劃活動時值得深思。你也必須瞭解一下，洗碗機運作一輪要花多少時間。

另一場募款餐會上，要面對的是跟上述相同的問題，然而卻有著完全截然不同的處理方式，並且成功地控制了餐具的使用數量。當賓客們抵達時，每個人拿到一份「晚間用」的酒杯、盤子與餐具。主持人如此明白的說，在於暗示整場活動中只會有這麼一份，要好好留著。酒杯是用一個小夾子固定在盤子上，讓賓客們可以很輕鬆的注意其狀況，餐具則是用餐巾紙包起來。這招對於某些活動是適用的，然而對於高級美食品嚐會則否，而且合約上務必要註明至少要提供每位賓客好幾套酒杯、餐具與刀叉，以及現場要有足夠的人員進行各項物流作業程序（迅速地清理、清洗，一有需要立刻重置）。

如果你要舉辦的是會讓賓客們用一大堆餐盤、杯子與餐具的高級美食品嚐會，記得要準備足夠的數量。同樣也要記得瞭解一下是否有什麼特殊要求，像是特製酒杯等。把那些專業有經驗的人力成本加到預算裡頭，然後把你自己公司的人員和志工挪到其他地方去用。

TIP

Q&A 會場的杯子、餐具與刀叉狀況如何？

確認你真的親眼看過這些即將拿來用的器皿。在活動之前，全面檢查一次以確認所有東西都已備妥，且符合標準。某次跟客戶進行早餐會報前的現場檢查中發現到，會中所用的杯子非常髒、滿是污漬，甚至還有沒喝完的柳橙汁渣在上面。這簡直糟透了，然而正因為活動企劃人員事先做過檢查，所以才有時間能夠進行替換。

某場在加勒比海小島豪宅舉辦的活動，現場檢查過後找到一堆晚餐用的盤子上有缺口，狀態根本不堪使用。於是只得全部撤下，更換新的。

某場下午時分，在私人會館舉辦的社交活動中，使用的餐盤跟活動風格完全不搭。餐盤又厚又重，是那種會出現在廉價餐廳的典型品皿，但這場活動的方針是輕柔典雅，要提供的是精緻瓷器與銀製餐具。簽約前先進行適當的規劃與現場場勘，然後在合約上白紙黑字寫下要用什麼餐具，或許便能避開這個問題。使用較高級的餐具，能夠為活動增添更好的質感。

Q&A 你有考慮要在預算中加入雇用專家的費用嗎？

不管什麼活動，企業宴會也好、募款餐會也好，某些企業或非營利組織都會想到不找專家幫忙，改由自己的員工或志工進行現場支

援來省點錢。但是，接下來如果發生了——事實上也真的發生了——某些志工爽約呢？又如果發生了安排好工作的員工被賓客拉去混在一起怎麼辦？考慮到這些情況，找專家來幫忙的成本如果分攤到每個來訪賓客身上的話，其實也只是九牛一毛，而你真的希望把活動呈現得很不專業或很粗俗，只為了省那麼一點小錢嗎？關鍵在於對活動的認知，以及它能呈現出多少的公司形象。

　　花些心思想想如何讓你的活動能夠運作順暢。計劃一下你要安排多少員工清理餐盤和做廚房工作。盡可能把活動辦得又專業又高雅。

Q&A　有多少間廁所呢？

　　現場有多少間廁所，而其狀態又是如何呢？會需要一些小調整嗎？活動之夜時要如何進行清理呢？廁所要安排專屬服務生嗎？

　　某間餐廳所舉辦的活動，看起來好像非常成功——一切都光彩奪目。唯一一件不符合要求的就是有間廁所裡的壁紙不見了。雖然這只是件小事，但卻是整場活動的美中不足之處。這張紙在場勘與行前會時都還好端端的貼著，直到活動前夕才受損，因此讓餐廳來不及修繕。當他們知道這件事對我們的重要性時，餐廳立刻聯絡設計師帶來一塊壁紙，用膠帶黏貼暫用一下。

Q&A　你要怎麼安排廁所的服務生？

　　某些高級餐廳會在廁所安排服務生遞擦手巾，順便賺點小費。在某場特別活動中，賓客們要自己付停車費與寄放大衣的費用（通常會貼個告示），然而要期望這些賓客對廁所服務生這種額外服務付小費，也未免太俗氣了點。

　　和場地方討論一下關於小費的事，以及講清楚你要如何處理這類問題。你可以從預算中支出，並算到活動的帳單裡頭，或是在活動散場時發放小費信封，向那些讓活動成功舉辦的相關人士表達你個人的感謝之意。這對於賓客與工作人員來說都是非常棒的方法，讓他們知

道小費這部分有被注意到。所以千萬不要讓小費盤離開視線，並且對員工三令五申，如果他們有收到小費的話一定要向對方說該服務費已經由當晚活動的主辦人支付了。如果有提供香水的話，一定要註明是免費的。所以要確定你有找人跟員工一同討論活動當晚的這類原則。

Q&A　有獨立於活動場地的區域，讓員工能喘口氣嗎？

想想看對方的員工 —— 不是活動企劃這邊的 —— 也是需要休息的。如果你不想要讓他們聚在活動入口處抽煙的話，那麼你希望他們去哪呢？好好款待他們是很重要的，而且並不只是出於人道考量而已。如果他們又累又餓又渴的話，服務品質跟你的活動都會受到影響。所以務必要幫他們準備提振活力的東西－食物、果汁和無酒精飲料。找找看能不能為他們安排專屬的廁所。這點認知對於賓客與員工雙方的舒適而言都是很重要的。如果你正在辦宴會的話，要確定賓客們不會一直在廁所前大排長龍、遠超過正常的等待時間，以及他們的對話不會被員工的對話所干擾。員工應該要有舒適的休憩環境，並且獲得良好照顧，才不會在工作時有所怠慢。

Q&A　員工們經驗豐富嗎？

你要確定找來最棒、最有經驗與最專業的員工。花點時間跑到現場去觀察一下吧，看看是否有需要注意的地方。侍者們可以帶耳環、唇環、染髮嗎？主辦單位的形象又是如何呢？他們的外型與客戶形象相符嗎？跟對方的資深經理討論一下合約草案的每一個細節。務必要對你打算營造的氛圍有清楚認知。你想要員工們友善又積極，還是拘謹有禮呢？經理可以把討論結果傳給其員工。

要注意到工作表上的每一個項目。假如你沒辦法保證員工的外觀是否能配合客戶形象的話，可能就得要更換場地。在活動當晚，進行最後佈置之前，請經理把員工召集過來排成一列，進行最後的服儀檢查，然後把他們介紹給主要聯絡人，通常就是活動企劃人員。這會是

個很好的機會去感謝他們對於團體所付出的努力，以及為了讓活動成功舉辦所做的一切。

Q&A　承上，員工們曾應付過這種性質的活動嗎？規模多大呢？

　　向會場方要一些參考資料，以及與曾經跟該場地合作過的供應商聊聊。問問看有哪些地方辦得不錯，而哪些地方可以更好。他們同時可以處理的人數上限是多少，而不是一整天下來的總額，但如果是私人活動又是如何呢？他們能提供何種程度的經驗給你？請他們提供一些事證。記得要說明得具體一點。誰曾跟他們共事過，過去又曾經做過什麼？從過去的客戶與供應商那邊取得姓名與聯絡方式吧。

Q&A　身為特殊活動的企劃人員，你曾經在這種類型的設施辦過這類性質的活動嗎？

　　你或你的公司能帶來怎樣的個人經驗呢？假如你過去只有辦過小型活動的話，想想看處理一場大型的，譬如2,000人以上的活動，需要具備哪些經驗呢？千萬不要因為虛張聲勢，結果置活動於危險之中。跟曾經成功辦過這類活動的人共事，從他們身上學習會比你閉門造車來得好。專案初期可以把創意總監納進來，提供你關於物流與創意設計的點子，讓他和你的活動企劃團隊一同工作並分享他的知識。

　　某間餐廳的慣例是不會為不在該餐廳舉辦的募款餐會提供私人餐飲服務，當餐廳自己營業時，其餐點絕對是五星級，但如果是辦活動時就差了一點。外燴業者的員工所受的訓練是要比正規餐廳員工更會去尋找各種物品。他們習慣於四處走動，到處尋找被放下的空杯與空盤。這點對於物流規劃沒有很完善的活動來說尤其重要。如果你對於招待會上，那些被用過的物品要擺在哪裡沒有深思熟慮的話，就讓員工自行發揮吧，人們是可以很有創造力的。外燴業者的員工有著本能性的直覺，知道何時要把杯子移走或是提供餐巾，而這種細膩又合適的服務禮節對於成功的活動來說是一項基本要素。

> 設有獨立外燴部門的餐廳對於需要提供食物供應站的接待會是再好不過了。你會需要這些人來處理貴賓區的。 **TIP**

Q&A 有什麼東西需要先收好的嗎？

假如有些原本在會場中販售的物品現在交由你保管，那麼就先把它們移開並消失在會場的視線範圍內吧，否則你會發現賓客們把它們「認定」是晚會活動的一部分，紛紛來向你詢問價錢。在某場募款活動上，有些架子因為被賓客們當作是販售商品的免費樣本，於是就被搜刮一空了。

Q&A 消防與安全法規呢？你需要取得哪些許可，而會場又需要哪些許可呢？

絕對要很清楚相關法規，以及哪個機關是許可核發單位，千萬不要預設會場方面會幫你備妥。你可能需要取得特殊的烈酒販售許可；這是一種可以延長吧台營業時間的許可，在特殊情況下可以申請。或是帳篷許可之類。記得把每一份許可都複印下來存檔。

你可能也會需要瞭解消防單位所同意的會場最大容納人數上限，並且假如你移開某些設備或帶進額外的廁所等設施時，會導致哪些影響。切記，這是你的責任，不是會場方的，所以一定要確認你不會超過標準規範。哪些門要保持淨空不得上鎖，以作為緊急逃生之用呢？你必須清楚地張貼逃生標誌嗎？

發現新會場和打造獨一無二的活動，就是創造出難忘經歷的不二法門。你要讓賓客們有每分每秒都處於年度最佳活動的感覺。不要害怕嘗試新花樣，但之前要先做好功課、計畫與準備，並且在需要時請

專家來助陣。你可以把活動搬離宴會廳，打造出不可思議的回憶，然而之前要做好對於所有相關面向的計畫與準備。切記，須鉅細靡遺。爲了你的活動，會場裡的小地毯要拿去清理嗎？宴會廳有符合預期標準嗎？壁畫呢？壁紙呢？對每個面向都要注意。這絕對值得。打造出讓賓客們無法自行複製的活動吧。尋找讓活動變得特別的方法。

　　下面提到的惜別宴會，是在某間私人渡假村中舉行。那個非常特殊的夜晚、感受與活力是無法在宴會廳內如法炮製的（但就像之前講過的，宴會廳是作爲壞天氣備案之用，戶外活動仍有一定程度的重要性）：

> 　　想像一下在私人渡假村裡的泳池畔辦場私人晚宴，並且播放《10》這部電影。你在電影中看到的白色小屋被搬到現場，並且被清潔到完美無瑕的狀態，它被拿來當作酒吧吧台，也是一座引人注目的佈景。後花園的牆面刻意美白一番，草皮經過修剪與灑水，泳池也有清理過。整個渡假村可說是完美。爲了配合該場地的風格，每個東西都是白到不能再白。在星空下用餐的感覺相當棒。輕柔搖曳的燭光、芬芳四溢的花香與輕柔的音樂營造了氣氛，而活動最後則是由滿天煙火劃下句點。那一晚——獲得滿分十分。氣氛——如夢似幻又令人難忘。而這就是「剛剛好」的地點所能達到的成效。

移入需求條件檢核表

√	在活動供應商準備移入的同一時段，還會有其他活動進行移入或移出嗎？如果是的話，物流的移入方面有任何困難，或是需要注意某些額外花費，像是電梯獨占時間的費用之類的嗎？
√	根據合約，如果因爲同一會場其他客戶的拆卸與移出過程導致我方遲延的話，會場方要承擔哪些法律與財務責任呢？

√	就可得性與方便性來說，供應商的車輛會想要哪一種停車場地呢？（例如，大卡車、小卡車或小客車？）
√	用怎樣的方式運到現場，以及各個供應商需要哪些特別安排，像是有安全設施的儲藏室或保存區、水、冷藏（花、酒、食物）等？
√	會場方面能在連續好幾天內、或是單獨一整天應付各家供應商的供貨嗎？還是需要另外安排其他的日程呢？
√	供應商會帶來什麼又大、又重、又不易搬動的物品過來嗎？
√	為了送貨進來，並且以額外付費的方式將物品卸載與移入，供應商會有什麼特別要求嗎？
√	供應商會要求卸貨區有斜坡或卸載平台，讓移入比較方便嗎？我們的客戶也會因為例如要辦新車發表會，讓車子在會場內展示，而有這種要求嗎？
√	對於打算簽約的場地，供應商的移入小組會遇到任何困難嗎？
√	活動企劃的移入小組可以自行設計會場內的動線，在裡面來去自如嗎？
√	有什麼方法可以讓移入變得更簡單呢（像是清空電梯、走道等）？
√	廠商會送來哪些貨品？有多少貨品會被送到活動會場呢？
√	場地與移入的時程安排會需要讓供應商多付點費用，帶來額外人手以加快移入作業嗎？
√	客戶對於移入的需求是什麼？我們要做的就是確定這是客戶要的需求。客戶的時程安排又會對供應商的移入造成何種影響呢？

活動供應商的物流管理檢核表

√	知道那一間供應商要在活動的前一週、前幾天或是活動當天進行移入與設置通道嗎？（切記，搭帳篷需要幾天的時間，大舞台與聲光效果的安排也是如此。）

✓	對於預定的佈置保留區域，有必要讓它二十四小時封鎖嗎？
✓	已經掌握到所有活動前與活動當天，供應商對於時程安排與物流的需求了嗎？
✓	每一個供應商移入與佈置的時程安排，會對其他供應商造成什麼影響呢？會出現物流衝突的區域或潛在的時程安排問題嗎？
✓	我們有針對廠商關於移入與佈置的需求，在關鍵路徑中進行排序嗎？
✓	在會場或其他地方，還有什麼事情可能導致供應商的移入或佈置遲延呢（例如建築工程、建體更新或勞資糾紛）？
✓	活動供應商是只負責我們活動的移入與佈置，還是說同一天內有好幾場案子要進行，以至於對我們這場的時程安排造成問題？他們的行程有多緊湊？
✓	活動供應商移入之前，有哪些前置作業要先完成呢？舉例而言，搭帳篷前要先把電線、瓦斯管、水管等一一分類標記好。另外，草地可能需要修剪，地板則要用吸塵器清理一下；小蟲子的預防措施也是必要的；樹枝可能要綁起來或是往上推，而灑水系統在移入與佈置前則要關掉。
✓	供應商中會需要可以上鎖的儲藏空間嗎？如果有的話，要多大才放得下物品呢？
✓	供應商會需要用到儲藏室多久時間呢？他們會從移入、佈置階段就開始，到活動接待或更後面，還是一直到拆卸與搬出的階段呢？
✓	關於供應商所提出的特別需求，有任何我們需要注意到的與能做到的嗎（像是接自來水、冰箱等）？
✓	知道供應商要的是哪一種電力供應嗎？
✓	有插座的施工藍圖嗎？而插座安排之處符合供應商的要求與空間規劃嗎？
✓	原本規劃會導致視線範圍內出現的線路需要被覆蓋或進行安全防護（捆起來以防賓客絆倒），或是要用到延長線嗎？

√	有先跟會場方面告知，所有供應商加起來可能會消耗的電力總額，並且和他們一同檢查會場是否能安全地負荷（或者是否需要備用發電機）嗎？
√	會需要安排電工以安全地達成供應商的要求，或是依其專業判斷，告知我們是否需要安排備用發電機，來確保不會出現電力短缺嗎？
√	會場將安排現場保全，來防範小偷或其他對供應商的貨品在移入、佈置與活動舉辦期間可能造成的損害嗎？還是要由我們負責安排呢？
√	會場部分有要讓供應商瞭解的噪音管制，像是會場內可能會製造噪音的物品、音樂可以放多大聲，以及是否有聲音的宵禁管制與取得許可之必要？
√	是否瞭解到任何要告知供應商，關於使用釘子或其他能加強牆面、椅子、桌子等穩固性的會場規範嗎？
√	要確保供應商不但清楚會場的政策，也願意遵守它。我們會需要在合約中增加附款，以免承受損害所產生的賠償費用嗎？
√	是否瞭解到會場方要我們跟供應商提出何種保險與給付總額嗎？
√	是否瞭解有哪些許可或執照是我們或供應商需要去取得的嗎（例如，特效的消防局許可、酒類販售執照、建築許可）？
√	是否瞭解會場方與消防法規中，對於燭台或火炬的使用規範呢？
√	是否可以使用火炬，還是需要去找替代方案，像是使用電池、可以呈現各種顏色和形狀甚至香味的安全蠟燭？
√	假如會場只有一座停車場且空間有限，而佈置又是在活動當天才進行的話，我們是否要幫供應商找其他停車場，以避免妨礙到賓客呢？
√	當我們進行移入與佈置時，同一時間的會場是否還有其他事情在進行，可能會妨礙或讓供應商遲延，像是在其他活動進行中必須保持安靜之類？
√	我們所預定的會場類型，是那種可以在同一時間也作為其他活動之用的嗎？

✓	承上，這種會場是否有可能影響到供應商移入與佈置的時程安排與物流、妨礙到賓客或中斷活動進行嗎？
✓	供應商在活動當天必須一早就先進入會場嗎？
✓	會場方面可以接受提早入場嗎？而有什麼我們必須注意到的相關額外費用嗎（例如，為了配合供應商的需求，會場要準備額外的人員、保全等）？
✓	賓客蒞臨時，供應商仍會待在現場嗎？是否有專門提供給賓客的停車場呢？
✓	會場或供應商之一是工會成員嗎？
✓	在移入和佈置階段中，有什麼條款是我們必須要負責的呢（例如員工的餐點）？而在這階段中所產生的相關花費也是我們必須承擔的嗎？
✓	客戶對於移入的要求是什麼呢？我們必須確認該需求是否合宜，以及客戶的時程安排又會對供應商的佈置產生什麼影響呢？

活動供應商的拆卸檢核表

✓	客戶的拆卸與移出的需求為何？而我們是否需要確認哪些需求是合宜的呢？
✓	在活動結束與賓客都離場後，有任何供應商會立刻進行裝潢、舞台、燈光等的拆卸與移出行動嗎？
✓	他們需要多少時間？
✓	供應商的拆卸與搬出規模會很大嗎？
✓	需要向會場方面爭取額外時間，讓供應商能在同一天或同一晚進行搬出，或是爭取在活動後隔天或數天的時間來進行拆卸與搬出的行動嗎？
✓	供應商在活動結束後還會用到儲藏室嗎？
✓	當供應商在搬出時，有其他活動或派對在同一時間移入嗎？供應商有多少時間能進行拆卸和搬出呢？

√	承上，這會對供應商的時程安排與物流造成什麼影響呢？他們會需要準備額外員工以加速作業，來配合其他活動的移入與佈置嗎？
√	需要延長關閉場地的時間，來配合供應商的拆卸與搬出嗎？
√	會有超時費用或其他讓我們需要納入預算的支出嗎？
√	如果供應商在拆卸與搬出的部分出現遲延，導致其他活動的移入與佈置受到影響的話，我們會需要負什麼法律後果或費用嗎？我們要如何避免讓自己與客戶負擔這筆額外花費呢？

第 4 章

運輸

　　運輸跟其他的活動基本元素同等重要，而且為了確保抵達活動現場的過程是個愉快的經驗，創意在這部分是不可或缺的，無論是空運、陸運、水運或甚至是上述的綜合，對於某些目的地與會場來說都是可行的方式。一定要盡可能讓運輸的經驗是愉悅的，而非只是抵達目的地的方式。

　　活動如果會讓賓客們從某個地點移動到另一個地點的話，這會是個很有趣的挑戰。例如，某場位於新加坡的活動，賓客們藉由獨一無二的方式從一個地點移動到另一個：一排人力車在外頭列隊等著迎接他們。每位賓客都配備一位身上穿著印有活動主題T恤的車夫。回程時則是用很普通的大客車。

　　有時候可能需要在停車和運輸部分有點想像力。有什麼地方可以停車嗎？附近有購物中心或其他可以租到大停車場的設施嗎？來往接送賓客的接駁車可以解決所有的停車問題。你也可以讓事情變得有趣——雙層巴士、校車，或是在某些地方可以用遊艇或快艇。在基偉斯特（Key West），你可以安排露天的「貝殼」（conch）觀光小火車在「漸進式」的晚餐中運送賓客從一處到另一處，然後先在某處提供雞尾酒，再到了另一處再進行晚宴，最後則是舉行夜間派對。然而一定要事先告知賓客，讓他們有所期待。所以要先確認寄給他們的邀請函中有詳細的活動指示。

　　運輸方式包括了空運——私人飛機、飛機租借、一般航空公司、直昇機、熱氣球；陸運——豪華禮車、私人汽車（公路拉力賽）、大客車、私人火車，以及水運——私人船隻、私人遊艇。

　　私人船隻與私人遊艇可以用來將賓客運送至私人會場，譬如附有碼頭的水岸餐廳。在德州的聖安東尼奧，你可以租私人遊艇——以及上面有娛樂設施——把賓客們從飯店帶到河岸旁的專屬活動現場（相對於在遊艇上辦活動或賞鯨船上的晚宴）。

運輸的方式總是值得審慎思量的，就像你一共要運送賓客幾次以及何時運送。舉例來說，假如賓客是經過長途飛行而來，以豪華禮車或大客車將他們運送至飯店的話，他們比較不會對於在同一晚又要進入另一部交通工具前往接風晚宴而覺得反感。畢竟同一天中已經移動太長的時間。更好的選項是在飯店辦一場非正式的歡迎活動，並且讓賓客們可以提早離場，好讓他們明天能神清氣爽地起個大早，並且準備好以輕鬆的心情參與接下來的節目。你也可以把剛剛提到的花費省下來，用在隔天的晚宴，並且把它辦成官方的正式慶祝會。如果沒辦法這麼做，一個比用汽車轉運而被困在車陣中更順暢的方法，就是尋找其他能把賓客運送到活動現場的方式。某個活動企劃人員的作法是租了台遊艇，把賓客從水岸旁的飯店直接送到預定好的包場餐廳，而遊艇也可以直接停在餐廳旁。主辦單位算好時間，在黃昏時分將賓客送到餐廳，於是活動就變成了落日餘暉中的雞尾酒接待會，而這對於後續節目可說是個令人愉悅的開始。大客車則是安排在回程時，但時間點是在賓客們盡情享受完畢，想回到房間休息之時。

假如活動是在你的所在地舉辦，而賓客們會自行前往的話，運輸的需求在選擇最佳場地時同樣也占有重要位置。此外，尋找最適合物流作業的場地也是相當重要的。舉例來說，假如你辦的是酬賓感恩會，而賓客們住在郊區的話，你所選擇的市中心場地有具備什麼條件，一定能吸引他們前來嗎？全部的賓客都是開車過來嗎？當你在考慮地點時，除了停車問題之外，你還要注意賓客們前來的方式。有大眾運輸嗎？大眾運輸的便捷性如何，又會開到多晚呢？為了配合交通時刻表，你可能會需要改變活動的行程。舉例而言，如果你的目標之一是在晚宴後對賓客發表演說，而最後一班通勤電車是晚上9點發車，會有多少人吃完飯立刻離去跑去搭車呢？

不管你選擇何種交通方式，把運輸當作是活動的一部分都是很重要的，對於賓客們在運輸過程的感受也付出跟對於活動本身一樣的關心吧，並且把所有相關的支出都加到預算裡。就像住宿部分可能會有

隱藏成本，運輸部分也是一樣。你可能會支付一筆「原地往返」（barn to barn）的費用，這是一筆用於交通工具從其所在的位置到你所在的位置，再回到其所在之位置的費用，該工具可能是豪華禮車、大客車、船或是貨車（儲藏之用）。又或者你可能要負擔一筆最低租賃費用，例如最低四小時的瓦斯、保險、汽車美容、人員等之類。

空運

　　許多企業都會在其他州或國外舉辦獎勵活動或公司活動。讓績優員工或出席者把前往目的地的過程視為是活動中愉悅的一部分，而非如耐力測試般的壓力是很重要的。

　　由於911、SARS、卡崔娜颶風、海嘯、伊拉克戰爭跟某些地區或國家中的一連串暴動、謀殺、綁架等事件，因此獎勵活動、會議、大會與其他活動的目的地都會受到出席者的審慎評估。企業客戶在挑選舉辦活動的地點時也是特別留心。他們的擔憂都在於意外狀況的出現──基礎建設在面對自然或人為的災難時，應變程度如何──以及在重大災難發生時生還的機率有多高，並且根據出席者對於目的地的印象是否安全，來決定要不要限制出席人數。隨著機場現在對於旅客安全與維安的要求增加，許多參與者都不再把飛到異國之地當作是種浪漫冒險，而是場要克服的耐力競賽。

　　活動企劃人員如今都在尋找能減輕旅途壓力的方法，並且在活動和預算中打造更有創意的空中旅遊。歐洲與亞洲的機場都開始回應旅客們對於登機前減壓的新興需求──不管是報到或是轉機部分皆然──這是來自於旅客們對於安檢層級升高，所導致時間或旅程延誤的預期心態或親身體驗的直接結果。他們的反應是希望能夠在其周遭環境中增加令人放鬆的成份，好讓其感受能盡可能的舒適及愉悅。如今全世界的機場都能找到些相關特色，像是溫泉水療、美容沙龍、按

摩中心、健身房、游泳池、計時出租房間（沖澡跟梳洗）、電影院、賭場與高級購物中心。某間機場甚至還在附近蓋了一座高爾夫練習場，讓旅客放鬆一下。

精明的企劃人員都知道，對於參與其客戶之活動的人們來說，他們的旅程從離開家門的那一刻就開始了──而非抵達目的地的那一刻──而且企劃人員讓活動參與者的報到、轉機、抵達的體驗越愉快，其客戶就越相信這些參與者有被好好款待。不管該活動是純商務（會議）或是商務與休閒的結合（獎勵），這樣的處理方式經常都能在商務與人脈介紹方面得到直接回報。

事先選擇座位與網路報到，是活動企劃人員可以跟航空公司合作，以減少團體等待時間的兩種方法。每間航空公司都有自己的程序。在洽談團體飛機票價時──而非簽約後──就先找出來有哪些可以讓團體報到更為簡便的方法吧。對某些航空公司而言，只要團體代表先取得所有護照影本和每個成員想要托運的行李，讓他幫整個團體報到並預先把登機証列印出來是可行的。

為了確保平順、無壓力的安檢過程，如今的企劃人員必須要確定參與者們都有收到關於行前準備的詳細資料，像是檢查過程的小冊子之類。出席者必須被告知如下事項：

- 隨身行李可以帶什麼東西。
- 什麼東西不可以放進隨身行李。
- 托運行李可以帶什麼東西。
- 行李最大限重。
- 額外行李費用。
- 與機場員工和維安人員互動的適當禮節。
- 對於旅程中每一細節的提醒──譬如集合地點；關於抵達、提領行李（是否需要出示行李牌）等程序的注意事項──以免橫生枝節。

149

　　航空公司的貴賓休息室也可以洽談看看，或是直接付費，讓團體有另一個減壓選項。企劃人員總是應該要試試看能不能為團體爭取到貴賓通關禮遇。而且貴賓休息室也不應只限於出發時。切記要去研究一下路程中有沒有什麼能做的事情，一如在機場轉機時。在某些城市，你也可以事先購買付費的貴賓休息室使用權。

　　現在有一項新的服務，可以提供你的客戶的活動參與者最頂級的照顧與舒適感，而其費用也可以用提升活動質感的名義納入預算中（端看目的地與該國的旅遊相關規範），這個服務就是安排讓賓客們在住所或辦公室就能先辦理好行李托運，然後直接送到下榻的飯店，等到賓客們報到時再送到其房間。除了可能也有提供這種服務的快遞公司之外，這種新的大件行李運送產業正是因應這種需求而如雨後春筍般的出現。大件行李和運動裝備仍舊要和在機場報到時的標準一樣包裝好。對於大件行李的國際旅途而言，行李運送公司會去瞭解客戶旅程的資訊和行李內容物。藉由這些資訊，行李運送公司便能針對特定國家準備必要的報關文件，然後代表客戶監督報關過程。這類公司與全世界許多知名飯店和渡假村都有密切的合作關係。每間業者對於預先送來的行李都有自己的一套流程，而行李運送公司則會跟該飯店的員工直接對頭，以必要的方式確保行李在送到旅客的房門前為止，飯店會在旅客報到前便已收到行李並寄放在安全區域中。從飯店寄送行李的過程也是類似的，行李運送公司會跟飯店的門房部門合作，把要寄回去的行李收集好統一處理。行李速達（www.luggageforward.com）是這個業界的標竿之一，業務範圍囊括全球超過200個國家。該公司和喜達屋系列（Starwood's Luxury Collection）和W飯店都有獨家合作關係。

　　減壓對於旅行者的好處包括了：

• 不用隨身帶著大型行李在機場間穿梭。
• 可以省略漫長的報到行列，直接前往登機門。
• 可以避免機場對超重行李徵收附加費用，有時會高達數百美元。

- 讓專業的行李公司來處理，航空公司的首要任務是客人。
- 不用排隊等待領取行李。
- 行李直接在旅客的下褟飯店等著迎接主人。
- 如果是團體客人的話可以洽談特別費率，折扣程度則依據行李數量和運送等級而定。

　　如果你的客戶預算許可，基於可能的回報，不妨考慮讓他們搭私人包機的可能性（即公司政策允許一定數量的員工搭乘同一航班），並且讓其參與者搭乘高級航空公司，提供奢華款待以減輕飛航壓力，私人包機逐漸成為會議與獎勵活動的商務選項之一，同時也可作為提升活動質感的預算考量之一，並且藉由跟其他方案的比較呈現出其投資報酬率（相較於一般的表定航班）。

　　當然，如果錢不是問題的話，某些航空公司，例如新加坡航空——以其傑出的服務品質聞名——如今還在空中巴士A380機種上提供個人奢華套房服務，該服務主打私人臥室、辦公室、還有電影院跟用餐區，這對於獎勵活動中的頂尖員工及其家人來說，可稱得上是一生一次的頂級體驗，也是極佳的誘因。

陸運

　　陸運可以是中規中矩、有趣的或天馬行空的。有很多好玩的東西可以讓你納入活動中的陸運部分，並且打造出令人難忘的回憶。舉例來說，相較於以豪華禮車把人送到高級活動場合的傳統方式，經典車款、敞篷車或異國風情的豪華禮車都可以嘗試看看，並請車主負責擔任司機。跟當地的特殊車俱樂部聯絡一下，瞧瞧有什麼可以安排的吧。馬車、雪橇、人力車、貢多拉小船、遊艇、直升機、馬匹、駱駝、大象、浮架獨木舟（outrigger canoe）、熱氣球、吉普車與全地形多功能越野車（all-terrain vehicle）在全世界都有成功使用過的前例。

想想看你能如何結合當地特色吧。在荷蘭的某場獎勵旅遊中,某間公司原本要送賓客們到下午活動會場的大客車剛好在一家腳踏車出租公司前「拋錨」了,所以賓客們就要自己改踩腳踏車前去目的地。活動的服裝穿著建議可以確保賓客們的穿著能配合這類腳踏車騎乘活動。當然啦,那台大客車還是被「修復」好,載送不想騎車的賓客們前去目的地。賓客們因此體驗到了該地區最典型的交通方式。

針對比較不傳統的交通方式如自行車、騎馬或熱氣球等,確定好你有準備適當的保險與已簽名的免責聲明。務必要跟公司的法務聯繫,瞭解相關要求。

當你在考慮運輸的時程安排與物流問題時,要記得天氣可不只是造成班機遲延而已。道路可能會因為嚴重的暴風雨而封閉,這就會影響到交通,因為道路在事後還需要修復與重建。事先思考一下當這些「萬一」發生在活動舉辦期間時,你該如何應變。舉例來說,假如道路因為天氣因素封閉的話,機場何時會再開啟呢?機場附近有飯店嗎?根據路程的距離,要是其中某段道路無法通行時,途中有其他的飯店嗎?萬一某些無法預期的事件發生,像是天氣或車輛故障,你準備好要負擔相關的支出嗎?

豪華禮車

先確認豪華禮車適合你的活動與客戶要求。某些人對豪華禮車適應不良,因為這種車跟一條街區一樣長;但其他人則樂意得很。記得要瞭解你的客戶及其需求。

假如你租來好幾輛豪華禮車,可以考慮一下它們所帶來的視覺效果。你希望一台接著一台閃閃發亮的白色高檔車停在面前,還是說這不重要呢?車種一致可能會比顏色一致更為重要。

思考一下社交禮節的問題。在某些國家,總統的豪華禮車反映其尊榮地位是基本常識。這點也適用於企業界。同時出現兩台差不多的

豪華禮車是不被允許的。跟董事長的個人特助好好一同處理這個問題吧。千萬不要直接去問當事人，這會讓他很尷尬。他或她可能對於回答這種只為了自己的高檔享受的問題會覺得不太自在。其他人可能會偏好派頭不那麼大，陣仗也小一點的抵達方式。你可以提供體貼的諮詢服務。例如，在募款活動上，對於委員會成員就比較不太適合以搭乘超高檔豪華禮車的方式抵達會場，除非是他們自費或該輛車是他人捐贈的，這方面的細節一定要在活動中特別予以公布。豪華禮車可能會讓賓客們懷疑錢到底花到哪去了。同樣的道理也適用於假如某間公司最近正經歷重大裁員計畫的狀況。

豪華禮車還可以提供哪些額外服務呢？要在車上準備飲料、點心、雜誌或新聞嗎？

細節一定要多多注意。雖然飲料可以提供酒精類，但這並非一定要如此不可。造訪佛州時，來杯加冰塊的當地新鮮柳橙汁一向是個好選擇；事實上，使用當地的特產一直都是個好主意。尋找一下當地是否有什麼物產吧。有什麼東西是被公認為當地特產而聞名的呢？像紐西蘭可是有相當著名的瓶裝水（斐濟水）；加勒比海地區則是有許許多多的水果飲料；夏威夷有新鮮又天然的鳳梨汁。點心也是同樣的道理。來點創意吧。

瞭解一下豪華禮車的格局。在舒適的前提下，一次最多可以容納多少人？裡頭有多少座位？某些車款有配備可以拉下來的椅子，以便提供更多座位，這點在短程時不妨參考一下，但長程的話可能就不太適合。還有其他更好的安排嗎？根據你的賓客人數和預算，你也可以考慮租兩台較小型的豪華禮車而非一台大車，以確保每個人都能夠獲得舒適的乘車品質。假如租豪華禮車是要用於宴會的話，座位安排是否能夠讓賓客下車時有個優雅的姿態呢？如果現場有媒體的話，這點可是非常重要的。

若是車輛故障的話該怎麼辦呢？公司有備用車輛嗎？一定要記得選用有提供備用車輛的合作方案，並且瞭解一下公司對於突發狀況的反應有多快。

如果豪華禮車是活動中的一部分，你就必須知道你需要提供多少輛以及有多少貴賓會開著自己的高級車前來。你必須完全掌握此類資訊，如此才能安排停車證、停車位或是特別為此規劃一處空間。這點也適用於當你用豪華禮車載送賓客往來於機場間、送到宴會場地或特定地點，或是作為活動中一部分，像是豪華禮車公路拉力賽的時候。

在非正式的宴會上，有些賓客可能會自己開著高檔車前來，而駕駛會隨便停在附近的街道上，等到老闆打電話找人再把車開回去。然而，要是豪華禮車是用於正式的團體活動，或有重要知名人士會自行前往私人宴會的狀況時，你就必須為這些車輛預留停車位，就像你為自己那一排轎車大隊做的一樣，以確保車流順暢。

在跟轎車出租公司簽約時，你要知道參與者一共會搭乘幾部車前來，以及這些車輛是一般大轎車、加長型轎車或超加長型轎車，如此你才能夠確定要怎麼規劃空間。在計算轎車數量時，要記得車輛容納人數並不代表乘坐賓客人數，因為像超加長型轎車可能就只載一到兩個人，而一般大轎車卻可以載六個。選用豪華禮車時，你也必須把賓客額外的上下車時間也納入考量。時間多寡就端看公司想要做出何種效果而定。以獎勵活動為例，某間公司選擇一輛加長型禮車，裡頭就只坐了一對伴侶，讓他們盡情享受尊榮感受，而非為了節省成本塞進更多人。如果豪華禮車是活動當中的主要成份，你就必須在決定最終會場前，於場勘時把這點納入考量。車子可以停在哪？會需要路邊停車許可嗎？能容納多少車輛呢？

每間出租公司能提供的轎車規格與司機等級都不一樣。記得要做點功課。如果可能的話，可以直接參觀一下該公司的運作狀況，並且比較一下車種與車況。瞭解一下各公司的差異及專業程度為何。假如你需要的是非常有經驗的駕駛，那就打聽一下他或她的名號，每一次要用人時都問問看能不能配合。當你開始發展長期的合作關係時，你就會瞭解到要預期哪些事情，以及要如何打理你的客戶。

豪華禮車交貨時一定要完美無瑕疵、加滿油，並在前十五分鐘抵達預定地點。活動當晚，手頭上一定要有每個駕駛的手機號碼。

當你在預約所需的轎車數量時，你也必須決定每輛車的行程要排得多緊湊。你必須瞭解的是車子在你的活動之前是否還有其他的行程。至於合約部分，你要注意的部分就是萬一出現了航班或地面交通、通關或行李遺失等等的遲延狀況，導致原定抵達時間或機場接送時間受影響的話，會有什麼後果。你必須要知道的是，你預約的轎車是否在你的行程之後還有其他行程要跑。你也要準備一套應變方案，以應付活動延長結束的可能性，並且是否需要在活動的開始與結束部分規劃緩衝時間。

比較一下讓豪華禮車全程在活動中待命，以及只是出現在活動前後，活動中跑去接其他案子，然後可能會延誤到你的活動的成本費用吧。

要記住的是，假如你選擇不讓轎車與駕駛在活動中全程待命的話，車內就不需要留下任何東西。而且要是你預訂的是兩趟單程接送的話，就必須瞭解一下是否回程時也是同一台車跟同一名駕駛。如果不是，新的駕駛可能會對之前下車的詳細位置不太熟悉，而且你們也會不太清楚彼此的長相。在大型宴會上，往往會有一整群賓客同時都在等車，因此我強烈建議接與送時要維持相同的車款與駕駛。

如果你跟賓客是約在機場會合，轎車與駕駛最好要配備適當的識別標誌——寫有活動名稱的牌子，而不是賓客姓名。某些賓客，名人尤其如此，並不想讓他們的名字在大庭廣眾前被公開。你要讓他們很低調、安靜又舒適的抵達。若是對方喜歡高調，這就是另一個問題了，所以確定好你有尊重其偏好。

大客車

大客車有各式各樣的尺寸與大小。你可以租用的範圍從一般標準巴士到裡頭設有沙發、娛樂中心以及車體沒有任何公司標誌的款式（這種通常是作為婚禮之用）皆有。

第一步就是要決定你的需求為何。就長程拉車而言,你可能必須先確認車上有電視或DVD設備。如此旅途中的時間就可以拿來放點企業廣告、聽場激昂的演說或單純的看幾部電影殺時間。

進行團隊精神培訓的公司可能會希望在移動過程中仍舊讓預先分好的團隊彼此聚在一起,讓他們共享有意義的時間、以團隊精神培訓為首要目的。這可能就意味著要安排額外的大客車,因為以團隊為單位的互動代表著車子可能不會坐滿。

設想一下你總共要載送多少人。有些賓客會自行開車前往地點,而不搭乘你安排的大客車嗎?要讓他們這麼做嗎?

也思考一下賓客們要移動多長時間。另外假如你想要加點不依循傳統的花樣,雙層巴士、校車與輕軌電車這些都是可以用租的。就長程來說,經典款的大客車坐起來會比校車舒服,但校車與雙層巴士作為從停車場到會場間的接駁工具,不失為一個有趣的點子。

一定要確認一下大客車的停車地點在哪裡、可以容納多少人數以及如何計費,然後記得把這些成本加到你的預算裡頭。接下來要確認是否有要處理的障礙,像是天花板高度之類。巴士可以把人直接放在前門下車,或是因為入口處有物體阻礙,所以必須移到側門的入口?大客車抵達活動現場時應該要維持良好狀態,以及至少要在活動前半小時加滿油,以便讓你的員工進行全面檢查,確保一切運作正常。

當你要租車時,務必要瞭解費用中包括了哪些項目。在某些地區「原地往返」的費用是要另外加到預算中。一如之前提過的,「原地往返」費的意思是要由你負責大客車從離開公司車庫那一刻起的費用,而非是從抵達交貨地點那一刻起算,然後直到車輛返回公司車庫為止,這點也適用於其他的運輸方式。

你要非常清楚地知道是否要讓巴士在一定時間內隨時待命,還是說只要讓巴士出現在兩趟單程運送即可。如同豪華禮車的注意事項,要知道巴士在活動前後會出現在哪裡。如果你擔心行程安排太緊湊或時間緩衝不足的問題,那你就要特別規劃額外的備用時間,尤其是假如你的活動可能會超過預定結束與離場時間的話。

大客車當然也會故障。出租公司遇到這種狀況時，能夠多快地派遣備用車輛前來呢？一定要有應變方案喔。有一次，在研討會場前往機場的回程中，最後一台巴士故障了。此刻把車上的賓客改用計程車送去機場，會比在現場等待另一台巴士過來要好得多。萬一發生這種狀況，身上最好攜帶足夠的現金、信用卡或計程車抵用卷？跟飯店或會場方面簽署協議，把計程車費用的帳單直接從主要帳戶中扣除也是個不錯的點子。記得留下巴士調度主管或巴士駕駛的手機號碼，並且確定如果出現緊急或延誤狀況時，他們要如何聯絡到你。

　　大客車會從哪裡過來呢？某場在牙買加奧橋里奧思（Ocho Rios）舉辦的獎勵活動中，返回機場的車次被安排在非常早的時段。這是因為車子要從蒙特哥灣（Montego Bay）出發，該地距離機場大約二個半小時的車程，端看交通情況而定，而巴士也必須於前一晚就先開到飯店待命。飯店提供司機房間過夜，也有隔天的早餐。這些額外的費用不多，但良好的工作情況是無價的。不會有人擔心大客車因為早上的上班車潮而遲到的問題。這種方式可使得搬運行李上車的作業不致匆忙，同時也讓巴士司機精神飽滿。

自行開車——停車

　　如果你的賓客是要自行開車前來的話，停車——不管是方便性或可得性皆然——就會在你活動能否成功的舉辦中占有一席之地，當你在思索這個部分時，停車位是一切的核心。哪個人提到聽車位時沒有滿肚子苦水要吐？千萬不要讓你的賓客因為施工或重大體育比賽的緣故，而在客滿的停車場中尋找位子。更不要讓他們越找越沒勁。你是不會想要讓賓客來到（或離開）活動現場時是滿臉疲憊與沮喪的。仔細研究並規劃這個項目，以避免這種窘境出現。

爲什麼知道停車場幾點關閉很重要呢？據說某座停車場午夜剛過就會關閉。管理單位有放置告示牌，但牌子太小以至於許多人都把它忽略掉。儘管如此，時間一到，停車場的門還是關起來了，然後車子就出不來了。更糟糕的是，車主除了一般的費用外，還要另外付過夜的費用。把花費跟尋找其他返家的交通方式，隔天還要回到停車場取車這兩點一起來看，你就能預見將會出現一些不太高興的露營人士了。這可不是你想要送給賓客的活動結尾。不過倒是有個解決方案。你可以花點錢讓停車場延長數小時的開放時間，當然這要加到你的預算裡頭。

　　某些活動是多層次的，並且會用到兩個或以上的地點。譬如產品發表會或私人電影放映會，經常將第一個地點設在劇院，然後在另一個地方舉辦接待會。如果沒有提供交通工具，賓客們就要自己設法前往接待會現場，而你就要在心裡盤算這群人會同時離開劇院，並且同時抵達第二會場，這就可能會導致堵塞的問題。要記得，飯店會將大部分的車位留給過夜的客人，因而導致你的賓客可用的數量減少。找找看還有什麼其他可行的方案吧。舉例來說，某間經常拿來辦特別活動的飯店，其停車位是有限的，儘管附近還有其他停車場，但飯店方面卻沒有公告說停車位已滿，並指示其他停車場的位置。這就導致了一堆人的困惑與時間浪費，這點又因為飯店附近的交通情況而更為嚴重，像是單行道與左轉彎等。藉由安排非值勤警察來疏導交通，以及穿著制服的員工指引賓客前往其他停車場，問題便可得到解決，讓大家都高興。

　　若真的可行的話，讓車子留在原本的停車位就好，然後安排接駁車來往於會場和第二地點之間。這個方法可以讓賓客們的不方便降到最低──他們不用停兩次車、付兩次費。記得把這些額外花費也加到預算裡，像是指揮交通的警察以及豪華禮車或大客車的路邊停車許可。

活動當天，路邊停車許可一定要隨身攜帶，而資料夾中也
要有一份影本。

TIP

運輸Q&A

Q&A 對每一項活動基本元素而言，在何時與何地需要提供運輸呢？

花點時間研究活動的運輸需求，以便讓你能夠於何時、何地與如
何結合各種運輸方式，把賓客從一個地點送到另一處，並且把這點合
併為活動體驗的一部分，而非只是單純的把人從甲搬到乙的方法。

Q&A 還有哪些其他的運輸選項？

研究看看傳統的、方便的運輸方式，此外也要考慮所有你能想到
的創意方法。在適當的時機做適當的事。舉例而言，在日出的時候騎
馬（不騎的就改搭吉普車）前往位於沙漠的早餐野餐會，會是個有趣
的體驗，而回程時改搭高級吉普車則能夠提供舒適與放鬆的感受。同
樣的道理也可用在船運上，某場在聖安東尼奧舉辦的晚會是先用平底
船把賓客們送到晚會現場，回程則是用大客車，因為在晚上喝了酒之
後，讓賓客們搭船會有安全上的顧慮。

Q&A 有哪些路線選擇？

這是選擇觀光路線與最快路線的時刻。舉例來說，觀光路線可以
作為活動的一部分，像是讓剛抵達熱帶的團體在前往渡假村的途中體
驗一下島嶼風情；至於一夜狂歡之後，回程改走高速公路對那些還不
想回飯店房間的賓客們來說會是比較好的選擇。

Q&A 我要如何提升移動的體驗？

研究一下可以提高運輸質感的東西（涼爽衣、食物、飲料、娛樂節目等），這些可以讓旅程升級、培養氣氛並且打造對於接下來活動的期盼。就機場方面來說，思考一下所有能夠減壓與省去排隊時間的可能方法。

Q&A 對於每一趟的旅程，為了讓個人及團體在抵達與出發更為便利，有什麼一定要做的事嗎？

瞭解到你的賓客會以何種方式在何時抵達，以及會面臨到何種麻煩，如停車、排隊、在機場過夜等等是相當重要的，然後決定你要如何盡最大努力為他們減輕壓力與減少困擾，並且讓他們從起身移動的那一刻起盡可能的順利與輕鬆。舉例來說，對於從飯店出發前往晚宴的團體而言，評估一下是要選擇讓賓客們從人擠人的宴會廳正門出發，還是比較安靜、能容納更多人的側邊入口。

Q&A 大部分的賓客會從何處前來？

你一定要去思考賓客們主要會從哪裡前來，以及什麼因素會影響到他們的抵達時間。如果你安排的是晚間活動，賓客們可能就會從上班地點直接過來，然後跟交通尖峰期作鬥爭，而這點也適用於在郊區舉辦的活動，運輸與物流等方面亦同。這點務必要納入你的活動開幕時間之考量。假如參與者自行前往會場的話，要思量的就是停車費用，並且將它和租車的費用作個比較。讓賓客們捨棄自行開車，改用你提供的團體運輸方式會不會更好呢？要記得，許多大客車上頭都有影音設備，讓你可以播放公司資訊或娛樂節目。團體運送賓客在員工感恩活動上也是非常好的方法。

不管你的活動類型為何，你都必須考慮大客車或豪華禮車停放的場所、是否需要路邊停車許可，以及其他相關的費用。舉例來說，假如你打算把員工們載去像是賽車之類的體育活動，你的巴士會需要停

車證或停車許可，以取得該場地的停車位嗎？

Q&A　**預估的車輛數目或抵達的交通工具數量（豪華禮車其他形式的交通工具）是多少呢？賓客們會成雙成對還是單獨前來呢？**

　　就所在地的活動來說，如果你的活動是為伴侶設計，在週間晚上舉辦的話，那就預期他們會分別前來，並且以準備兩倍的停車位為計算基準，因為參與者雙方都很有可能是從不同地點單獨前來。假如你有提供停車券的話，記得在印製數量時把這個因素納入考量。要是你選擇代客泊車的話，這點也會影響到你所需要的工作人員數量。根據車輛的最大數量來規劃預算吧。

　　如果是在郊外舉辦的團體抵達——這個原則也適用於個人、攜伴和團體的情況中——活動，你仍然需要評估小客車、豪華禮車、大客車或其他交通工具的數量以準備需要的停車位。

Q&A　**除了交通尖峰期之外，還有什麼會是在考慮活動開幕時間要注意的呢？**

　　除了一般的交通尖峰期外，還能困住人群的的因素就是和你的活動同一時間舉行的重大活動。這類例子不勝枚舉，像是音樂會、體育賽事、道路施工、街頭嘉年華、電影試映會、當地遊行、慈善路跑、遊行、抗議與天氣因素。記得要對此作一番研究，並且將所有可能性都考慮進去。

Q&A　**最靠近的停車場在哪？**

　　一定要徹底確認活動會場附近所有可能的停車場。它和你計劃舉辦活動的會場距離多遠呢？那邊會有服務生協助嗎？賓客們會需要帶零錢來付停車費嗎？有多少停車位可用呢？其中有施工中或無法使用的狀況嗎？

某場在當地會議中心舉辦的貿易展碰上了麻煩，絕大多數的停車位都在施工中，而且每個樓層通向停車場的道路都被封閉了。帶著笨重物品的展覽者花了好大一番工夫才艱難地把東西搬進會場。他們並未被事先告知停車場的問題和搬遷物品進電梯的困難所在。如果他們事先得知這點的話，就能夠提早安排，委託業者把物品直接運到展示攤位上了。

Q&A 停車場是屬於誰的呢？是會場所有還是公共的呢？它安全嗎？

確認停車場的所有人是誰，以及其安全程度為何。曾出現過強盜或小偷等麻煩嗎？照明足夠嗎？現場會有保全，還是無人看管的呢？就停車與安全部分有任何特殊的顧慮嗎？舉例來說，假如你辦的車輛展售會，有時候先把車子停放在特定區域是必要的，如此在將它們帶進展場前才能先做好準備工作與詳細檢查。因此確保車子的安全與不被路人看到就很重要了。當車子停在大部分飯店的停車場時，你可以為它們安排特別保全，但瞭解一下該場地是否有竊賊或破壞行為之類的麻煩可是基本功課。在拉斯維加斯的極端高溫下，車子曾經可能因為車內的高溫而爆炸。解決這點的秘訣就是把窗戶開個小縫作為散熱之用，事先懂得這點小常識是比較好的。

Q&A 停車場的營業時間是如何呢？

這點是務必要事先瞭解的。假如你預定早上5點進場佈置裝潢、舞台與照明的話，你就必須知道停車場的營業時間能不能配合供應商。你可能也需要作一些特別安排，讓停車場早點開門。務必要跟停車場老闆就營業時間問題直接對話，並就這點做出任何必要的協定。關門時間也是同樣的道理。延長停車場開放時間通常只是一筆小費用而已。所有活動的主要目的之一都是讓人們聚在一起，而且你也希望他們能夠在好好放鬆、彼此接觸和參與談話時不用擔心汽車可能會被鎖

門過夜。更糟的狀況可能是賓客們沒有理解到停車場比較早關，於是在活動結束時無車可開。如果你沒有延長停車場營業時間的話，至少也要讓工作人員告知賓客們關於停車廠關閉時間的訊息。

> 某場重量級的活動中，貴客雲集。現場備有豐盛的食物與飲料，預算也根本不是問題，然而主辦單位忽略了一個細節——延長停車場的營業時間，因為它關門的時間早於活動結束。主辦公司的表演又相當晚才開始，讓賓客們只有一點點的時間享受現場的大餐以及跟其他出席者互動。人們最後為了自己車子只得匆忙離開，留下一個掃興的結尾。

Q&A　停車場的容量是多少呢？

當你跟停車場管理單位洽談時，一定要明確提到活動的日期與時間。瞭解停車場的容量、在活動進行的時段中一般的容納數量是多少？又有多少車位是保留給月租的人？如果你是在飯店舉辦活動的話可要有心理準備，因為飯店大部分的停車位都是保留給有住宿的客人的。

Q&A　誰會用到停車位？

舉例而言，如果該停車場主要是留給重大體育賽事的話，這就會限制你的賓客們所能使用的數量，而他們便因此可能為了找停車位，在街上繞了一圈又一圈，這可不只是會影響到他們抵達活動的時間，還會讓他們不高興。對於酬賓感恩晚會這種活動來說，時程安排是很重要的——客戶們選擇在市中心新的戲劇公演之前，舉辦這場接待會與入座晚宴——開車入城的賓客們事先被告知這點，然後有些人也因此記起活動前一日有舉行一場球賽，交通受到嚴重影響，停車位也變得極少。

Q&A 停車費是多少？

如果你的活動要跟其他特殊活動打對台的話，要記得除了停車位會減少之外，停車費在夜間通常也是要加成的。如果你要幫賓客們付停車費的話，就要把這些額外支出加到預算中。

Q&A 可以為出席的賓客們特別規劃一塊空間嗎？

確認一下你能否為賓客取得這塊空間。你可能會因為希望指定與保留的停車位而被要求預先付費，或者是在飯店停車場的案例中，把帳單直接送到主要帳戶去。作為監督停車場安全與指引賓客前往指定停車區域而產生的額外人力花費，也要被加到預算中。

Q&A 可以預付停車費嗎？

如果你是在飯店內辦特別活動，一般來說幫賓客們付的停車費是算進最後總帳單的。飯店可能也會跟鄰近的停車場有合作關係。大部分的停車場都有預付或整晚包場服務。

你也可以把預付的停車空間拿來作為特別展示空間。例如，某間公司可能會希望在停車場舉辦產品發表會，並且弄得光彩奪目來取悅賓客和吸引大眾注意。

Q&A 預付的停車位要如何標示？

客製化的停車抵用券可以跟邀請函一起寄給賓客。用這個方法，不但可以準確統計使用數量，也能讓你知道到底要付多少錢。票券上可以很專業地印製主題標誌，也可以簡單地用個人電腦處理就好。

Q&A 如果停車費沒有預付制的話，可以幫賓客們爭取較為優惠的費率嗎？

在簽下活動合約前，這是另一個你可以嘗試進行協商的領域。幫你的賓客們爭取較為優惠的費率協議吧。停車時出示邀請函的賓客

可以獲得比一般計時費率更為優惠的待遇。這部分也是你可以跟飯店或會場洽談的，但是能拿到多少優惠，全看你在該場地花了多少錢而定。

Q&A　活動場地方面會提供重要賓客或工作人員免費停車嗎？

這也是可以事先商談的。確認一下會場方面是否有為工作人員跟重要賓客提供這項優惠。這部分應該事先談好，尤其是如果你的需求量很大的話。

Q&A　整個停車場地都有無障礙設施嗎？如果沒有的話，這類設施又占有多少比例呢？場地有配備自動門或啟動設施用的按鈕嗎？

有些停車場會考慮到輪椅需求，有些則否。有些場地會鋪設斜坡道，但這還不夠完美，因為可能會忘記搭配自動門或開門鈕。只能手動推開的門對某些賓客來說可能會是某種體力上的挑戰。

另外也很重要的是停車空間的地點與尺寸。許多改裝過的廂型車會用到兩倍寬的空間，讓輪椅能夠降下來。

同樣也要確認在通往門口的路上沒有縫隙或其他障礙，以及門的寬度足以讓輪椅通行。

Q&A　停車場有多少工作人員會在抵達與離場時於現場值勤？

讓停車場的管理單位知道會發生什麼事情。要是在活動結束後有將近400輛車同時出現準備離場，但停車場就只有最低限的工作人員的話，那鐵定會是個漫漫「長」夜。所以一定要事先跟停車場方面確切告知有多少輛車於何時會來，如此一來，對方才能安排適當的員工數。如果你的賓客抵達時，正好是其他人下班要離開的時刻的話，確定好現場有額外的值勤人員以最大的效率進行引導。

Q&A 表定的換班與休息時段是何時呢？

讓停車場方面知道你的時程安排，讓他們可以安排換班與休息時段。

如果你安排的活動是兩階段式，賓客們會自行開車前往第二地點的話，要確定好停車場方面有被告知這件事。你可不會想要看到800輛車在晚上9點回來時，發現停車場員工都跑去休息了！

Q&A 有「車位已滿」的告示嗎？要把它放在哪呢？

「車位已滿」放置的地點是個關鍵。你要讓賓客在轉進來之前就先看到這個牌子，以省去不必要的時間浪費。要是停車場沒有這種告示的話，找人製作一個。也可考慮請一位專業人員來引導停車，並且告知你停車場何時客滿。

> 如果要製作一個「車位已滿」的告示牌，記得要在板子或橫幅上開出些小洞，讓風可以吹過去，而不會把它吹倒甚至吹爛。此外牌子的邊框也要記得做，如此才能掛上沙袋等東西增加重量，避免被撞倒等意外。先確認告示牌夠大，讓坐在車裡的賓客能夠清楚地看見。你要讓賓客們知道什麼時候車位已滿，以避免讓他們在裡頭浪費時間繞路、找車位。
>
> **TIP**

Q&A 需要安排接駁車，把賓客從停車場送到活動會場嗎？

停車場跟活動會場之間是一般步行可達的距離嗎？還是你需要交通工具呢？思考一下像是天氣或賓客穿著的問題。如果是對服裝很要求的場合，從停車場到活動會場的距離對穿著高跟鞋的賓客來說，是

可以忍受的範圍內嗎？是否需要停車場的工作人員建議賓客們，為了他們的方便與舒適，由工作人員載送他們至活動會場？

> 某場活動才剛開始就碰上了突如其來的暴風雨襲擊。一場災難迫在眉梢，然而事前的良好規劃拯救了這場活動。侍者們撐起超大雨傘，在停車場的中心區域等著護送室內的賓客，其他人則在路邊迎接剛下車的賓客。一位薩克斯風手在有遮蔽物的室外樓梯間上演奏，以樂聲迎接賓客。企劃人員非常細心地規劃這場活動，你甚至在還沒踏進會場之前就能瞭解到這點。他們考慮到賓客們的舒適，也以實際行動表現。這場暴雨和音樂最終反倒增添了活動的氣氛。

你也可以讓接駁車變得很有趣。四輪馬車可以用在蒙特婁、尼加拉瓜瀑布旁、拿索（巴哈馬首都）、百慕達群島、紐約或紐奧良等地；在巴巴多斯島可以用迷你吉普車；新加坡選人力車；在夏威夷用浮架獨木舟；亞歷桑納的話則不妨選擇由穿著西部服裝駕駛的有篷驛站馬車。冬季時，在入口處安排馬兒拉的雪橇車，上頭安排一個車伕唱歡迎歌來迎接賓客（依據當天溫度而定——在太冷的天氣中唱歌是有難度的）。當賓客們下車時，立刻奉上剛出爐的烤栗子和熱巧克力為他們暖身吧。

Q&A 有特別為貴賓的豪華禮車或其他車輛提供的停車場嗎？會來幾輛車呢？

你可能會想要跟飯店方面商談專屬停車區域，用於總裁或其他貴賓們的代客泊車，或是直接停在會場門口之用，讓這些人在離場時不用等太久。知道這些貴賓的車牌號碼，並確保其車輛直接停放於會場門口處也是個好主意。大部分飯店都有提供這種服務。

就正式服裝的宴會而言，你知道會有為數眾多的豪華禮車將抵達

會場時，不妨做些特別安排讓該區域有足夠的空間停放貴賓與名人的車輛。此外，取得路邊停車許可並聘請非值勤警察監視與維護安全也是可行的。警察一定要有重要賓客與其車牌號碼的清單，這樣才能確實的把空間預留給他們。

Q&A **誰要負責取得許可？**

是你要去處理路邊停車許可，還是由會場方面以你的名義進行呢？記得要多印幾份許可的影本帶在身上，並且確認所有的重要工作人員，包括剛剛提到的警察都有一份影本。

Q&A **你要去哪裡取得這些許可？費用為何？**

跟舉辦活動所在的警察局聯繫。每個地區的程序都不盡相同，甚至連同一座城市內也是如此，所以千萬不要假設說某地的經驗可以類推到其他地區。大部分警察局都有專人在負責特別活動並分派非值勤警察的業務。他們可以提供你要去哪裡跑程序與跟誰接觸的建議。許可的費用也是因地區而有不同差異。確認你已將這筆費用加到預算中。道路使用許可或許會需要你陳述各種理由。例如，你要用來作為展示區域，或是有使用探照燈之類的。

Q&A **許可申請程序會花多少時間呢？需要進行場勘嗎？**

確認一下主管機關在辦你的許可申請時會用到多少時間。一般來說在跑正式程序之前，都會需要跟負責人員會面並且對你的活動做一次全面檢視。對方要確切知道你規劃了那些內容——賓客們會抵達何處以及安排何種交通工具。他們也會評估你的活動將對交通造成何種程度的影響；他們可能會核准你的申請，但通常有附款，也就是要由非值勤警察負責引導交通並確保賓客安全。他們會告知你所安排的路邊小販要有營業執照，而計程車指定等候區域和公車站牌路線也必須暫時調整。

Q&A 需要讓停車計時器暫時停止運作嗎？

如果預定作為豪華禮車停放處的會場前區域，有放置停車計時器的話，這些機器需要被暫時關閉。向警方詢問最適當的進行時間。它們必須要在交通尖峰時刻結束之前處理完畢，即使你的活動要在這之後很晚才開始進行也一樣。舉例來說，如果當晚交通尖峰時間的不計費時段是從下午4點到6點的話，你必須在值勤警察的協助下於5點完成作業。6點之後才進行是不可能的。

Q&A 會用到三角錐去標示區域嗎？

建議使用三角錐是因為它們能夠很醒目地標示出你劃分的區域。它們可以有效地使其他駕駛避開你預定的區域，也可以在賓客抵達前輕易的佈置與移除。當地的警察局可以提供你供應商的聯絡方式，不過雖然這筆錢實在很少，還是要加到預算裡頭。

Q&A 需要通知合法的路邊小販嗎？他們會導致交通堵塞嗎？可以暫時重新規劃他們的位置嗎？這麼做會需要付出成本嗎？

當你在進行場勘時，這是你要負責的領域之一。你要知道這些合法的小販是誰，以及他們的攤位在哪，以便避開這些比較擁擠的區域。你需要跟他們以及管理單位談談，活動當晚暫時移位的可能性。一般來說，路邊小販都是非常樂於協助與配合的，特別是當你願意賠償他們所損失的收入時。

Q&A 會場外頭有經許可的計程車招呼站，會妨礙到賓客的抵達嗎？是否能暫時移開呢？有相關的花費要支出嗎？

這是你在場勘時要負責的另一塊區域。你同樣要跟管理單位和計程車協會的負責人員洽談這個問題，找出能讓大家都獲益的方法。

Q&A 如果媒體會來採訪的話，有地方能夠讓他們進行車輛停放與線路架設嗎？

如果你希望媒體能幫你大肆宣傳的話，這點考量是非常重要的。找出他們的需求。他們會帶哪些裝備過來？他們何時要開始佈置？這些會對你的活動有怎樣的影響？你可不希望看到賓客們在入口處被一堆五顏六色的管線給絆倒的畫面吧？

Q&A 需要聘請額外的非值勤警察負責人潮管制、交通指引與安全維護嗎？

看看有哪些地方是需要這種協助的吧。付費的非值勤警察是可以穿著制服的，這點就交通指引來說是很推薦的，而穿西裝則比較適合低調的維安工作，像是在宴會、正式活動的場合上。你可能會希望讓他們騎在馬背上或是穿著整套正式制服來增加效果。一般來說，警察是很棒的合作對象，現場的工作效果也很好。

Q&A 活動區域會需要進行封鎖，阻絕所有大眾運輸如公車站與地鐵入口嗎？它們能夠被暫時移開嗎？

找出公車站牌的位置所在。有交通壅塞的區域嗎？在你全面審視時進行這項作業，並且跟相關管理單位討論可能的選項。在某個區域中，大客車要跟大眾運輸系統擠來擠去，非值勤警察就得要兼顧賓客與一般乘客的安全。在你打算辦活動的同一天（例如星期一）與同一時間到實地走訪一下，以便確實瞭解你要處理的問題是什麼。假如你只能在白天前往，但活動卻是在晚上舉辦的話，那就記得你在白天看到的景象不見得在晚上也相同。車輛與豪華禮車會跟忙著在交通尖峰時間載客的巴士，或是前往在同一地區其他活動的車輛爭道嗎？道路有多繁忙？務必對活動時段期間的交通動向瞭若指掌。

Q&A　對於交通狀況有任何顧慮嗎？同一時間內，舉辦活動的地點還有其他可能導致遲延的事件──體育賽事、戲劇、大型音樂會之類的在進行嗎？它們何時開始，何時結束呢？

　　要瞭解還有哪些活動會在你的活動附近舉行，以及瞭解到哪些活動會跟你的活動在同一時間進行。瞭解它們的開始與結束時間，以及對於鄰近交通經常會造成的影響程度為何。

> 　　某個會場中，通往捷運站的入口位在會場建築裡面。白天時該區域非常擁擠，大量通勤人潮成為賓客抵達會場的巨大障礙。但交通尖峰時間後的夜間時段，除非該場地在同一時段有另一場特別活動，否則就跟沙漠一樣渺無人煙。

Q&A　在舉辦活動的期間，同一地區會有電影首映導致交通阻塞嗎？

　　季節與電影上映的數量，這會是另一個可能影響到活動的因素。找出是否有電影首映跟你的活動在同一地區同時舉行。再次提醒，記得要跟當地警察局聯繫。一般來說，他們都會在場進行管制。也要瞭解一下街道是否被封閉。電影首映將影響放映地點附近的交通嗎？對此你能做哪些應變措施呢？詢問一下跟你使用同一場地的放映單位，看看他們的放映時間是在你的活動之前還是之後。如果他們在放映時造成任何延遲的話，你的佈置與活動開始時間鐵定是會受影響的。

Q&A　可以安排私人代客泊車嗎？

　　如果預算許可的話，代客泊車對所有場合而言都是完美的加分方法。這能為活動增添優雅與精緻的元素，把賓客們的舒適提升到另一種層次。這項服務在特定的飯店、會議中心與私人會館都能予以安排。跟你的活動場地方面聯繫，看看對方是否能提供這項服務或要求

對方提供。此外也要確定負責這項服務的公司熟悉活動場地。瞭解一下誰曾經在該場地負責過。拿到參考資料，並且跟曾經使用過該公司服務的顧客詢問一下。他們覺得滿意嗎？服務的效能高嗎？夠專業嗎？記得讓對方跟活動企劃人員和會場方面確認活動舉辦的詳細地點。某些表面上已經細細審視過的事項，可能還隱藏著某些需要注意的東西。

Q&A 代客泊車的費用如何？小費有含在內嗎？

找出這部分的費用有哪些需要加到預算中。思考一下要怎麼處理小費。你希望由賓客自行給予，還是由主辦單位負責呢？如果小費是含在預算中，就要確定已告知所有侍者，並且讓侍者告知賓客這點。

Q&A 侍者與車輛的比例該如何分配？

侍者數目與車輛數目的比例配置會隨地點而異，要看上車區域、下車車道、獨立出入口、至停車場的距離、時間長度與其他因素而定。務必要特別為此安排場勘，並對於你的需求作一次全面檢視，如此才能獲得精確的支出明細。

Q&A 侍者要如何穿著呢？

一般來說，負責泊車的侍者都會穿黑長褲、白上衣，然而為了增添樂趣及隨性，在符合活動類型與預算許可的情況下，可以讓他們穿著特定主題的上衣。無論如何，侍者的穿著絕對要與活動風格一致。

Q&A 私人代客泊車公司需要具備哪些保險呢？

讓泊車公司以書面形式提出其需要保險涵蓋的項目，汽車部分與一般部分的都要。跟你的保險業務員一同確認一下是否需要其他的額外項目。這點是非常重要的。你一定要知道泊車公司方面需要哪些保險。對方過去的紀錄如何？他們有任何要求嗎？

Q&A 代客泊車公司有即將進行的業務，可以讓你考察其執行實況嗎？

　　如果你能目睹該公司的執行實況，我建議一定要親眼看看。但記得保持距離。要尊重正在進行中的活動。你也不希望你的場子來了個不在受邀名單上的傢伙吧，此外也必須留意其他人的觀感。業務方面要注意的部分是公司管理車輛的效率如何，他們如何迎接賓客以及賓客會等待多久。

　　把停車場拿來當作汽車、摩托車或腳踏車等新品發表會上的試駕活動區域是可行的。停車場也可以改裝成有帳篷、地毯、裝潢、舞台與照明等的派對會場。

　　利用現有區域時，來點創意吧。好萊塢最尊榮的派對就曾經在停車場舉辦過，墨西哥某間飯店也常常把自家的停車場拿來舉辦墨西哥嘉年華會。預算沒問題的話，停車場是可以來個徹底大改造的。

TIP

Q&A 負責機場接送的接駁車，其停車問題可以如何安排呢？

　　對於在國外舉辦的會議，你可以讓賓客們在機場會合後再一起送到飯店，跟當地的地勤人員聯繫，看看有沒有辦法可以讓巴士停在盡可能接近機場出境宴會廳的地方，以便提供賓客最快速的服務。

　　在某座機場，兩間主要的競爭公司同時抵達現場。迎接甲團體的巴士就在機場正門前排了一整列，車身上印有公司標誌。該團體感覺受到禮遇。乙團體的成員則在抱怨為何要穿過這一長列擋路的大客車才能抵達迎接自己的巴士。

Q&A 工作人員要把車停在哪裡？

　　有專門給工作人員停車用的區域嗎？你的員工跟供應商也可以停在那邊嗎？如果不行的話，他們可以停在哪裡呢？你當然想把主要停車場留給賓客，但也必須思考一下員工停車場要安排在何處。切記，他們會提早抵達，比賓客們晚很多才離開，而且是三三兩兩的離去。因此要確認讓他們的車子停在一個安全、有充分照明的區域。當賓客們離開了，員工們就會想要在進行清場前，把車子移到離入口比較近一點的地方。如果你要把物料搬回車上的話，先行移動車子也能讓這件事變得簡單些。

運輸檢核表

√	評估所有的活動運輸需求。
√	判斷何處適合傳統的運輸方式，何處適合創新的運輸方式。
√	決定每一趟運輸所需要的車輛數目。
√	思考有什麼方式可以把運輸升格成活動體驗的一部分，以及盡可能的舒適、方便與無壓力，以便醞釀活動情緒。
√	選擇最適合前往目的地與回程的路線——觀光的或最快速的。
√	瞭解所有的花費。舉例來說，原地往返要付費嗎？停車許可的費用需要被算進去嗎？
√	想辦法讓團體的啟程與下車能夠更便利。

第5章

賓客薀臨

　　賓客的抵達會決定稍後展開之活動的期盼氛圍。活動並不是從賓客們踏入會場那一刻才開始，而是在當他們踏上門前的台階或在下車處步出車門的那一瞬間就開始了。你必須做的準備包括：考量賓客們可能會遇到的天氣狀況、通往會場的步道外觀，以及讓賓客們一看就知道他們已經「抵達會場」的佈置。抵達可以採用熱鬧的特別見面會方式，規模從簡易型——但仍舊要展現出貼心與對細節的注意，以及氛圍打造等重點——到引人注目、充滿特效的大手筆。賓客蒞臨的每一項元素都是和時程安排與物流需求——會場、供應商與賓客——息息相關的，此外成本跟創意思考也對此有所影響。這點適用於機場抵達、飯店與渡假村抵達、活動會場抵達，或是多層次計畫中的每一項活動，例如獎勵活動或研討會之類。

　　思考一下要如何在抵達區中打造出活力。你想讓它看起來如何？給人怎樣的感覺？你要營造的是一種期盼的心理，而非一個呆板、單調與無精打采的入口。你要讓賓客們感受到他們來到一個不太一樣的地方，空氣中漂浮著令人興奮的因素。你可以藉由盡可能地觸動到賓客們的感官來打造活力氛圍。某間活動企劃公司極為有效的利用了平價照明設備和特製的光束投射燈（gobo）的移動，規劃出通往主要會場的動線。（光束投射燈是以金屬或玻璃切割出剪影圖案，置放在固定光源前（如聚光燈），再將影像投射至任何表面——可能是牆面、舞池、天花板或帷幕，它可以是靜態的（固定不動），也可以是動態的在會場內跑來跑去）。其他方法如音樂、綜藝與特效，也能用來增加對於某些美好事物即將揭幕的期待感。

　　當你在國外或其他地區舉辦特別活動時，對於賓客們的接機要特別用心。跟當地旅遊局聯繫，看看有沒有什麼花費最少的迎接方式，或是當地旅遊局的行銷預算裡有無此項內容。他們經常能夠在賓客們等候通關時，安排一組當地樂團迎賓；也可以掛上歡迎橫幅並提供當地的特產飲品。

　　然而迎接賓客的蒞臨並不是第一步——賓客們出發的機場，以及之前討論過的事項，如規劃專屬團體報到，為了賓客們的舒適而安排

專人提供行李推車，在機場許可的前提下，為你的團體準備私人休息室並附上茶點等等，這些才是第一步。只要時間與地點允許的話，為賓客們安排提前登機與團體座位，讓他們可以全程聚在一起交流也不失為好主意。這點對於其他旅客而言也是個加分的方法，因為他們就不用在整趟航程中不時被前後左右的談話聲所干擾。

在登機時還是有些事情可以做的。例如機艙內的歡迎廣播、客製化的靠頭枕、食物與飲品抵用券、電影與耳機抵用卷等。此外，根據人數跟當時情況，團體有時候也是可以升等的。如果沒辦法讓全部團員都升等，那麼這個優惠最好忍痛放棄。因為航空公司提供的名額有限，某個獎勵活動的團體只好採取抽籤的方式來決定誰可以升等頭等艙。要牢記在心的是讓賓客們穿著得體。許多貴賓不太喜歡自己待在頭等艙，而讓其他人擠在經濟艙。偏好搭頭等艙旅遊的貴賓通常會另外訂別間的航空公司，並且比其他人提早抵達目的地。在跟航空公司簽約之前，某些項目可以商談免費贈送或是以折扣價取得。這些項目包括登機時奉上慶祝帶有特殊意義的16歲生日蛋糕，或是讓小朋友團員去參觀駕駛艙之類。可以做與不可以做的事情，在911之後便處於一直變動的狀態下。因此對每個機場與航空公司的政策，以及幫團體預定機位時的每項步驟先行審視一番就顯得很重要了，把這些事項記入工作表，在團體出發前再次進行檢查。

當賓客們抵達目的地時，讓他們立刻接觸到當地文化是很重要的。在夏威夷用花環迎接，或是在牙買加與巴貝多以鋼鼓、水果潘趣酒（有沒有酒精皆可）、當地啤酒如Red Stripe與Banks迎接可說是不錯的開始。在接駁車上提供輕食與冷毛巾，到了飯店則安排專屬團體報到。到這個時候，裝有客房鑰匙的小包裹、迷你吧台、飯店綜合資訊與快遞登記表格等等，都應該準備就緒交給賓客。包含雜費在內的信用卡資料登記也可以在這個時候進行。這些安排可以確保賓客們不會因為跟其他同時抵達的團體人擠人而浪費時間排隊。

在熱帶地區，常見到準備冷飲、新鮮檸檬汽水與冰茶來迎接賓客們的初次蒞臨。在加勒比海地區，許多飯店都會將輕食與冰毛巾一起

分發給抵達的客人。飯店員工也會把乾淨的擦臉巾浸到檸檬水中、徹底擰乾後再將之塞到個人塑膠袋裡，放到冷藏箱後再送到機場去。

全世界的飯店都會發誓說他們不提供私人團體報到服務，但其實他們可以做得到。一定要堅持爭取。這只是個單純的不能讓經歷長途跋涉的賓客們，還要拖著疲累的身子在大排長龍的人群中等著報到的問題，尤其是當他們可以不用這麼做，只要到專屬房間內放鬆一下，讓專人處理報到事宜即可的時候。

如果班機抵達的時間太早，而飯店還沒準備好（房客們還沒退房），簡易的應變之道就是安排休息區，讓賓客們有個可以更衣，放行李的可靠區域，並且出門享受一下飯店的設施。（已經辦理好報到的大件行李會由侍者專門處理，等到客房整理完畢便直接送過去。）要記得安排工作人員負責休息房與賓客個人財物的安全。區內亦可設置接待櫃台。

身為活動企劃人員，一定要盡全力在最短時間內爭取到房間－事先要求額外的家事服務、提早向飯店提供你的賓客行程表，以便對方在飛機抵達時便準備好客房，讓賓客們可以立即入住。如果預算不是問題的話，你甚至可以在抵達前一晚就把房間訂下來，讓他們一進飯店就能直奔房間。假如這點行不通的話，那就在賓客抵達的前一晚與飯店經理談談，看看有多少空房以及你可以先包下來幾間。千萬別等到抵達當天才開始處理這件事。

賓客蒞臨Q&A

Q&A　抵達區看起來如何？

想像一下當賓客們抵達會場時，他們的第一印象會是怎樣？他們會看到、聞到、聽到與感受到什麼？舉例來說，如果你舉辦的是晚間遊艇活動，千萬不要只考慮船的外觀——當然這也是很重要的——而

是要把碼頭周遭的全部區域都納入考量。現場乾淨嗎？通往船隻的步道明確可視嗎？賓客們必須跨過一堆貨物和其他令人不太舒服的東西嗎？有任何不雅觀的髒亂物品需要清除掉，以免壞了賓客們的第一印象嗎？場地有遮雨棚之類的嗎？現場的安全與維安情況呢？這些事項同樣也能應用在全世界任一種陸上場地——會場或渡假村。某間新落成的優美渡假村，其所在區域預定在數年內將周遭的現有廢棄建物拆除後，引進新的商家。然而在當下，渡假村遇到的問題是有許多流浪漢會群聚在泳池與沙灘等地，導致安全問題亮起紅燈，這就會讓從外地前來的賓客們產生安全上的疑慮。

> 　　在某場新船發表會後，賓客們在登艇之前拖延甚久。船隻停泊區域的環境實在不甚理想，而且更糟糕的是工作人員忘了準備登船用的踏板。賓客們必須在碼頭邊「跳」上船，這對那些穿高跟鞋的人來說就有點令人懊惱了。在晚間的遊船與小酌後，賓客們的氣也稍微消了點。然而乘船晃了一晚後，他們發現下船時還是沒有踏板——這個晚上原本是要向潛在客戶展示該公司最新型的遊艇阿！

　　切記，你所檢查的船隻可能不會停泊在平日啟航的碼頭邊，因此還要瞭解船隻啟航的地點及其周遭環境。這個原則也可應用於假如你打算安排另一個上船地點的話（船隻從一地至另一地的費用當然也要加到預算中）。花點時間確認一下現場環境，並且將所有障礙物在活動日之前都清理乾淨。記得要找出（如果有的話）任何相關的管制規範，並準備好天氣不穩定時的應變方案。

Q&A 你要如何抵達會場呢？有那種如詩如畫、美侖美奐的路線可以選擇嗎？

　　有時候不只是進場部分可以奠定活動基調，抵達目的地的過程中

179

也可以做到這點。如果你的所在區域是巴貝多島西岸，那麼便有兩種路線可以抵達飯店。你可以選擇通過島中央的快速路線，或是沿著海岸線讓賓客們可以一覽加勒比海湛藍美景的東海岸公路，雖然後者會多花一點時間。依據班機抵達的時段──例如晚間抵達的話，當然就看不到海啦──你可以先選擇比較快到達飯店的中央路線，等到要返回機場時再安排讓人如癡如醉的東海岸路線，讓賓客們在離去前得以再看一眼這座美麗之島。如果是一大早就抵達的話，那就把上述安排倒過來吧。又如果時間很充裕的話，來回都走東海岸也不錯。

在世上某些地區，例如荷蘭，你甚至可以改搭船前往飯店而不用一般的巴士。前往運河或市中心可能還是需要搭大客車，但這過程可以用來作為城市導覽，讓賓客們放鬆一下。前往荷蘭的國際班機（一如其他越洋的目的地），抵達時間可能離進飯店入住的下午三點還要早很多。所以來一趟運河之旅作為轉運的一部分，可以讓賓客們適應時差、享受當地名特產──咖啡與酥餅（pastry），以輕鬆的步調獲得關於目的地的初步印象。讓活動的每一環節都盡可能的讓人愉悅與難忘。你也可以在倫敦或溫莎作些類似的事情。當然，只要錢不是問題，可以在抵達前一晚就先把房間包下來，讓賓客們可以直接入住，或是根據淡旺季和飯店洽談提早報到事宜。讓賓客們一下飛機，就立刻搭著巴士進行城市導覽可不是好主意。歷經長程飛行與時差的他們會很累，沒辦法完全進入狀況。同樣的，剛下飛機的他們，其穿著可能也不太適合參加導覽。然而在船上的感受永遠都是平順與放鬆的。

Q&A **會場方面有便利的下車地點嗎？**

在場勘的過程中，順道訪視一下賓客與供應商會使用的主要出入口。不管是供應商要卸貨、賓客們下車前往活動，還是大客車或豪華轎車放下賓客與行李，有個方便的下車點總是很重要的。你要確保的是舉辦活動時，前往會場的通道方便、合宜，以及能配合所有人的特別要求。

如果因為壞天氣的影響而必須把賓客放在前門下車，而下車點又是交通繁忙地段的話，他們在開車門就必須要多加注意。你可能會需要安排專人負責指揮交通。

如果參與於會議中心舉辦的靜默拍賣會的志工們，會在沒有門房、行李服務生，或是有現場工作人員能夠協助並運進展示區的地點卸貨的話，那你就要確定有安排足夠的工作人員去協助他們。

如果是用巴士來載運團體，一定要知道的就是車輛是否能直接開到主要出入口前，還是會場方面會有車輛高度限制。某間位於亞歷桑納的飯店，大客車受限於高度沒辦法直接開到正門，乘客與行李一般而言都必須在側門下車。這就有點令人失望了，因為通過主要出入口可以望見氣派的飯店大廳，從而得到深刻的印象。其中一個解決之道就是讓賓客們提前下車，然後一路走進正門。而巴士則繼續開到側門卸行李。至於前往機場的回程，賓客們在側門上車即可，還能順便找自己的行李。總之，只要他們在抵達時有被飯店大廳震懾住即可。

Q&A　入口處有遮蔽物嗎？

瞭解一下在舉辦活動的期間，入口處是否有設置遮蔽物。記得不管會不會出現壞天氣，都要為上下車的賓客們準備好雨傘備用。無論是怎樣的地點，都必須思考如何把賓客從甲地送到乙地而不會淋濕。

某間位於加勒比海的渡假村會提供抵達的賓客一人一美觀、巨大、印有飯店標誌的雨傘，當作紀念禮物的一部分。這把雨傘既有品味、製作精美又很實用。這把傘可說是完美的禮物，因為從住房區到

在一場突如其來的傾盆大雨中，剛下機的賓客們人手一把剛拿到的紀念雨傘。他們正要前往一艘豪華郵輪，而巴士與郵輪之間的通道是露天的。雨傘的花費不值一提，但卻成了活動企劃人員對於參與者之用心與努力的最佳見證。每個上船的人都是快快樂樂而且不沾一滴雨水——可說是為期一週活動的完美開場。

主要餐廳的路上全是露天的，萬一遇上下雨，賓客們就可以直接拿來用了。而且還可以拿當作長假之後的宣傳商品。

要是你打算在加勒比海辦活動的話，可確認飯店方面或活動總監會準備各種不同樣式的雨傘，以便萬一有必要的話可以護送賓客們從一處露天場地前往另一處。可別等到雨都滴下來了才開始找傘。加勒比海地區可是動不動就會來一場暴雨的，當地傳統的雨季一般是夏天，但也不是說其他時候就不會下雨。

迪士尼樂園在園內所有商店都會提供非常棒的、亮黃色的雨衣。下雨時，整個園區就會變成一片黃澄澄，數以千計的米奇在雨衣背面看著你。雨衣的設計可以讓你從頭到腳都是乾的，手則可以空出來牽小孩的手、拿相機或包包。而雨衣折疊後會讓你感覺不到它的存在。

假如你所舉辦的活動地點，是要讓賓客們步出室外並且到處探索的話，可以參考迪士尼樂園的雨衣例子，然後把公司標誌印在米奇出現的地方。雨衣不貴、易於收納，還有絕佳的廣告效益。它可以作為賓客們前往戶外活動，像是主題公園時的壞天氣備案。

Q&A 有誰能夠整個會場跑透透，確保走道在冬季時不會被雪與爛泥淹沒；在夏季時不會充滿水坑與泥巴嗎？

你要做的是確保走道與入口通道的安全。如果你的活動在冬天舉辦，所要注意的面向之一就是誰負責走道的剷雪、撒鹽與淨空，讓賓客們可以不弄髒靴子，順利地直達門口。會場方面會提供一切必要的協助嗎？要確定好負責人不會等到活動當天才在那邊找鹽巴或雪鏟。同樣的，找出誰要負責停車場部分，以及你希望何時能夠清理完畢。

以大理石或其他磁磚鋪設的前門入口，一遇到水就會變得非常濕滑。如果有需要鋪設防滑地毯的話，記得要把它牢牢固定住。根據天氣情況，你可能會需要不只一塊地毯；當前一塊濕到無法防滑時便予以替換。你的保險中有給付賓客因自己滑倒、跌倒而受傷的費用嗎？可別以為會場會幫你全部準備好──你自己也去保個意外險吧。還記

得莫非定律嗎？在某場募款活動上，不但有雨跟雪要處理，還得要應付街道因為水管破裂而四溢的自來水，和立即凍結成的冰塊。

預算許可的話，客製的長條桌布也可以是天氣備案或裝飾選項之一。Original Runner公司（www.originalrunners.com）專門為婚禮與其他活動設計客製化產品。活動結束之後，這些布條——上頭應該都印有公司或活動主題的標誌——可做成小枕頭或是裱框起來當作活動或婚禮的紀念。

TIP

並非所有的正式活動都一定要穿禮服或燕尾服。如果你的活動在比較鄉村的地方舉行——舉例來說，位於加勒比海的農場，當賓客們到田裡進行農事體驗時，該穿什麼比較好呢？

某場可說是獨一無二的獎勵活動，其中包括了在田裡舉行的農業研討會。賓客們被告知要帶高腳膠鞋。但你要怎麼接待一整車穿著齊膝高的膠鞋的人呢？該名企劃人員想到的方法是帶著平價的毛料拖鞋，在飯店入口處迎接他們（你也可以準備客製化、印有標誌的入浴用拖鞋，端看你能運用的金錢而定），並且安排工作人員在現場為膠鞋進行清理，之後再送回賓客各自的客房。如此一來，賓客們就不用擔心那些跟著他們一路長途跋涉的泥巴還會繼續穿過飯店，直達房內。

Q&A　有提供哪些服務？而哪些要額外付費？

瞭解一下有哪些服務是已經提供，而又有哪些是需要自行安排。在某些五星級的飯店，鞋子清理是館方提供的服務之一。記得問問看哪些服務是不用另外收費，而哪些是需要動用到預算的。又例如上述

提到的案例中,在賓客返回飯店時找來額外的員工去處理那一堆泥巴鞋,可能就需要另外一筆費用。因此記得在協商花費時,要注意到對方最多能提供什麼樣的服務,像案例中的飯店頂多就是協助安排人手來處理髒鞋。

Q&A　入口處可以讓輪椅暢行無阻嗎?

瞭解一下入口處是否有為輪椅做特別設計,如果沒有的話,就找一個有的場地。下一個問題是,何種公共空間與設施有無障礙設計?要很熟悉這些相關地點。確定好現場有足夠的空間可以讓輪椅輕易地移動。某些飯店會專為輪椅使用者量身打造整套房間。因此訂位時記得要詢問這點。

在某間飯店,正門入口無法讓輪椅通行,但附近有另一處緊鄰電梯的入口。事先瞭解這些情況,以避免像這種要改道的不必要麻煩。

另一個重要考量就是門的寬度。它能讓輪椅輕鬆地通過嗎?事先就要知道所需要的寬度是多少,因為並非所有輪椅都長同一個樣子。某些款式的輪椅在必要時還可以把輪子摺疊起來。

除了通行空間外,有輪椅需求的賓客可能會希望有人可以在鄰近的房間中待命,當他們需要時便可立即協助。跟飯店方面詢問看看可行性吧。

Q&A　有門房嗎?

不論何時何地,只要有機會的話就讓會場方面的專業保全來負責出入口的安全,要是前者不可行,另外付費的非值勤警察也可以。如果是非營利的活動,也千萬別依賴企業員工或志工。在賓客們抵達之時,企業員工或志工很容易就會被指派其他任務,而且你也的確需要有人能一直待在入口處並按時輪班。專業人員是有受過訓練,懂得如何處理緊急狀況的。如果可能的話,讓他們配備對講機以備不時之需不失為是一個好方法。

在某場活動中，參與晚會的歌手還邀請了幾對當地的情侶——這些人正打算要請該位歌手在自己的婚禮上演出——參與活動並且欣賞她的表演。不幸的是，這是場私人活動；這些人並不在受邀名單上，而且穿著也很不合宜，這些情侶對於無法入場感到非常不滿並大聲抗議。但情況很快就得到了控制，沒有繼續鬧大。主辦單位請求協助，讓這些不速之客迅速地從正門離開會場。

在市中心，流浪漢站在餐廳門口——即便是非常高級的餐廳亦然——靠著充當門房來索取小費是很常見的。而且就算把對方請走，除非有官方人員在整個活動期間中站崗，否則馬上又會有另一個來補位。這就是另一個請專業人員來助陣的好理由。

Q&A　要付費給正門入口的侍者嗎？小費有包含在飯店費用中，還是你需要另外編一筆預算呢？

這是可以在合約上好好商談的問題。會場方面或許可以幫忙安排門房而不需額外費用，但你可能還是要準備一筆錢作為答謝的小費之用。要記得，你可能會不只一次使用某設施，而你希望確保每個人員都能夠有被照顧到的感覺。所以要瞭解一下給這些人的小費行情是多少，並且編入預算中。給小費的方式與數額在全世界各地都不盡相同。如果你辦的活動在國外，大多數當地的飯店或會場都會跟你說需要準備多少金額作為門房和其他人員的小費之用。你也可以把這部分當作基準來跟其他會場比較。

Q&A　門房的穿著會是如何呢？

瞭解一下門房的穿著。在某場非正式的活動上，你可能會希望門房當晚穿著配合活動主題的上衣，或者只是一件普通上衣，然而就正式場合來說，你會希望對方穿著傳統的整套門房制服、頭戴高帽以增添一些光彩。

Q&A 現場有準備告示牌以表明這是場私人派對嗎？

在入口處擺個「私人派對」的告示準沒錯。在最初的全面檢視時，到入口處評估一下，並且思考哪邊最適合放置告示牌，以及要如何讓牌子能被清楚看到。會場方面有提供架子之類的器具嗎？如果有的話，尺寸合適嗎？需要上漆修整一下嗎？有遺失或壞掉的部分嗎？你可能會想帶自己的架子過來。餐廳經常都會把菜單放進玻璃架內，並放到店外展示，你也可以為私人派對如法炮製一個。

Q&A 衣帽間與入場處的位置關係為何呢？這部分會造成動線堵塞的問題嗎？

在規劃空間配置時，一定要把人潮動線作為最高準則牢記在心。

在某場活動上，衣帽間的場地非常狹小，但其後的空間卻是相當開放的。企劃人員把飲食區安排在幾乎是與衣帽間緊鄰的地方，這兩條動線就因此交纏在一起，並且導致嚴重的移動問題和延遲。飲食區可以簡單地移到場地另一邊，在那裡不但可以讓動線不受妨礙，還有著能夠吸引更多人前來的附加價值。動線部分也是你在考慮報到桌位置時要特別留意的地方。

Q&A 衣帽間的容量多大呢？有足夠的衣架跟掛鉤嗎？

衣帽間能夠應付多少大衣數量呢？又能夠多迅速呢？需要安排多少員工，才能讓衣帽間達到最快速度與最佳效能呢？空間的規劃符合效率嗎？如果需要更多的器具和人員，要付出多少金額呢？準備多一點總是比準備不足要來得好。

在某場募款活動中，衣帽間是由毫無經驗的志工來負責的，現場的衣架跟掛鉤數量都不足，而當時又是凜冽的寒冬，也就是說每個人都會穿大衣。這些大衣——其中有不少高級貨——最後是一件一件的堆起來，導致了接下來令人頭昏眼花的尋寶遊戲。賓客們只能一直等待，某些人甚至等了半小時以上才拿回自己的大衣。這就反映出整個活動的組織不良狀態，然後得到業餘水準的評價。

Q&A 現場提供的是哪一種款式的掛鉤？如果是品質不佳的廉價品，能夠承受厚重冬衣的重量嗎？

在正式宴會中，衣帽間經常會拿到許許多多的真假皮草大衣，此時如果用鐵絲衣架吊掛這些大衣簡直是自討苦吃；這些高級貨可不是拿來掉在地上的。

Q&A 有提供寄放雨傘、靴子、公事包或其他物品的空間嗎？舉例來說，在百慕達地區，衣帽間還可以拿來放安全帽。

對於在週間晚上舉辦的特殊活動而言，剛下班就過來的賓客們都會人手一個公事包或筆電，然後向你詢問有沒有個安全或是有人看管的地方可以寄放這些物品，讓他們能夠放心的享受活動。如果什麼都沒有，你可能就要自己扛下這差事，然後整場活動都做不了其他事情。但當然你也不想為這些東西負什麼責任。某個企業客戶很喜歡在下班後辦個劇院之夜這種活動，在某地先進行私人晚宴後，再把賓客們送到劇院，接著再把人送回吃飯地點改吃甜點、喝咖啡、利口酒或抽根雪茄。當看到賓客們被隨身物品拖累時，該客戶因而完全能夠理解多花點預算安排保全與空間，來置放賓客們的公事包與筆電的價值所在。賓客們除了知道自己的物品是放在安全場所之外，在寄放前還會被告知——口頭與書面皆有——主辦單位與會場方面並不負責任何損失賠償，他們要自負風險。

187

Q&A 賓客抵達與離開時,有多少人員會負責處理衣帽間?

瞭解一下在這兩個時段會有多少人員值勤。他們在活動開始之前多久會抵達現場?如果活動時間延長了——有時候會發生這種事——員工們可以比預定時間多待多久呢?

Q&A 最有經驗的員工是誰呢?他們有多少經驗呢?他們在你的活動期間可以排班嗎?

抵達是活動環節中占有關鍵地位的一部分,因為第一印象是很難扭轉的。照顧賓客需求的專業程度,便決定了你的活動評價。務必要瞭解一下員工。確定能夠安排最有經驗的人來協助你的活動。

Q&A 員工、衣帽間和小費等費用要另外支出,還是會包含在合約中呢?

衣帽間的費用會算在總帳單裡頭,還是另外一筆獨立支出呢?你會負責衣帽間的費用——代表賓客們付費,還是要由賓客們自己付費呢?你會負責小費部分的支出嗎?要非常明確的知道你想如何處理這個問題。假如你要負責衣帽間的支出,就不要讓小費盤出現在那邊。記得也要讓員工瞭解這點。

Q&A 放大衣的地方有多安全?

大衣是放在安全的場所,還是賓客們要自負風險呢?如果是後者,有任何告示牌告知這點嗎?假如沒有,你就要自己立個牌子,讓賓客們清楚地瞭解到他們要自負風險。眼光放長遠一點的話,多花點錢安排員工並且確保衣帽間隨時有人在維護安全會是比較好的作法。瞭解一下大衣是否在保險涵蓋範圍內,還是說客戶想要購買另外的保險以防萬一。

Q&A 活動期間，員工的休息時間是怎麼安排的呢？

和員工一起審視一下活動流程表，讓他們能對時程安排有所留意。要先確認將休息時間安排在所有賓客都抵達之後，以及在賓客們準備離場之前結束。切記現場可能會有三三兩兩的離場方式，而大多數的人還是會像團體般的集體離開。你可不會想讓賓客們蒞臨時，看到現場一堆工作人員在會場入口到處亂晃、叼根煙的景象。

Q&A 假如現場出現緊急狀況，誰會負責處理呢？現場有做好應變措施嗎？

確認你已事先設想過有哪些預期之外的「緊急狀況」，像是因為下雨或下雪而導致的地板濕滑、或是浴室淹水之類的，並且安排好因應方案。可不要視而不見，直到活動當天才發現無計可施。某場活動選在平常沒什麼人使用的會場內，員工們在活動進行期間還必須跑出去添購拖把與水桶，因為主辦單位沒有安排專人負責入口走道，可能因地板濕滑而產生的潛在危險。

要知道遇到緊急情況時要找誰。找出這部分的負責人，並且確認你有對方的手機號碼，才能在活動的前中後階段都找得到人。在某場於會議中心舉行的宴會上，主要的廁所淹水了，弄得到處都濕答答。你的責任在於能夠迅速聯絡到適當人員，並且盡可能又快又有效地處理好所有問題——從賓客蒞臨開始，直到離去為止。

Q&A 蒞臨之時，有任何關於活動期間中電話鈴聲或照相方面的事宜，需要特別對賓客們告知或進行相關安排嗎？

手機跟手機的照相機對於活動來說都是很麻煩的東西。手機鈴聲與人們的談話會打擾到活動。你可能會需要安排專人在入口處附近，當賓客們蒞臨時提醒他們將手機關機或調成振動模式，並且告知他們如果有來電請離開大廳再接，以免妨礙到活動與其他出席者。在現場演出的情形下，有些表演者甚至會中斷演出，直到手機關機為止。

　　你要考慮的點是手機鈴聲會對活動造成怎樣的影響，事先決定好你和活動主辦人要怎麼處理手機，舉例來說，在舞台上廣播並規劃執行方式，然後記載到工作表中。在某些活動中，企業客戶會要求手機一定要關機，有的甚至會要求在衣帽間時進行確認，這樣一來就會拖延報到的程序。相較於這種手機的規範方式，有些會場乾脆就安裝屏蔽設備——可能不合法——讓電話根本打不進來。不幸的是，這種做法也會影響到工作人員使用手機作為聯絡方式。

　　另一項關於手機的考量是照相與錄影，以及能夠在短短數分鐘內把檔案傳送到世界各地的功能。此處的問題在於賓客個人隱私，以及在沒有經過他們同意前便於私人空間內照相，或是把他們酒過三巡後的窘樣錄下來放到網路上和全世界共享，因而產生的法律問題。公司律師——不管是活動企劃公司或活動主辦公司皆可——應該要根據公司政策對此議題進行評估、建議要怎樣處理這項議題，採取能夠在法律上保障對方公司、你的公司與受邀賓客三方權益的行動。

活動開場

　　簡單來說，開場可不是只有喇叭吹一吹就完事了；它在蒞臨氛圍中扮演著重要角色。地毯鋪設完畢（紅色不是唯一選擇）、探照燈打向天際、空氣中充滿著令人興奮的感覺。全部各就各位，而你也蓄勢待發……真的是這樣嗎？所有事項你都打理好了嗎？你已經告知探照燈會打向哪個方向了嗎？你已經得到書面許可了嗎？當地機場需要知道任何會對飛航路徑，以及飛機起降安全造成影響的一切事項。同樣的道理也可應用在熱氣球、氦氣球甚至風箏上。

　　某場選在多倫多島（Toronto Island）舉辦的夏日節慶活動，打算以印上客製化標誌的風箏作為伴手禮。然而島上有座機場，活動企劃人員跟機場當局協商後，取得能夠在島上施放風箏的許可，但要遵守

高度不得超過30英呎的附款。這個故事告訴我們要提早計畫、提早行動。你要做的最後一件事情就是跟有關單位討論活動的開始時間。絕對不要自己假定任何事情。一定要鉅細靡遺，不可偷懶。

那麼，地毯方面呢？你已經拿到有關單位的鋪設許可了嗎？它被牢牢的固定住了嗎？你有符合每一項安全規範嗎？如果有人因此滑了一跤而摔斷腿的話－來，誰要負責？有投保了嗎？這些問題都需要考量。務必要避免任何「意外」。你知道找一組團隊，用吊車清除天花板上的氦氣球會很傷荷包嗎？你或許不想知道，但你還是要面對它。

> 某場募款活動打算用氦氣球來一場「氣球爆破」，這是靜默拍賣會的其中一種方式，把捐款金額等資訊放進氣球裡。買下氣球的賓客們會拿到一根針，用來刺破氣球並前往指定地區領取禮物。販售氣球的收入則捐作慈善之用。但氦氣是種非常難控制的材料，而且過程中也讓一堆氣球跑走了。因而有一大筆費用是花在把飛走的氣球抓回來──除了吊車本身，還有一整組必須以最低出租時數計算的設備也要跟著搬過來，否則企劃人員就沒辦法把所有的東西都拍賣掉，因為他無法得知那些跑走的氣球中藏有什麼內容。如果氣球有編號的話，就可以藉此追蹤其下落，並且避免上述的危險。逃跑的氣球可以用另一個取代。另一項針對這種狀況的考量是，瞭解到會場的天花板高度有多高，並且確定好綁在氣球上的線夠長，以便在不小心讓它飄走時還能抓回來。

活動開場Q&A

Q&A　你會安排特別的抵達活動嗎？

當賓客們蒞臨會場時，發個歡迎訊息與提供小禮物向來是個不錯的做法。在夏威夷，可以用像加冰塊的熱帶果汁，以及剛烤好的鳳梨

麵包這種簡單的小東西。在東方的話,可以用一壺熱茶搭配一盤當地水果。(水果的選擇要留意,例如新加坡有種水果,放在碗裡乍看之下會像隻大蜘蛛。你可不是在辦整人節目喔!)在摩洛哥,異國風味的果汁與一盤當地佳餚,或是一大碗新鮮的摩洛哥柳橙一直都是視覺與味覺的雙重誘惑。當地的長莖玫瑰有著不尋常的色彩、質感,而且相對來說又不貴。此刻還不到把弄蛇人、動物秀與當地表演者帶進場的時候。把這些演出留到稍後的活動中吧。賓客們會因為長途跋涉而感到疲累,想要好好放鬆與大吃大喝一番。找找看有沒有什麼可以讓賓客抵達變得很不一樣的方法吧。

> 特別注意:在拉斯維加斯,一定要在合約中確認飯店方面在提供房間前要先將其清理過。某些飯店可是以提供「髒」房間而聞名的,也就是讓賓客們進房放下行李後,直接下樓前往賭場等候並順便玩一把,這就是飯店的企圖。
>
> **TIP**

Q&A 你的特別活動中會出現探照燈、展覽、地毯、人潮管制、舞台佈置、特效、照明、視聽、雷射、煙火這些成分嗎?

在你開始規劃前,先對場地做一次全面檢視吧。這就叫做場勘,可以讓你知道你那天馬行空的點子能不能實現。在你(跟你的供應商)開始投入時間與精力之前,自己先花點時間進行一次初步場勘,感受一下該設施給你什麼樣的感覺。下一步才是在過了一段時間後,跟你預備合作的供應商一起回來進行細部的規劃場勘。提前跟重要的供應商約在現場進行協調準沒錯,如此一來,到了活動當天你們才能像個團隊般運作。藉由這個方法,外燴業者可以直接跟安裝烹飪用帳篷的廠商溝通,確保雙方的要求都能達成,而你也不用浪費時間在來

來回回的傳話中，只要一次雙方會面，所有問題就解決了。所有關鍵角色都必須同一時間進行作業。他們事先對活動的內容瞭解越多，就越能達成你的需求，並且根據自己過去的經驗提供建議。一旦你決定要做什麼了，下一步就是確認計畫有無符合相關的法令規範，並注意到需要為此進行何種作業，包括所有的許可及要求，例如安全與消防法規之類。

Q&A　需要多久時間佈置？

你必須弄清楚每一間供應商會需要多少佈置時間，並且開始規劃每一階段作業的先後順序。舉例來說，舞台與樂團裝備需要在宴會用桌椅搬入之前佈置完成。你也必須在場地淨空之時把照明、視聽與裝飾品等東西移進會場，而不是試著在桌椅之間安裝這些設備。完畢後才是把桌椅搬進來的時機。如果有準備特殊照明，像是可以聚焦在任一張桌子上的聚光燈，照明團隊就必須知道桌椅何時會安置完成，讓他們可以進行必要的調整。注意一下總共需要多少佈置時間。時間符合你所預期的範圍嗎？會需要提早進場佈置嗎？所有物品都很重要，因為每一項都會影響到預算以及能不能用於現場。如果你的確需要提早進場佈置，而這對會場來說會是一筆損失的話，可能就要另外付一筆租金。

除了從會場方面瞭解到你何時可以進行移入作業之外，還要知道在佈置之前有哪些事正在進行。會導致遲延嗎？確認在你佈置之前，場地是否有進行簡單的早餐或午餐活動，或是更複雜的事情。試著去設想任何可能會讓前一場活動沒辦法準時離場的情況。如果演變成前一場活動必須盡全力撤離，而你無法提前進入場地的話，這可能就不是個好會場，除非你願意去更改你的佈置。簽約之前，務必要瞭解一下你需要多少時間來佈置。

在某場時尚募款活動上，上一場活動的主辦單位在賓客們抵達主要出入口時居然還在清場。賓客們於是必須站在走道兩側讓工人們進出。而企劃人員也沒有考慮到其他可能發生的狀況，像是當食物供應站佈置好後，才發現到連讓單一賓客通行的走道空間都不夠！很明顯這個企劃人員一點都不在狀況內。

Q&A 為了賓客蒞臨和劇場效果，需要安排任何特殊設備嗎？要花多少錢呢？你有把像是加班費等工資納入預算嗎？會場是工會成員嗎？

在某場於泳池邊舉辦的活動上，主辦單位以極富魅力的水舞秀來迎接賓客，也讓他們知道稍後大概會有什麼活動。水舞（www.dancingwaterings.com）是一項充滿聲光效果的表演節目，噴泉的水柱在燈光投射下，配合動感舞曲或古典樂的節奏舞動著。高明的水舞技工甚至還能自己獨秀，或是和你請來的音樂家一同表演——從流行樂到搖滾到古典皆可——以令人嘆為觀止的娛樂效果點亮整個夜晚。

這項水之魔法所需要的多重顏色照明效果與雷射可以在五小時內佈置完成。移動式的劇場用噴泉也可以租來作為企業新品發表會、社交宴會、婚禮或其他特別活動之用。

除了水舞之外，還有氣泡牆（bubblewall）、水牆、瀑布與其他林林總總跟水有關的特效，可以在賓客們踏入會場時營造令人震撼的視覺體驗。其中也有不少特效是能夠在私人庭院裡佈置的。

你所企劃的每一場活動——不管是在私人會所、宴會廳還是舞台上——都是某種意義上的現場演出。就像百老匯一樣，希望能夠藉由某些舞台特色，設計出讓觀眾們目眩神迷、不時驚呼「哇」的活動

元素。若要安排特殊展演，賓客蒞臨之時是個不錯的時間點。這個項目相對而言也是可以不用花太多錢的。關鍵就在於要瞭解活動流程，以及留意賓客蒞臨之安排中的何時與何處該安排會讓人「哇」一聲的元素，以發揮最大效果。（舉例來說，如果賓客們會從許多入口處進場，那你就要想辦法讓所有人都能注意到，以及所選的特效也不能只讓先來的人享受到，而是要讓所有人都能欣賞。）同樣地，也要考慮有哪些項目在賓客蒞臨這一部分，會對你的預算造成重大影響。

例如，假火焰並不是真的火焰——是由燈光、氣流與布料所合成的——它立刻就能為會場、入口步道、花園或游泳池營造氣氛。假火焰是安置在直徑36公分的暗黑色碗狀物中，可以用鍊子懸掛起來，掛在牆上或是以各種不同方式和你的裝潢融為一體。據說這個裝置的視覺效果幾乎跟真的火焰一樣。利用低亮度照明、霧氣與整牆閃爍的火焰，所打造出通往主題派對的賓客蒞臨區，就是一種結合上述元素的範例。

如果想讓賓客蒞臨時有更強的效果，你可以改用整排火柱（丙烷火焰）——在高1.8米的火柱上熊熊燃燒著120公分高的火焰，點亮走道與夜空。想像一下這些玩意蠹立在步道兩旁，或是沿著紅地毯一路延伸過去的景象！這些裝飾不僅帶來視覺上的效果，還有驅寒的功用。當然，你也必須先取得使用許可與添購專門保險才能夠打造這項特效。這筆費用可能不是一筆小數字，但以出席活動的賓客人數作為分攤基準的話，這筆錢就變得不算什麼了。

事先確認就賓客蒞臨與主要的活動設置方面，會需要用到哪些跟安裝有關的設備（根據天花板高度之類的因素，可能會有不同的需求），安全規範方面也是同樣的道理。舉例來說，你會在天花板上裝潢，或是在入口走道安排特殊照明，因而需要用到吊車嗎？這項設備在室內可能用不著，但如果賓客蒞臨的區域是一塊有如天井的挑高空間，那吊車就是必要的了。已經考慮到所有供應商與會場雙方的佈置需求了嗎？會場方面有哪些設備，而你又必須自行準備哪些設備呢？

會場方面會向你收取使用其設備的費用嗎？先確認你有把這些支出都加到預算裡。

另一個重點是瞭解會場方面是不是工會的成員，因為這對於成本會有重大影響。如果是的話，請對方以書面形式提供一份所有可能會影響到你的預算的項目清單。例如，你可能會在預算中記入花一個小時設置旗幟的費用，但最後卻是付出三或四小時的最低時間限制費用。同樣的，瞭解一下對方的契約續約時間。如果正好是在你的活動期間前後，會對活動產生怎樣的影響呢？你會需要在預算中記入工資的預期調漲支出嗎？工會成本通常被認為是以「主流」的工資行情為主，所以確認一下你的合約並且編列必要的緩衝預算吧。此外也要確定工會方面有把加班費、員工餐點與其他必要支出算進去。某間屬於工會成員的飯店要求如果有馬戲團之類的演出，一定要有繩索裝備。因此表演公司便安排了旗下的專業裝配員負責安裝，但該飯店又規定一定要有一位飯店人員與之共事。而這筆費用則不僅用於設置，連彩排、活動當日與拆卸等階段都要算入。

Q&A 建築方面的出入通道狀況如何呢？會需要用到起重機嗎？起重機能預約特定時段嗎？需要付費嗎？

活動主要部分設置的物流原則同樣也能應用在賓客蒞臨部分。不要只專注於活動主要部分的需求，而是要看到從蒞臨到離場整個階段的所有元素（因為在多層次的活動中，可能會用到不只一個地點）。要瞭解物品會從何地，以怎樣的方式移入。裝卸貨的平台在哪？會有高度限制嗎？如果現場有起重機的話，體積多大？走道有多寬呢？是堆滿了雜物還是清空的呢？會有應該要注意到的重量限制，例如你打算把車搬到會場展示之類的嗎？起重機能用嗎？它們有多常被送去維修呢（你可能會被某些會場告知的答案嚇到）？何時可以使用呢？你能預約特定時段嗎？

關於賓客蒞臨部分，會場方面對於公共空間與私人空間的佈置及安裝會有什麼特別要求或限制嗎？

　　舉例來說，假設你要舉辦的是一場會贈送新車或至少同等價值的募款活動。你一定會想要把車子擺在賓客蒞臨的區域展示，尤其是如果該輛車的製造商是活動的主要贊助者之一的話。因此要瞭解到會場方面對於車輛的移動會有什麼要求。你可能要在地毯上鋪一層塑膠跑道，以及用人工把車推進場。假如是這樣的話，誰要負責塑膠跑道——會場方面、車商，還是你？這會形成一筆花費嗎？或許會場方面會希望你把車子給「包」起來，以防汽油漏在地毯或地板上。如果真的造成損害了，會向你要求賠償嗎？你會需要買個保險來保護自己嗎？跟會場負責人詳細討論關於賓客蒞臨部分的事項，看看他們能提供你哪些協助，而你又會需要在何處需要額外協助。你要怎麼處理這種協助呢？

　　你會被要求只能找特定的供應商嗎？你會請工會協助，或工會本來就有提供協助嗎？合約上會載明某些要由你買單的額外津貼，像是員工餐點之類的嗎？找出你需要負責的每一件事情。某間活動企劃公司低估了工會方面在某間飯店中移入與佈置方面，高達10萬美元的支出。這個教訓不但令人心酸而且所費不貲，而且還能確實地讓你的客戶、你跟你的公司名聲掃地。

　　要注意到在今日，某些會場已經以某些贊助者之名來命名了，在這種情況下可能就會對於該贊助商的競爭對手及其產品，在該會場公共區域甚至是私人空間的展示造成限制。如果某間競爭對手的車商正好是會場的主要贊助商之一，還享有冠名權的話，那這個問題就也可能出現在把車子放置於賓客蒞臨暨報到區的展示部分。

 對於你希望在賓客蒞臨時所製造的效果部分，電力方面會有什麼要求嗎？

　　事先就要瞭解你的電力需求。在某場募款活動上，企劃人員決定

要在賓客蒞臨區舉辦靜默拍賣會，然而該區域並不在活動物流與整體電力規劃的範圍內。因此在佈置時，他們浪費了無數時間來回奔波買延長線，以及變更現有配置以符合其電力需求上。因此最好事先設想會用到哪些電器產品，而抵達、報到或其他主要活動區域的插頭位置在哪裡。

電力供應足夠嗎？你需要備用發電機嗎？你需要聘僱專業的電力技師嗎？會場方面有這類人員嗎？你會受限於會場要求，只能使用某些特定公司的產品嗎？

當你在國外舉辦活動時，記得要事先瞭解當地的電壓及其插座規格為何。舉例來說，北美的產品在歐洲是不能用的。千萬不要以為你只要攜帶自己的道具和裝飾品就可以了。70年代主題派對用的熔岩燈可不是在每個地方都會亮。確認、再確認。隨著今日的科技需求與用途，你必須瞭解所有電力相關的需求，不僅是要符合活動內容的需求，也是為了出席的賓客著想。

Q&A 電力方面的花費是多少呢？

有哪些支出是你要提前支付的呢？例如安裝設備的工資。而又有哪些花費是在活動結束之後才要付費的呢？好好閱讀一下合約條款吧。對方可能會說電費要根據你的活動實際用電量來計價。向會場方面要求類似活動的電費預估單；你必須把這點納入預算計畫的。為了獲得更精確的數字，你必須知道何處、何時，以及需要用到多少纜線與電集棒。

Q&A 有任何必須被納入預算的額外支出嗎？

這部分的重點在於到處去問。如果你會用到像是室內或室外的煙火、雷射、紙花或雪花之類的特效，其花費是如何呢？需要添購何種保險以保障出席者的權益，一如保障會場設備可能遭受的損害呢？清理部分或主要工作人員需要付費嗎？舉例來說，假如你要施放煙火的

話，誰要負責消防單位或是請專人來監控火勢的費用呢？（註：施放地點的考量是基本功課！）

Q&A 供應商的物品運送、設置與拆卸方面會需要何種許可呢？

這部分也是要納入預算考量的。卸貨地點可能會跟豪華轎車的停車地點不同，而兩者都需要許可。如果供應商的卸貨時間正好遇到交通尖峰時間的話，你或許也需要自己安排額外的交通管制措施——與活動部分的交通管制不同。舉例來說，你可能要把會場內的現有器具移除，搬到大貨車上暫時儲藏，開到鄰近地點等待活動結束。除了這部分可能會需要許可外，讓供應商停車卸貨的地點同樣也可能需要許可。當然，這要看會場的特性而定。

Q&A 有必須遵守的安全或消防法規嗎？

確認你已經熟悉建築物室內或室外的所有相關法規。

某場很轟動的名人活動中，許多媒體都在現場等著拍攝賓客蒞臨的瞬間，然而為了取得最佳角度而深入車陣的行為會造成危險，現場於是找來警察並在下車處跟媒體區之間以路障設置緩衝區以維護安全。設置路障的行為就需要取得許可。

Q&A 會有任何區域、噪音、時間或其他管制而對活動造成影響嗎？

當地的自治條例與其他法規會限制你的活動嗎？會場內外也在這些自治條例的管轄範圍內嗎？會有時間方面的管制嗎？可以在會場外頭播放音樂來迎接賓客嗎？樂團可以演出到多晚？音樂可以放多大聲？有音樂類型的限制——像是可以放硬式搖滾，但古典樂卻不行嗎？在飯店，如果你打算辦一場泳池畔的派對，可能無法超越指定的

時間，因為會打擾到其他賓客的安寧。可以展示什麼，而什麼又不能呢？你可能沒辦法獲得允許在會場外頭掛橫幅或展示公司產品。某些有企業掛名贊助的會場是不會接受競爭對手入內的，而且對方可能還擁有其公司產品的長期展示權。

報到：賓客通關與取票

現在賓客已經抵達，也體驗過歡迎儀式了。所有小客車、豪華轎車或巴士也都停好了。員工正在待命、指引賓客前往衣帽間或廁所。員工們可以藉由其制服、寫有姓名的名牌或掛在頸上印有標誌的通關證而輕易的被辨別出來。下一步就是賓客們的報到啦。此刻他們會出示其活動票券或貴賓證，讓自己的名字在賓客清單上打個勾並換取證件，或是前往飯店的私人報到櫃台進行登記並享受一點輕食。

如果你的活動是募款拍賣會類型的話，可能還要另外設一張桌子來登記賓客們的信用卡資料，作為稍後的拍賣之用。該處的員工如果不是安排專業的、熟悉情況且通曉這類活動之人的話，你就等著迎接一堆問號跟大排長龍吧。相同道理也可應用在飯店會議室或會議中心的報到流程。信用卡資料一般來說是用於個人雜費、稅金與行李搬運費之用，主要支出還是會直接寄到總帳戶中。這部分通常是由專門處理團體衛星報到（satellite check-in）的飯店員工來負責。

當你開始規劃活動時，思考一下抵達部分會有哪些需求。要準備多少桌子，以及是否需要桌巾等裝飾呢？座椅部分呢？你會需要安排電源插座與電話線，以利電腦或信用卡作業嗎？展示用桌子是否也需要電源插座呢？需要準備多少延長線？線要多長？還是會場方面會提供呢？

這些裝備要付費還是不用錢呢？你需要自己準備嗎？該區域的照明良好嗎？不只一個出入口嗎？

　　在某場募款活動上，活動企劃人員很明顯的忽略了會場有兩個出入口的事實。有的賓客沒經過報到程序就直接進到會場，而該入口處也沒有設置人員負責引導賓客前往報到。這就是你務必要牢記在心的負面教材之一。

　　當賓客們完成報到後，會發給他們節目單、樓層圖、座位表或資訊手冊嗎？你需要準備一張桌子來放這些文件，並且將庫存置於其下嗎？你會需要用到畫架來放置標示嗎？會用到旗幟嗎？會需要電話、電腦用的電源插座、拿來放媒體器材或是伴手禮的桌子嗎？纜線可以兼具雙重用途嗎？舉例來說，當所有賓客都已經完成報到後，報到桌能夠改成用來展示伴手禮嗎？並非所有會場的設備都是一樣的。也不見得都能隨時提供足夠的桌椅與其他器具。更重要的是，不是所有會場都會免費幫你備妥，以及在沒有事先申請的情況下於活動當天安排自己的員工來協助你的活動。

報到Q&A

Q&A 桌椅、舞台與其他活動元素與空間所需的理想配置為何呢？

　　從藍圖或平面配置圖著手，一般來說你可以向會場方面免費索取紙本縮小版或是以電子郵件寄送。

如果你拿到的是原尺寸的藍圖，有些印刷廠可以提供縮小服務。當你開始要規劃預定的空間安排時，記得要多印幾份——給你自己和供應商。

TIP

某些會場，像是飯店和會議中心，可以提供在你完成包括桌椅、舞台等物件之後的平面配置圖。這有助於你能夠更明確的判別情勢。舉例來說，你可能想把舞台移到更中央的位置，佈置3個舞台區或是架起大螢幕進行現場直播，以便讓所有人都能知道舞台上的現況。

> 避免把舞台設置在場地的某一端，否則賓客們會看不見被擋住的那一端。
>
> **TIP**

把所有事項攤在紙上審視，可以幫助你決定何種設計方式能最有效地達到你的需求。當你開始專注於一開始的規劃需求時，確定好其內容能完全配合會場提供的空間。理想中的景象跟實際狀況並不總是相互一致。想一下場地要怎樣進行最佳安排才能避免動線堵塞。會需要多少桌子，而其規格是要1.8米或2.4米，長方形還是圓形呢？又會需要多少椅子呢？

Q&A 桌椅是免費提供的嗎？

會場方面不可能無限量提供桌椅，也不見得每個會場都是免費提供。記得要跟對方詢問所能提供的最大數量，以及是否要付費，然後趕快預約你要的數量。另外要記得檢查桌椅的狀況。

Q&A 所有的桌子都會免費提供裝飾服務（桌面鋪桌巾，桌腳穿桌裙）嗎？

並非每個會場都會提供全套的桌子裝飾服務——可能只有鋪桌巾，讓桌腳露出來——甚至有可能是採取收費才有服務的方式。如果你是自備裝飾品的話，會場方面或許會對於桌子該怎麼裝飾有相關規範——不准用大頭針、釘子或膠帶。你也必須瞭解桌子的高度，以

便確定要訂購與使用何種規格的迴紋針，因為如果不小心讓桌子受傷了，你就等著付錢吧。你需要買有理賠會場物品損害──例如座椅斷裂、展示品裂了或絲質壁紙破個洞──的保險嗎？

Q&A　桌子的裝飾部分可以選擇顏色嗎？

如果會場方面有提供桌巾與桌裙的話，瞭解一下有哪些顏色可選。運氣好的話你就可以免費用到主辦企業的代表色或是活動主題的代表色。某間公司的代表色是紅、白、藍，而飯店方面正好有這三種顏色的桌巾與桌裙。因此不但讓活動會場增色許多，完美地呼應了公司的印刷品與旗幟，更重要的是不必額外付費。

Q&A　桌子裝飾物的狀況良好嗎？

不管這些東西是借來的還是租來的，你都要確定它們上頭沒有什麼被煙燒穿的小洞、髒污或明顯的補丁。這點在工作表中關於需求的部分要特別明確的標記出來。當你在進行場勘時，要留意會場方面使用中的桌子裝飾物狀態。如果你不滿意其品質與狀態的話，可要求會場方面進行更換，或者乾脆自己去商店租借。當然這要在你的預算中加一筆。另一種可行辦法是拿其他五顏六色的裝飾布或長布條蓋上去作為補強。裝飾布是一種各種對比色集合的拼貼桌布，而長布條則是長條狀的桌布。舉例來說，以黑色和金色為主題的活動上，你可以在桌面上以黑色為主色，輔之以長條狀的金色薄布。

Q&A　你需要多少椅子？會場方面會免費提供，還是要收費呢？

如果你正在評估的話，記得要仔細計算所需要的椅子數量。會場方面會提供標準的宴會椅，還是只有又大又重很難搬動的椅子？重椅子放在報到桌時會有問題，因為會很難迅速移動。

再次提醒，不要自己假定會場方面會有充裕的椅子數量，而且也不見得是可以拿上檯面用的椅子。舉例來說，劇院可能只有少數幾張

椅子，作為經理與引座員的休息之用。其數量可能還不夠佈置一個報到櫃台，而且可能也無法配合活動需求，狀態也不是很良好，這點在你選擇的是老舊會場時特別容易出現。

Q&A　你會需要展示架或圖架嗎？

標語部分是活動中的一個重要面向。你會需要準備多少標語或海報？它們需要放在架子上，還是可以獨立佈置呢？其中有需要用懸掛的嗎？它們是標準尺寸還是有各種不同的大小與形狀呢？

Q&A　展示架是免費的，還是要付錢呢？可以保留的最大數量是多少？活動掛圖方面又是如何呢？

要事先瞭解到有多少可用的展示架與活動掛圖數量。會場方面會有其他活動同時舉行，並且把會場能提供的物品搶得一乾二淨嗎？展示架是免費的嗎？如果要付費，是如何計價呢？你有打算跟外面的廠商合作，自己另外租展示架嗎？

在報到與會議部分，活動掛圖是很常使用的道具。包括活動掛圖本身、便條紙與馬克筆都是可以租的。把這些都加到預算中吧。

Q&A　展示架的狀況如何？

全部的架子都很類似，還是說彼此造型很不搭呢？它們是又破又爛還少了些零件嗎？它們是只需要稍微修整一下，還是已經無藥可救，只能換新的呢？架子的尺寸跟你的標語能配合嗎？

Q&A　現場會有旗幟嗎？現場可以展示旗幟嗎？安裝與拆除的花費是多少呢？

如果會動用吊車與最低三或四小時基本工時的話，安裝與撤下旗幟的費用可能就不是個小數目了。事先找出這些花費，並且納入預算中。旗幟的尺寸有多大呢，可以掛在哪呢？旗幟表面需要裁些風孔讓

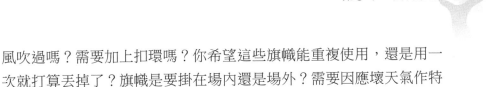

風吹過嗎？需要加上扣環嗎？你希望這些旗幟能重複使用，還是用一次就打算丟掉了？旗幟是要掛在場內還是場外？需要因應壞天氣作特別處理嗎？這些都會影響到你所採用的材質。

Q&A 　牆上會需要掛或貼東西嗎？而會場方面會允許你這麼做嗎？

　　詢問會場是不是能在牆上掛或貼東西是重要事項之一。在五星級的飯店中，特別是餐廳與私人會場部分，通常會得到不行的答案，而你就必須另謀出路來展示你的物品。在藝廊展覽區中，畫作經常是藉由固定在天花板的鍊子懸掛起來、用S型掛鉤掛在牆面造型的凹凸處、放在大型木架上，或是跟其他家具共同形成一件藝術作品，也增加畫作本身的質感。標語可以製作成能獨立放置的樣態、家具或小道具可以用租的，而牆面則可以整個用布料或其他東西覆蓋過去，如此一來就能夠改變場地外觀，並且讓你想在牆上做什麼都可以。以藝術主題為例好了，標誌可以配合巴洛克式的畫框 —— 跳蚤市場找得到這類噴過漆的畫框 —— 來製作，然後掛在牆上。輕食部分可以安排各種顏色的小點心放在調色盤內供人取用，一旁則是放有使用過筆刷的桶子，筆尖則漆上相應的顏色。想想與眾不同、能夠引人注意的巧思吧！

Q&A 　會場方面有提供延長線嗎？需要付租金嗎？安裝延長線會有相關管制嗎？

　　這些東西不見得都能免費借用。你要知道的是所需要的長度與數量，以及如何將它們做最妥善的安排。記得在活動前先測試一下。用膠帶把線捲成一塊，以免有人被絆倒。找找看有沒有跟地毯顏色差不多的膠帶，比較能夠藏於無形。找出會場方面對於膠帶的使用是否有相關限制或其他具體要求。為了保險起見，會場方面可能會要求由其員工進行延長線的安裝與收納，以符合會場方面的規範。

Q&A 你對於電話、手機、黑莓機與無線電等通訊方面的要求呢？

　　你可能會需要安裝電話線。千萬不要只靠手機、黑莓機或無線電，因為可能會遇到室內收訊不良的狀況。在每個會用到手機與無線電的區域都要測試一下。而且甚至有可能會出現測試時沒問題，但真的需要用時卻被附近活動影響到收訊的麻煩事。如果可以的話，不妨試試看各式機種，以確定何者在何處運作最良好。

　　確認你有準備足夠且充飽電、可以持續二十四小時或以上的備份電池，至少從佈置到拆卸階段都要夠用。而且要知道、一定要知道的是，當有人看到你在講手機時，過不久就會排出一串人龍等著跟你說「借我打一下」或「講點事就好」──然後你的電池就這樣沒電了！有的人就算自己有帶手機，還是會跑來跟你借，因為他們不想耗費自己手機的電力或通話時數。所以，除了要準備許多備用電池之外，還要練習會說「不方便」。留意一下公用電話在哪裡，並且隨身攜帶足夠的零錢，這比你把手機借人用要節省多了。記得要面帶微笑的跟他們說你的手機電量不足，不過附近就有公用電話，要是他們沒有零錢的話，來！給你！（跟飯店內的禮品店或退房櫃台不同，其他會場像會議中心之類可能不會有讓你能迅速換零錢的地方。）

Q&A 電話安裝、長途電話、手機、無線電與電池部分的花費是如何呢？每日平均花費多少？每通市話又是多少？安裝電話時要注意哪些問題呢？

　　大部分的飯店和會議中心都會對於安裝電話的行為收費。電話可以限制為只能撥市話，減少賓客們使用所造成的支出。大部分的電話都是不需要接插頭與可移動的，這點在你離開桌子時很重要，如果你要離開比較長的一段時間，電話也可放到安全的儲藏室內。瞭解一下是否每通市話都要付費、費率多少，以及你是否在預算中規劃每日平均的預估花費。

你會有任何特殊的電器需求，像是電源插座與電腦用數據機嗎？

　　列出所有你能夠使用電源插座的區域。要清楚地瞭解到你在何處會需要用到這些設備，以及整體而言你會需要多少數量。記得要在平面配置圖上標出電源插座的所在地點。一項一項地全面檢視活動基本元素，以決定真正需求為何。在接待處演奏的音樂家會需要用到插座嗎？攝影師會因為照明與其他裝備而需要用到插座嗎？吧台酒保會供應冷飲嗎？如果會的話，要準備多少台攪拌機呢？你會自行準備冰淇淋製作機嗎？它又會被放在哪裡呢？那邊會有插座嗎？平均每個人會用到多少插座呢？千萬別等到活動當天才發現現場沒有足夠插座，而在急得焦頭爛額。

　　一旦清楚了所有電器方面的需求，下一件要知道的事情就是假如所有器具都會同時使用的話，會場方面是否能供應足夠的電力。再者，是否會場方面不只能應付你的活動需求，同時還能處理於同一地點舉辦的其他活動的電力需求呢？為了讓活動開始運作，你可能會需要用到所有的電源插座，但會場方面能負荷如此龐大的需求嗎？務必要在規劃階段時就知道這項問題的答案，而非等到活動當日。會場方面曾有過斷電的紀錄嗎？他們是怎麼處理的？有備用發電機嗎？你需要自備嗎？會場方面已經對於其電力負荷量做過精確的評估了嗎？如果你的活動是在私人住所舉辦的話，對方會提供保險絲、蠟燭與手電筒嗎？

　　在某間位於加勒比海的渡假村，當他們遇到一次無預警的斷電時，渡假村的員工立刻進行危機處理。短短幾分鐘內，員工們就靠著蠟燭點亮了會場，並且還有足夠的份量分發給賓客，讓他們可以自行回到客房。這些員工訓練有素；他們都有一套工作行動計畫，讓他們知道遇到類似情況時該如何應變。

📋 賓客蒞臨檢核表

√	評估所有的賓客蒞臨與停車需求，以及個人與團體於活動當日的抵達方式選項。
√	訂出壞天氣備案或是解決必要的法律問題，像是入口步道上搭帳篷、鏟雪、各種許可、人潮管控、指揮從下車處或停車處至入口部到交通的非值勤警察等。
√	決定要使用多少入口，以及採取主要報到區域或各入口皆設櫃台，而又該如何處理賓客報到流程。
√	設計蒞臨時的歡迎方式，並且為稍後的活動定調。
√	瞭解供應商的需求為何，像是電器需求、佈置與拆卸的時程安排、物流、許可與法律問題等。

第6章

會場需求

　　在確認會場是否有空檔之前，先瞭解活動的所有需求是你該做的基本功課。有些乍看之下能夠完美配合的事項，在你對所有需求進行一番審視之後，往往都會變得不適合。好好研究一下你的期望清單，然後確認哪些部分可以妥協，哪些不行。要時刻牢記在心的是你所期望的感受。你要讓活動充滿著強健的活力，然而當場地太過狹小，或是人們過於擁擠、太熱與不舒服時，你是無法達成這個目標的。此外還要留意場地是否適合輪椅行走。

　　主要焦點都在場地上，或是打算舉辦活動的空間問題，但同時也要留意供應商（裝潢、娛樂、餐飲、花藝）的移入、佈置、彩排、拆卸與搬出的時程安排及物流需求，會場本身跟所選定的活動場地同樣也要能夠予以配合。舉例而言，假如你打算架個大型舞台並策劃影音表演的話，那麼視聽公司和舞台佈置公司可能就需要相鄰的空間來進行移入與佈置，但活動執行期間則不需要，此外你也可能需要找出該空間從一開始進行作業時的開放與關閉時間。又或者，你所選擇的娛樂節目，例如像是馬戲團之類的表演團隊，可能會要求活動會場具備廣大的儲藏空間用以存放各種道具、兩個或以上附有水與鏡子的更衣室、天花板上配有繩索器具，以及針對鋪設特殊地板的預備措施等。

空間需求

當你在選擇用來舉辦活動的空間時，你需要考慮如下事項：

• 地板上、牆面上、天花板、後門等部分有什麼東西。
• 門的寬度，天花板高度。
• 視線。
• 是否有用到空氣牆，如果有的話，工作人員要如何操作以及要用多少時間進行開啟。

- 隔音設備、空間傳聲效果。
- 空間容量以及消防法規。
- 會場使用條款與保險需求。
- 供應商於活動當日的空間需求，以及在移入、佈置、彩排、拆卸與移出時的空間需求。

在開始研究會場及其空間是否有空檔之前，必須知道來自於客戶、供應商、賓客方面對於空間及場地所有可能的需求，一如會場工作人員和你自己的工作人員的需求（例如，專屬於活動企劃人員的用餐區域之類）。

🗒 空間需求Q&A

Q&A 該空間有鋪設地毯嗎？需要鋪地毯嗎？有其他的選項嗎？

可別認為所有飯店與會議中心裡頭的每一個工作空間都有鋪地毯，因為情況並不總是如此。當你向對方詢問此類問題時記得要確認一下。地毯可以用租的，但務必要先瞭解會對預算造成怎樣的影響——這可不便宜。對於某些主題非常特別的活動而言，你還可以訂做能夠配合活動風格的特製地毯。舉例來說，某場新車發表會打算將宴會廳的地毯改成高速公路樣式（黑底配合高速公路圖樣），然後將車輛沿著高速公路兩側，展示於各種不同的場景上。至於以海灘為主題，在製片廠或甚至是宴會廳舉辦的派對，則不妨在既有的地毯上鋪上一層塑膠，然後在上頭灑沙子。特殊照明也可以讓地毯變身。

Q&A 會設置舞池嗎？

如果你打算設置一個舞池的話，它的規模要多大呢？需要能夠容

納多少人數呢？所有賓客會一起下去跳舞，還是一次只會有差不多一半的人呢？總之，舞池中每人所占面積至少要0.3平方公尺，而樂團的每個成員含配備則需要1.8平方公尺，因為後者移動的影響範圍比純跳舞來得大。

特製的舞池可適用於特別活動或主題派對。你可以請人手繪以配合主題，然後挑選合適的裝飾物。舉例來說，在婚禮上，你可以讓新人先亮相，而公司標誌則是透過特殊剪裁的光束投射燈在舞池上熠熠生輝，或者把舞池弄成一場巨大牌局，參與者就是牌局的一部分。若是迪斯可主題的派對，你甚至還可以把舞池弄成五彩繽紛的樣子。在此部分，你只會被想像力和預算限制住。

Q&A 所考慮的會場有常設性的舞池嗎？

很有可能只是你沒看見，並不代表會場沒有。有時候會場自建的舞池是藏在一塊可以升降的地毯下。確認一下該舞池可以容納多少人，以及外形如何。舞池的保養狀態良好嗎？

Q&A 舞池需要付租金嗎？而佈置與拆卸舞池的工資又是多少呢？

瞭解一下是否需要任何費用。有的話就把這筆支出加到預算裡頭吧。跟之前提過的相同，如果舞池是一定要有的活動元素的話，你就必須跟舞台、視聽與照明等部分協調佈置的時程安排。

Q&A 你會在場內設置大型展示區，譬如汽車（有時會出現在募款活動）嗎？從卸貨區到展示區之間的通道，可以讓大型物品暢行無阻嗎？

務必要根據平面配置圖進行動線規劃，以免造成任何堵塞。你有為侍者們留下一條不受阻礙的通道嗎？他們可以輕易地立刻出現在展覽品周遭嗎？確認一下所有通道的寬度與高度。它們上面的雜物是否都清空了呢？展示品能否順利通過？

Q&A　宴會廳的門寬足夠讓大型物品，像是車輛等進出嗎？

　　如果你在這部分遇到任何困難的話，乾脆直接把宴會廳的門給拆了吧，當然一般來說這是需要一筆工資的。查詢一下這要花多少錢、耗時多久以及是否有任何限制。要移動大型物件，有時候可能必須經過不在活動範圍內的宴會廳某部分區域。你要確定的是這些區域在這段期間是否有其他用途，以及找出最適合移動大型物件的時段是何時，以避免干擾到舞台、視聽與照明的佈置作業。

Q&A　地板能承載像車輛之類的重物嗎？

　　詢問一下會場管理單位，地板是否能載重。例如，搭建在樂池上的舞台可能就會有這方面的問題。這種地方可能沒辦法撐住一輛車，因此瞭解一下是否有類似這種值得注意的區域。

Q&A　與空間規劃相關的消防及安全法規為何？

　　消防逃生門在哪裡？清楚易見嗎？有被管線或帷幕等物體遮蔽嗎？如果有的話，你就必須設置明顯的指示標誌。確認你符合所有消防與安全的相關法規，否則你可能就會面臨被政府管理單位強制結束或買不到保險的狀況。

Q&A　空氣牆準備就緒了嗎？它會需要在任何地方都能打開嗎？

　　有時候你可能會把活動的某一部分選擇在場地的某一角舉辦，另一部分則在另一角。如些區域是相鄰的話，你就必須知道空氣牆——也就是區分空間的工具——是手動的還是自動的，以及假如你會將其開啟以便賓客們通行的話，空氣牆的開與關又會需要多少時間呢？誰要負責操作——是你或你的員工，還是一定要會場方面的人員呢？這些人員適用工會的法規嗎？跟負責處理的營業經理討論一下吧。

Q&A 會考慮使用特效嗎？

關於室內煙火、雷射、乾冰或其他特效部分，有任何的限制法規嗎？有什麼物品是一定要能防火的嗎？你需要什麼樣的保險呢？所有預定要使用的物品都符合消防與安全法規嗎？需要取得什麼許可嗎？跟會場管理單位、當地消防局，以及特效處理公司討論一下吧。可別只接受單一意見，自己該做的功課不能偷懶。一定要清楚瞭解所有已經完成的事項，以及你跟你的供應商之後需要完成的事情，並且確定這些都有符合消防單位的要求。某間活動企劃裝潢公司訂購一批布料作為某種特殊的阻燃劑之用，並且還擁有書面文件作為他們為了此次活動花費數千美元添購這10匹布料的證明。然而當消防單位在公司開始佈置活動時就這批布料進行檢測，它們卻在火焰中爆裂成了碎片。剩下的四分之一倒是安然度過檢測。消防單位很有可能會強制結束這場活動，但幸運的是，他們說：「繼續進行，小心點就是了；叫員工在附近準備應變，然後不要再找這間公司負責防火事項。」

在另一場活動中，一株小型的聖誕樹被擋在會場入口處不得其門而入，因為消防局告知說易燃材質的物品不准進入室內。當他們堅持並抗議說聖誕樹並非易燃物時──然而沒有任何證據可供檢驗──消防人員便直接拿出打火機燒燒看，然後巨大火炬就出現了。這故事告訴我們，消防局是很盡忠職守的。

Q&A 關於電源插座、彩排時間、音效檢查、化妝室、用餐與休息空間等方面，表演者會有怎樣的需求呢？

為了避免活動當天可能出錯，務必要確定每件事情都已事先檢測過，並且符合相關的安全與保險需求。場地的音響效果可以嗎？確認該空間的佈置有達到表演者的需求，其相關花費也要納入到預算中。

Q&A 場地會如何佈置呢？

食物方面是以自助形式、飲食區還是分盤送上的方式提供呢？人

們是站著還是坐著？會四處安排座位嗎？活動是在單一空間還是好幾個場地同時舉行呢？可以吸煙嗎？有預留吸煙區嗎？可以設置吸煙室嗎？場地或會場方面能讓輪椅通行無阻嗎？

Q&A　會場方面還有其他預定跟你的活動在同一時段舉行的事項嗎？

有其他活動是跟你的活動同一時間舉行的嗎？它們預定開始與結束時間是何時呢？其中會有可能對你的活動造成噪音、干擾或堵塞等影響的中場休息時段嗎？這些活動會在哪裡舉辦？它們的移入與拆卸會在你的活動進行中開始嗎？你可不希望在你致詞時外頭傳來敲打聲和鋸屑聲、會場門外有群人正在進行中場休息的茶點時間，或是更糟的是，跟你的活動休息時間同時進行。這可是會導致動線堵塞，以及讓附近的洗手間出現排隊人潮。會有人跟你的移入與佈置在同一時間進行嗎？你們雙方都會需要用到起重機或其他會場方面提供的設備嗎？你有檢測過房間的隔音效果如何了嗎？同一時段有其他同類型的活動，或是其他競爭對手舉辦的活動也在舉行嗎？記得向會場管理單位隨時更新情報。

> 在某場新品發表會上，其他競爭者也在同一間飯店待命，試著潛入位於宴會廳的會場。然而宴會廳門口從佈置階段起便設有保全監控，確保只有經授權的相關人員才能進入會場。

舞台佈置、視聽設備、照明

在開始尋找理想的活動地點前，要做的就是思考空間與會場的所有需求。舉例來說，如果你正在規劃一場1,000人左右的活動，考慮可以供1,000人入座享用晚宴，並設有背投式螢幕（它可營造簡潔又

專業的觀感）的宴會廳，那就會需要更多的空間。螢幕後方至少要有5.5米到8米的空間來架設投影設備，這就意味著你會少掉大約250個座位與賓客。在這種情況下，你可能要放棄這個想法、減少受邀賓客人數或改找更大的場地。計畫中有設想到視聽公司在場地前排的佈置問題嗎？你會用到隔音室、翻譯室、舞台或舞池嗎？上述這些東西都會占去不少座位空間，一如某些食物、飲料和娛樂設備。舉例來說，餐飲部分的設置會用到飲食區——雙邊設計以提高使用效率——或吧台嗎？而你的娛樂活動會需要特別處理，像是為了營造馬戲團效果而在天花板設置繩索吊點嗎？

讓可以容納10人的桌子坐8人（12人座坐10人）多點呼吸空間，會比為了省點錢而把桌子塞滿，讓大家人擠人要好得多。記得不要讓桌子之間的距離靠太近，讓人們可以在其中移動自如。但你也不要弄成另一種極端——在浩瀚的空間中只有幾張桌子。那麼你就會再一次地讓會場毫無生氣。你要做的是讓人們很舒適地填滿會場、充滿活力與生氣。如果只能選一個的話，寧可選擇空間太大也不要太小，因為裝潢、照明與特效會壓縮空間的大小，只是假如你有錢在照明與特效方面做這些不必要的支出的話，何不把錢拿去增強活動體驗？

照明可以很有效地創造出氛圍，或甚至是在活動過程中變換氛圍。照明可以用來增加戲劇效果。策略性地安排低度照明、看似專業外觀的電池蠟燭或明火蠟燭（如果可以的話），便可以用極少的花費打造出相當好的效果。配有各種色彩膠片的水底燈與鏡面球同樣也是物美價廉的視覺效果道具。

唯一能對照明效果造成限制的就是預算。你可以來個雷射秀作為活動結尾，把燈光投射到桌子上、讓會場整個沉浸在不斷變換的顏色中、藉由特製的光束投射燈映照出訊息，或是把活動訊息和企業名稱投射到牆上或舞池中，可以是靜態呈現或繞著會場轉圈圈。在某場活動上，天花板以懸掛些微布料的方式裝飾，然後打上閃爍的微光以營造出星空的特殊照明效果。還有許許多多創意的點子等你去發掘。

某間公司在賓客蒞臨時，藉由移動光束投射燈而創造出創新的視覺效果。光束投射燈是個不貴、有趣且能創造戲劇效果的照明相關道具。如同之前所提過的，光束投射燈是一種以金屬或玻璃上裁切出剪影圖案，然後放在固定光源（聚光燈）前，將影像投射至任何表面（可以是牆面、舞池、天花板或帷幕）。你可以將其用於靜態的標誌上（保持固定不動），這並不會造成什麼花費，或是將其用在動態的固定照明上（繞著場地轉圈圈），這種做法當然就貴得多了，又或是投射在通往宴會廳的走道上，這就是上述那間公司的作法。這種效果是令人擊節讚嘆，卻不會花到什麼錢的。照明可以在不增加大量花費的情況下增添奢華感，也能在整晚的活動中隨時變換以改變會場氣氛，甚至還能在夜晚的活動中營造出從白天到黑夜的感受。

假如你需要舞團用的舞台、特殊照明與視聽設備的話，務必要記得讓這些項目的技術總監在簽約前一同參與會場的選擇與討論。房間高度、樑柱位置、燭台、卸貨區通道、電梯大小等等，這都會影響到預算。只要能夠事先獲得相關資訊，你的舞台、照明與視聽供應商都是能提供省錢方案與創新選項的。

要考慮的不只是空間需求，還有時間需求。在你開始行動之前，思考一下舞台、視聽與照明在移入、佈置、音效檢測、彩排與拆卸部分會需要用到多少時間，以及要如何跟裝潢、餐飲與其他供應商的移入、佈置以及拆卸和移出進行協調。

空間需求

活動類型	需要的空間
雞尾酒招待會	每人0.75平方公尺
有餐飲區的雞尾酒會	每人1.1至1.4平方公尺
入座晚宴	每人1.85平方公尺
舞池	每人0.28平方公尺
	樂團每件器具1.85平方公尺（含移動空間）

　　記得要思考一下何種空間是與活動基本元素相關且必要的。音樂家需要更衣室或休息室嗎？你自己或是供應商會用到儲藏空間嗎？簽約之前先審視一下整體圖像，並找出作業時是否會有時間與空間其中之一不足的情況。

　　以及不要忘了假如打算在飯店或會議中心舉辦活動的話，你必須知道你的預約時段之前有誰。接著進行包括下列事項的討論：

- 對方何時會開始拆卸與搬出？
- 對方的拆卸與移出內容為何？
- 對方可能會出現遲延嗎？
- 你何時進入場地？
- 還有誰會跟你在同一天進行移入與佈置？
- 時程安排上會出現衝突嗎？或是會與競爭對手的活動打對台呢？
- 在你活動舉行的當下，還有什麼事情是預定在同一時段舉辦的呢？對方排定的開始與結束時間為何呢？
- 其他活動會因為安排了休息時間，導致你的活動可能被噪音干擾或動線被堵塞住嗎？你必須據此調整你的時程安排。

　　如果你只會用到宴會廳的某個區塊的話，記得要把場勘的時間訂在整個宴會廳都閒置的時候。把空氣牆安裝就位，然後找個人去鄰近區塊進行隔音測試。在某間五星級的豪華飯店中，隔間牆的檢測結果是你可以聽見隔壁傳來的每一個字。因此，最後的合約上便載明了活動期間隔壁的空間必須保持無人使用的狀態，以確保不會有其他音樂、演說或噪音的干擾。大部分飯店並不會有這種問題，但只要你碰上一次又沒有注意到的話，後果就難以挽回了。

　　還有其他的噪音因素是需要考量的嗎？還記得之前提到那場在洛杉磯劇院舉辦的新車發表會的例子嗎？劇院的空調出風口需要轉向，或是把燭台移掉，如此水晶燭台發出的叮鈴聲才不會干擾到演說。你有遇到任何噪音方面的干擾嗎？

天花板高度、樑柱或懸吊式燭台這些東西會對視線造成影響嗎？它們可以拉高或移除嗎？而又需要多少花費呢？燈光可以轉弱嗎？窗戶有窗簾嗎？要是有進行視聽活動，窗簾可以完全遮住光線嗎？

消防逃生門的問題呢？它們必須保持暢通，不能有雜物堵塞或上鎖。如果它們被帷幕擋住的話，消防局可能會要求你至少讓指示標誌明顯可視，以及不要讓帷幕阻礙到逃生門的開啟。

空間規劃呢？能夠佈置出讓會場不會出現「爛座位」的舞台嗎？電視螢幕或大螢幕可以懸吊起來，以便不管距離多遠的人都能看見舞台上正在發生的事或實況轉播嗎？負責實況轉播的攝影機能夠把正在進行的活動投射到電視螢幕上，或是放映會場內任一角落的行動嗎？這就是你在頒獎典禮上看到的，攝影機鏡頭對準參與者，拍下得獎者從台下走向舞台的過程。燈光可以吊起來嗎？投影機可以吊在天花板上嗎？天花板上有供懸掛的位置嗎？這些都是當你在選擇會場時所要考慮的事項。

不厭其煩地再次提醒，你一定要以詳細的平面圖為規劃基礎。請會場方面根據你的需求提供一份佈置圖。如果對方沒有平面圖的話，那就把場地的原始藍圖拿去複製並縮小到可以使用的尺寸。

然後也要持續注意工資問題。會有最低限度的負擔，像是三或四小時的最低工時要求嗎？最低要求意味著不管工作內容為何，你就是要支付至少三或四小時的工資。加班部分也要留意。會有哪些事情動用到假日或週日而符合加班規定呢？加班費是一般工資的1.5倍或者有其他規定嗎？這些支出都必須納入你的成本考量中。

> 假如你打算在活動上做實況轉播的話，讓攝影師們知道重要貴賓坐在哪裡是很重要的。準備一份座位表和活動中舞台部分的詳細流程圖，讓攝影師何時與何處要把鏡頭移到何處。
>
> **TIP**

舞台佈置、視聽設備、照明Q&A

Q&A 會場是工會的成員嗎？這會對你的計畫有怎樣的影響呢？會導致額外的成本支出嗎？如果會場是工會成員，其成員契約何時到期呢？

務必要瞭解到勞動條件會對你計畫的所有面向造成怎樣的影響。成本方面的變動呢？你需要符合何種相關法規？確認有跟工會人員討論過你的計畫，以免出現本應在一開始就納入預算，結果卻變成預期之外的支出。在你遞交預算書或提案前，記得要算進所有的工資成本。假如你只是根據一般工時去計算工資，而沒有考量到最低工時限制、加班費與供餐費的話，支出會變成怎樣呢？這可是會對預算總額造成數以千計美元的差異，甚至某間公司還因此多付了10萬美元。

告知工會人員你打算做的事情，然後請他們提供一張評估單，內容包括會用到多少人跟多少時間，以及含工作人員的餐點在內會需要多少花費等。所有項目都必須詳細地以正式的書面形式送達給你。確定好你所合作的視聽公司內有曾與屬於工會成員的會場共事過的技術指導，以及此人能夠按表操課，確實執行所有休息時間，並且讓每個人都能在四小時內準時散場。要不然，你就等著付加班費吧。至於非工會成員的會場，和對方的管理單位一同詳細審視你的計畫，並且要求對方將所有可能的額外花費都以書面形式記錄下來。

Q&A 會場的天花板有多高？

天花板高度會對你的舞台、視聽與照明配置部分產生巨大差異。舉例來說，對於背投式螢幕而言，投影最低要求的天花板高度是6.5米。你最好和舞台、視聽與照明供應商一起場勘，以便共同依據你的需求規劃出最佳空間配置。

Q&A　視線如何呢？

從所有角度來檢視場地。會有任何像是樑柱或燭台等會擋住視線的物體嗎？所有賓客都能清楚地看見舞台或螢幕嗎？燭台可以抬高或移除嗎？大部分的情況下是可以的，但你要瞭解的是這項作業會花到多少錢、占用多少時間以及動用多少人。

Q&A　你將設置一個舞台還是更多舞台？

需要知道的是，舞台會設置在哪裡以及總共需要幾個舞台區，因為它很占空間，還會影響到所能容納的桌子與賓客數量。

Q&A　舞台需要多高與多大？

舞台上會表演什麼節目？需要容納多少人？音樂家會在舞台中央，還是其中一側呢？舞台的高度對於那些入座的賓客而言是否會造成視覺上的影響？可能會有加高的座位嗎？場地可以劃分區域與鋪設地毯、把宴會廳改裝成夜店或餐廳。你不必讓大家都坐在同一高度上，然而要記得加高的座位可不便宜，而其費用要依據場地的空間規劃和任何可能需要排除的障礙，像是樑柱之類。此外也要考量到出席人數。如果因為人數太多，導致金額過高的話，分期付款也是一個可行的選項，然而若人數不多的話當然就比較沒機會了。

Q&A　會場方面會有常設性的舞台嗎？

對方會提供你關於舞台的平面配置圖，包括後台區域嗎？瞭解一下是否有現成的更衣室、載卸貨區、通道寬度等。舞台能符合你全部的需求嗎？

Q&A　會場方面有可以讓你使用的特效嗎？

在賭城的劇院中辦新品發表會的好處之一，就是有現成的道具跟舞台可以增強你的活動質感。旋轉階梯、電梯等設備可以讓你的產

品由下緩緩上升，營造出戲劇般的舞台效果 ── 所有特效早就準備好了。你要解決就是實際展示跟彩排部分而已，當然這不是什麼大問題。瞭解一下劇院何時會變暗（也就是沒有節目的時候），以及是否能把活動安排在這時段前後。餐廳與私人俱樂部可能也會有特殊的照明效果、雷射秀或泡泡製造機。

Q&A　有哪些舞台方面的支出是必須加入預算中的？

你會需要在舞台中設置任何特效嗎？是簡單的還是複雜的呢？舉例來說，舞台其中之一需要能夠旋轉，或是需要特殊坡道或跑道嗎？如果你正在辦的是時尚秀，會需要在舞台後方或某一側設置管線與帷幕，讓模特兒們有地方換裝嗎？花點時間想想所有需要被納入預算的元素吧。

Q&A　舞台上會有裝飾物（道具、花草之類）嗎？

舞台上只有簡簡單單的佈置，還是佈置成像電視上的頒獎典禮呢？有多少裝飾物，其大小又是如何？這些東西要怎麼配合舞台上的活動呢？如果你不是用身兼舞台與裝飾品的全包製作公司的話，那麼你就需要把所有供應商召集起來，一同商討最佳的舞台需求為何。

Q&A　舞台區需要帷幕嗎？

舞台後方會有什麼東西？你會用什麼來當作背景呢？會是直接拿現成的牆來充當，還是使用較為精緻的帷幕或複雜的佈置呢？所有相關的物品都要被考慮到，以便你能精確地規劃預算。

Q&A　會有視聽方面的呈現嗎？

如果有安排視聽表演的話，會用到背投式或前景式放映嗎？預期要用到多少螢幕？場地有足夠的空間（深度與高度）可以使用背投式放映嗎？

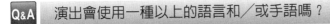 **Q&A　演出會使用一種以上的語言和／或手語嗎？**

翻譯區會需要納入空間規劃與預算中嗎？如果是的話，就要考慮把它放在哪裡，以及提供耳機區域之安排。這部分放在會議室的內外皆可。你會需要提供雙語（或多語）服務員工以協助分發耳機並解釋如何使用嗎？你需要確定這些特殊員工整場活動都能提供服務嗎？務必要算清楚發出去的耳機數量，並安排適量員工在會議結束與賓客散場前將其收回。

你也可以採取讓賓客簽名領取的方式，但這可能會導致動線堵塞。對於簽名處的位置也要留意一下，別讓它擋到出入口。你有記得把翻譯相關的彩排費用加到預算裡了嗎？

Q&A　視聽公司會要求用到前排空間進行佈置嗎？

瞭解一下視聽公司的需求。對方需要設置在舞台上或舞台前方，像是電子提詞機或實況攝影機之類的設備嗎？

Q&A　需要多久的彩排時間？

找出何時要進行彩排，以及需要多久時間。確保預定的彩排地點在當下只會提供給你使用。舞者可能需要從事例行練習、講者可能會朗誦其演說，客戶則會檢視影帶放映狀況。每件會在舞台上進行的事項，都必須經過謹慎的規劃，就像每一場實況演出的劇場舞台製作一樣。瞭解一下有哪些額外費用，例如場地租賃、工資與餐點是需要加到預算中的。

Q&A　場地清理需要另外付費嗎？

一旦所有事項都安置妥當，你就可能會需要讓場地在活動當日之前都保持淨空。某些會場可免費提供人員及設備；其他則否。舉例來說，假如你打算在會議中心裡的展示廳，佈置一場展覽會的話，你可

能需要事先把場地訂下來，而這就是一筆相關的花費。確認一下是否有此必要，以及是否會因此產生額外的花費。

Q&A　會用何種方式上下舞台呢？

所有在計畫中會上舞台的人，要以怎樣的方式上去呢？你會安排他們從觀眾席沿階梯上台，還是僅僅從後台上去呢？是其中之一還是兩者皆有呢？

Q&A　租借階梯會需要額外費用嗎？又關於賓客使用階梯安全部分，會有相關的工資或保險費用嗎？

如果你使用的是場地既有的階梯，會場方面可能會免費提供，但假如你要使用客製化的階梯，那麼相關花費就要列入舞台方面的預算中。

Q&A　階梯部分有照明嗎？

每一階階梯的邊緣均可安裝燈管，讓視線更為明確。如果場地在人們登上舞台時會轉暗的話，你就要考慮到增設這種照明方式，或是讓燈光從兩側照向階梯。

Q&A　為了讓輪椅能夠從觀眾席登上舞台，需要設置斜坡或升降梯嗎？

斜坡的需求條件必須非常具體，因為坡道除了非常占空間外，也會影響到場地的空間規劃。研究一下會用掉多少空間。某些會場有設置升降梯以便將輪椅送上舞台。當你在安裝升降梯時，務必要留意到舞台上還有什麼東西，以及確保有足夠的操作空間。斜坡跟升降梯會有相關的額外費用嗎？

Q&A 舞台的移入與佈置部分會需要多少時間呢？而拆卸與搬出又會是多少呢？

這些作業所需要的時間是你務必要知道的，以便瞭解這些活動基本元素之間的連動，並且藉此讓你得以開始規劃以供應商的時間需求為基礎的初始活動日程表。你必須要確保有足夠的移入時間。根據你的佈置複雜程度，所需時間範圍可能會從幾個小時到兩天甚至更多。接著你要做的是將彩排和其他準備事項所需的時間也加進來。如果佈置方面需要更多時間的話，那就先有個心理準備，等著付更多的場地租金和工資，並且把這筆錢納入預算中。像大型車輛發表會這種複雜的商品可是能夠用到一個禮拜以上的佈置與彩排時間。

Q&A 在卸貨與舞台佈置方面，會有任何特殊需求或設備的需求嗎？

移入部分要盡可能的有效率，準備好所有所需器材、通道與場地淨空，為接下來的佈置打好基礎。避免任何會導致額外支出的延遲。舉例來說，要先確認會場方面不會等到你的佈置團隊都進駐了才開始要把桌椅搬走。讓員工在移入之前就先在會場待命，以確保一切準備工作都按部就班地進行。

Q&A 有把佈置、彩排、活動當日與拆卸時的員工餐點與休息時段納入預算中嗎？你需要設置獨立的休息空間，還是將其規劃在原有場地中呢？同一時間會有其他供應商也在進行佈置嗎？他們會妨礙到你嗎？

找出你要負責的項目，並且將這些相關的花費列入總帳目中。佈置階段的員工餐點及其休息時間是你要負責的嗎？餐點是要另外計費，還是已經包含在供應商開給你的估價單中了呢？某些情況下你是不用掏錢的，瞭解一下吧。

工作人員會需要獨立空間用餐與休息嗎？如果是的話，記得把場地先預留下來，而該場地靠近佈置現場嗎？作為一位企劃人員，你會

需要自己去訂場地，還是供應商會幫你代勞呢？租借額外的場地要付費嗎？

　　誰要安排負責舞台的員工餐點——你還是供應商？你可以在預算許可的情況下跟會場方面一同構思菜單。你也需要為自己的員工規劃餐點嗎？他們也會需要額外的空間嗎？如果你還有跟其他供應商合作的話，餐點和休息時間也需要一併列入考量。行程可能會各不相同，舉例而言，像舞台佈置人員跟照明人員的行程就不一樣。瞭解一下誰要負責這部分的總體規劃並監控之。

Q&A 視聽設備的移入與佈置需要多少時間？拆卸又需要多少時間呢？

　　如果你同時跟2間供應商共事，其一負責舞台，其一負責視聽的話，那你就必須讓雙方都注意到各自的時程安排以避免衝突。理想狀況是，負責舞台設計的公司也會順便包辦視聽設備的佈置、照明與舞台裝飾。找找看那些能符合你一切需求的全包製作公司吧。然而，還是要比較一下全包跟各項供應商分開簽約的費用。你可能只是要一個樸素的舞台，但是視聽與照明部分卻要搞得像X-Japan演唱會；又或是你想要一個豪華舞台，但視聽跟照明隨便就好。瞭解一下是否製作公司有自己的設備，還是會根據你的需求去租借。你也要確定這些規劃是最接近於你的需求，而非是現成的模具直接套用。

Q&A 物品卸貨與視聽設備佈置方面，會有任何特殊的或器具方面的需求嗎？

　　有哪些事情是在視聽人員抵達前就要事先完成的呢？舉例來說，燭台要移開，或是空調要關閉以避免過大的噪音嗎？你已經確定好所有事情都準備就緒，好讓移入作業盡可能的簡易迅速嗎？為了讓視聽人員能夠將工作時間的效益最大化，有什麼事項是你要先做好的呢？你可不想讓他們因為等著走道或場地淨空完成，或是太晚發現會場方

面無法負荷電力需求以至於需要調度發電機，而待在一旁發呆吧？務必要在他們抵達之前就先在現場檢查，確保一切都準備就緒。

Q&A 還有哪些額外費用是要加到預算中的？

找出所有可能與必要的相關花費。舉例來說，工資或電費是根據實際使用程度計價，還是固定價格呢？從會場過去的活動資料中進行估算，然後設下約10%的緩衝額度。錢花不完總是比花不夠來得好。要確認你有收到所有的花費評估表。

照明細項Q&A

Q&A 照明的移入、佈置與拆卸會需要多少時間？

理想狀況下，你只會有一個全權負責舞台、視聽與照明的供應商，但如果沒有的話，你就需要跟所有廠商一起協商，決定哪些需求要放在第一位，以及在進行下一階段前有哪些事項是要先完成的。以及找出來有哪些事情是能夠同時進行的。

Q&A 物品卸載、照明裝備的佈置、移入時程安排或物流區域的衝突方面會有任何特殊或裝備方面的需求嗎？

舞台、視聽與照明等各方面都有其特定需求。確認你已和相關的供應商一一檢視，讓所有事項都能各安其位。只有一台吊車夠用嗎？還是需要兩台呢？有任何重疊的區域嗎？

Q&A 照明方面的佈置、彩排、活動當日與拆卸時的員工餐點和休息時間都已加入到預算中了嗎？

一如舞台與視聽的部分，先確認你已和供應商一同處理這些問題，假如必要的話，還有工會。

Q&A 關於照明的移入、佈置及彩排方面有任何必須達成的特殊要求嗎？

　　和會場方面一樣，當你跟舞台佈置、照明設備、視聽與裝潢公司合作時，都必須將每間供應商需要的活動流程設想一遍。舉例來說，照明人員可能會要求把桌子先擺放好，以便讓他們測試聚焦效果，然而舞台人員可能會希望直到佈置完成前都先把桌子移走、淨空場地。因此桌子所需要的最後定位，最好是在擺放前就已決定。

　　　　對於每一筆舞台、視聽或照明方面的支出更動，都要確認修正過的書面估價單已經過對方審核並獲得同意。千萬不要只得到對方的口頭允諾。如果只有後者的話，保證你會面臨所費不貲的大麻煩。切記那些在口頭上答應的人，隔天、隔週、隔月或隔年可能就離職了。

TIP

會場與活動供應商檢核表：空間、會場與供應商需求、契約條款與限制

√	法定空間容納人數。
√	電力需求與會場及場地容納人數，備用方案的容納人數與費用（預付與最終結算，例如電費之類）。
√	要注意的相關消防法規與所需許可。
√	需要取得的許可，例如酒類販售許可、主辦單位及供應商的責任保險。

√	供應商就移入、佈置、彩排、活動當日、拆卸及搬出方面所需的時間，以及所有相關成本（例如工資、設備、維安、保險等）。
√	會場及空間就移入、佈置、彩排、活動當日、拆卸與搬出部分的可用時間，及其相關成本（例如工資、設備、維安、保險等）。
√	就移入、佈置、彩排、活動當日、拆卸與搬出部分，在時程安排與物流方面的可能衝突，及其可能對活動造成哪些影響，例如噪音、移入用的通道封閉等。
√	供應商於活動前後的時間表與職責，例如供應商只負責你這場活動還是會從其他地方趕場過來？
√	以項目清單方式編列的書面報價，包含所有相關稅金、服務費與小費（以及費用如何計算），和所有會在最終結算時列入的花費。
√	如果會場方面或某間供應商是工會成員的話，向工會取得所有相關費用、條款與限制的書面確認。
√	供審查用的合約樣本。
√	供審查用的付款期程表樣本。
√	最終截止日（你可以減少物品數量、賓客人數、餐飲數量擔保且無須付違約金的最後期限）。
√	條列各項最終截止日。
√	活動取消須付的違約金。
√	條款與限制。
√	方針與程序。
√	一般資訊／一般餐飲供應資訊。

　　你的合約上會提及對方在一般宣傳資料裡頭所陳述的公司政策——這些資料通常都是以別冊方式含在該公司的宣傳手冊裡頭，並提供其他像是餐飲供應方面的資訊——這些資訊就像合約中的相關費用、條款與限制一樣非常實用。對你而言，瞭解這些東西及其對活動的意義是基本功課。舉例來說，在許多的一般餐飲供應資訊冊子裡，

都會記載著根據最低預期人數所規劃的工作空間需求，以及會場方面保留一旦人數有變動，將活動場地移轉到較適宜場地的權利。你便會因此失去原本最適合你的活動的場地及其佈置，或是被要求支付額外的空間租賃費用。

你不只要花點時間審視合約條款與相關資料，還要看出那些原本不在預期之內，要直到最終結算時才會出現在帳單上的隱藏成本。舉例來說，在一般餐飲供應資訊中，可能會聲稱每個人切蛋糕的費用是3.5美元，至於相關稅金、服務費則要另計，因此最好能自備糕點師父，否則還要支付這方面的小費；看似小數目的支出，一旦賓客人數累積起來也是很可觀的。

又或者，你也許會發現一項條款提到，8至10人座的圓桌是一般常見規格，而當賓客人數有變動時，會場方面保留更換桌子大小的權利。（這就會影響到座位表與桌子需求、費用及相關作業，像是桌上裝飾、桌布等。）

上述這些都是非常重要，務必要審視的部分，因為這會影響到支出、員工需求、時程安排與物流事項，然而它們可能不會特別記載在合約中。

許多列在一般資訊底下的條款都是可以廢除、減少、修正或更改的，只要你把它們視為合約協商的一部分即可，但首先你必須要先做好功課，才能對合約中的條款與限制提出必要的更動。你的合約必須要清楚地規定所有經過你同意的條款限制。千萬不要對於要求會場或供應商準備一份修正版合約或書面修正表有任何遲疑。在你要求的變更確實獲得回應前，絕對不要簽約。

當你願意對某些項目妥協時，記得要在合約上清楚記載相關的變更與修正，並且讓對此有權責的公司人員簽名。一旦你簽了字，就再也沒有協商的可能，必須完全按照合約上的規定來進行。

第 7 章

服務對象

瞭解你的賓客組合

　　精確並徹底瞭解有哪些人會出現在你的活動中是非常重要的，這樣才能據此量身打造出活動內容及其風格，以達成賓客們的需求、品味與活動期望。

　　舉例來說，考慮到將目標群眾和即將到來的公司節日主題活動（或是年終慶祝會，如同某些公司會偏好在假日舉辦活動，以符合政治正確並且讓所有人都能參與）作一結合，下列活動是不分公司內外都可舉辦的：

搖滾耶誕（Jingle Bell Rock）

　　在這類型的活動中，辦公室的假日派對可以將建築結合奇幻、樂趣與當季風格。白天時公司員工自行組成樂團，選擇樂器並學習1至2首經典的搖滾版假日歌曲。結合舞蹈動作取代樂器——例如XBOX遊戲的「空中樂團」（air band）——也是另一種選擇。稍晚時分，成員們聚集起來在其他人面前演出，並讓整間辦公室一同進入搖滾模式，將慶祝活動帶到另一種層次。搖滾耶誕的建議組合如下：小漢堡（牛肉與素食口味）、熱狗、薯條、牛奶奶昔與剉冰自助吧。

冷冰冰耶誕（Cool Yule）

　　賓客們受邀進入嚴冬裡的奇幻樂園。當會場大門打開時，以特殊燈光模擬出彷彿降雪般的氛圍。為了更添氣氛，可用乾冰打造魔幻般的特效——員工們入場時會經過猶如酷寒的雪白氣團——以雷射燈打

出極光一般的視覺效果。天花版上懸掛著超大冰柱與雪花。冰雕企鵝與北極熊則在冰山模型上玩耍。更進一步的場地裝潢可以使用藍色小燈、碎冰片和真人大小的雪人。備餐桌——以階梯狀排列的生蠔與海鮮吧台為特色——上頭可以用閃亮亮的透明薄紗覆蓋住。高腳雞尾酒桌部分，則是可以從上到下用白色彈性纖維覆蓋並打上燈光，以散發出一種冰冷的光輝。其他的裝飾方法還包括了長方形碎冰雪花、冰蠟燭、雪景球與立於冰柱上，裝滿聖誕紅的冰盆栽。像是「極地冰冠」（Polar Ice Cap）這種能炒熱氣氛的飲料，則是將冰製酒杯放進雕刻過的冰槽——賓客們的飲料就像從天而降地緩緩流進猶如點綴著施華洛世奇水晶般的馬丁尼杯。用盛水的水晶杯或玻璃杯演奏的管弦樂能產生優雅飄渺的樂音，而展示用冰雕則可以讓賓客們目眩神迷。伴手禮可以考慮這些：Christopher Radko製作的小型雪景球，只要搖一搖就會出現雪花滿天飛舞的景象；或是Waterford雕有雪花的紅水晶長笛，以及一瓶慶祝新年即將到來的香檳。

耶誕來吃鍋（Holiday Fun Do）

把整間辦公室的人都聚集起來，辦一場非正式的供餐耶誕派對吧——以涮肉片與蔬菜（茄子、蘑菇等）、麵包與水果為特色的火鍋派對。賓客們可以品嚐用薄荷葉、櫻桃酒、瑞士艾文達與格呂耶爾起司為基底燉煮的肉類與蔬菜、麵包丁來暖身，然後以水果、布丁蛋糕與棉花糖去沾已融化的熱巧克力作為完美結束。火鍋可以讓人回味再三、增添一種對耶誕節的懷想。耶誕來吃鍋也可以跟辦公室滑冰、雪橇或越野滑雪派對等主題相互結合。要特別注意的是：火鍋要分非素食、純素食（蔬菜與菜湯）、可以吃起士的蛋奶素和不吃螃蟹，以及來者不拒等類別。因為這是一場為所有人舉辦的活動。

耶誕魔術（Holiday Magic）

派對主題另一名稱：槲寄生魔術（如果另一半也有受邀出席的話）

　　這是個會令人聯想到障眼法、歡笑與魔術等節慶活動的完美季節。近距離演出的魔術師（男女皆可）可以在接待區混進賓客群中，表演客製化的中距離魔術與心靈魔術來取悅他們。魔術表演可以季節特色為主軸，或是結合公司訊息作為結尾。因為西方人認為槲寄生是一種能帶來幸運和愛情的神聖植物，也常用它來裝飾耶誕樹，所以這個活動又稱為槲寄生魔術。伴手禮建議：為配合魔術主題，可以準備得過獎、放在客製化禮盒內讓人絞盡腦汁的金屬連環圈益智遊戲（www.parlorpuzzle.com）。

節慶狂歡（Festive Frolic）

派對主題另一名稱：胡桃鉗的糖果王國

　　走過糖果搭起的拱門——由高1.8米的胡桃鉗娃娃守衛著——進入童年時期對假日的想像。場內到處都是掛上燈飾的迷你長青樹，閃亮亮地召喚著賓客前來。與實物同等大小的冰雕壁爐吧台內燃起火光，溫暖著1米高的巨大糖果手套。壁爐以及一杯杯盛著世界知名的冰火巧克力冰沙（Frrrozen）洋溢著節慶的假日氣氛，賓客們一一舉杯，佐以傳統風味的點心來暖胃與暖身。6米長的冰雪橇裡裝滿了帶有節慶情調的雪球果，呈現出這個季節中嬉遊的氛圍。各種特大號的節慶用道具將人們帶回到小時候那個相信魔法世界的情境裡頭。大夥盡情享用灑著杏仁蛋白糖霜的巧克力焦糖蘋果、巨無霸棒棒糖、用巧克力醬與薄荷糖粉包裹住的椒鹽餅乾、起士雪糕、誘人的杯子蛋糕、多得誇張的各式糖果製品，以及展示在七彩絨布上，像貝思（Pez）水果糖這種讓人引發鄉愁又愛不釋手的小甜點。互動式的童年遊戲、火車套組、餅乾彩繪區、糖果相框與糖果珠寶——這些都可放置在會場各處的桌子上，把賓客們心中的童心誘發出來。在派對進行中，還可讓即興創作

畫家把現場歡愉的氣氛捕捉下來，製作成可長久擺放在辦公室裡的紀念畫作。伴手禮建議：糖果拐杖、繡有字母的領巾、暖暖包一同裝進禮物盒中，以甘草緞帶和亮晶晶的糖果包裝起來，或是裝滿聖誕小玩具的發光聖誕襪亦可。

　　認識你的群眾，你才會瞭解他們偏好節慶與趣味的活動風格，或是較為正式的假期活動。瞭解目標群眾是誰以及公司與活動目的為何，將能有助你打造兼具風格與內涵的活動。一如你的客戶有想要達成的活動展望，當然出席者也是。若是活動對賓客來說缺少了吸引力，或許是因為你向喜歡古典假期宴會、自在地聆聽演奏、甚至跟著哼唱，而不願被逼著加入活動節目的賓客們推薦搖滾耶誕之故吧，於是乎出席率跟賓客的興趣就打了折扣，無法達成活動的預期。在某場企業活動上，男性賓客被要求戴上假刺青，而女性則是在服裝許可的情況下，把刺青展現在下背部。出現在此部分的刺青通常意味著「妓女印記」。這就讓賓客們覺得非常不舒服，就像安排鋼管舞讓賓客們參與，來取悅工作人員一樣。

賓客名單

　　你的目標群眾是誰？哪些人會組成你的賓客名單？你會邀請誰呢？你選擇這些人的理由就跟可能出現的活動風格一樣千奇百怪。❶無論何種活動，你都要確保來的是「對」的人，而不是只想把場地塞滿。假如你將邀請函寄給特定人士，要記得在裡面聲明該函能否轉

註❶：對於如何選擇正確的活動類型以達成企業與賓客目標的深度探討，請參閱《企業活動與商務招待的經理人手冊》。

讓。在某些情況下讓其他不在你邀請名單上的人出席是可接受的。在其他情況下可能因為場地有限，讓你必須對賓客排出優先順序。因此，那些名列賓客名單A的人若無法出席，可以由下一組名單B的人代替。這樣的設計可以避免那些可能連你自己都不認識的人取代受邀賓客出席。

誰一定要在現場？如果這是場想吸引媒體注意的活動，你打算邀請多少記者呢？也會發邀請函給政府官員嗎？企業員工或客戶呢？供應商？如果你將不同團體都混在一起的話，活動會產生怎樣的化學反應呢？舉例來說，假如某間連鎖飯店辦了場酬賓活動，把未來可能的客戶跟競爭對手的業務一起找來或許就不是個明智之舉。潛在的企業客戶對活動的感想，可能是他們被當作糧食丟到老虎群裡一樣，深陷在一堆業務的夾攻之中，後者根本是寸步不離而且不停試圖把競爭者趕走。相反地，飯店可以舉辦兩場不同的活動——一場給潛在客戶，另一場給業務。再者，假如飯店想要露一手，也可以辦一場兩者皆能參與、引人注目的活動。關鍵就在於飯店方面瞭解到賓客們會如何與他人互動，並且根據活動預期要達成的目標來決定要邀請哪些人。

有多少人？

如同之前討論過的，在你開始尋找活動場地前，必須先知道可能有多少人會出席，以及你想在活動中呈現出哪些意念。

為了能夠知道你能找來的賓客人數並符合預算限制，一定要將活動的所有需求都列入考量：

- 你有安排過夜住宿的房間嗎？可以提供多少人呢？
- 房間數量是根據單人還是雙人計算的？
- 需要安排總統套房嗎？
- 如果是白天的活動，需要為賓客安排房間作為更衣或私人會議之用嗎？

- 需要提早入住或延後退房嗎？
- 會議室需要容納多少參與者？
- 你考慮的是何種空間規劃？是劇院風、8人圓桌、U型設計還是中空廣場？會有展示區嗎？食物要如何擺放呢？會需要騰出空間來佈置自助吧台或食物供應站嗎？
- 需要安排背投式投影、舞台或翻譯區嗎？
- 需要安排小組討論室，以因應主要會議室的賓客們可能會各自分組為較小型的會議嗎？要安排幾間呢？使用時間多長？每間會議室的佈置為何？會用到視聽設備嗎？
- 需要為用餐與中場休息安排獨立的房間嗎？會有多少人前往呢？他們會站著還是坐著呢？
- 需要安排房間或辦公室供工作人員作業之用嗎？
- 需要一塊私人空間作為佈置之用嗎？需要容納多少人呢？
- 你打算安排哪些種類的節目？舉例來說，會有靜默拍賣會嗎？需要幾張桌子呢？
- 招待會上是以站著為主，搭配幾張安置於各處的座位嗎？需要在另一獨立區域舉行嗎？
- 晚宴是分盤送上桌還是立食的自助餐呢？
- 如果晚宴是入座的話，會是供8人或10人座的圓桌，抑或是長方形桌呢？
- 你會需要舞台、供伴舞樂隊使用的空間或舞池嗎？

　　所有與之相關的物流及預算方面的需求，都能幫助你決定所能邀請來參加活動的賓客人數。

賓客資料：誰會出席？

- 賓客的年齡分佈層為何？

　　瞭解到哪一項活動基本元素是賓客出席率最大化的必要條件，這很重要。舉例來說，就一場主要由某間企業贊助，有3,000名介於19至24歲參與者的多媒體活動而言，以大眾交通工具抵達會場可說是主要選項。那麼舉辦活動的會場所在區域是被公認為很難抵達、很花時間或要花很多交通費嗎？如果是的話，這場活動對於目標群眾而言的吸引力就會減弱很多，或是根本沒辦法符合他們的需求，例如，使用大眾運輸工具。

TIP

賓客名單檢核表

名單研擬　　　活動前六個月

至少要預留八週時間來準備賓客名單，確保相關資料正確有效並已註明相互參照項。

賓客名單A

留意消防法規所要求的最大空間人數容量。

要是你忽略了容納人數、火災逃生門、廁所與標誌等規範，活動可是會被強制結束的。如果你預計的賓客人數使你不得不尋求讓人數與法規達到兩全其美的解決之道，要記得增加容納人數並不是問題，像是搭建戶外帳篷、設置額外廁所等等皆可。

注意郵件寄送時程與回函截止日期。

賓客們會在學校長假或是像耶誕節、新年、猶太逾越節或復活節之類的假期出國旅遊，以至於影響到成功舉辦活動的機率嗎？

賓客名單B

作為替代賓客名單A裡頭無法出席者之備案。

再次提醒，注意邀請函寄送時程與回函截止日期。

- 賓客們是獨自還是攜伴前來？這是場不邀請另一半的企業活動嗎？贊助企業代表也會出席募款活動的話，他們需要自行購買入場券或為其親友包桌嗎？你的賓客名單是由哪些人組成的呢？是企業限定、社交類型——親友可參加，還是兩者兼具的活動呢？
- 會出現孩童與青少年嗎？他們會跟成年人一同前來嗎？注意一下法定飲酒年齡與主辦單位檢查身分證件的職責。
- 賓客們會採取怎樣的交通方式呢？他們會全部自行開車前來，還是你也要考慮大眾運輸工具到會場之間的便利性呢？

　　對出席者而言，每一場活動都是從邀請函開始的。而且除非是如公司例會那種強制出席的活動，否則賓客們拿在手中的這封信函——電子郵件的話就是放在收件匣中，用CD或DVD寄送的話則是放到螢幕上看——就是他們對於活動的第一印象。邀請函的風格、遞送與送達時機（假如是在活動前數日才送達，賓客們會認為他們是被列在名單B甚至是名單D上）都會對於他們是否願意前來有著重大影響。邀請函和所有的活動基本元素相同，必須要能符合有可能前來之賓客的身分，以及主辦活動的個人、公司或贊助商。

邀請函

　　如果你的活動在社交旺季舉辦的話，可能要考慮寄送請賓客預留日期的邀請預告函。如果活動是在國外舉辦，則要寄送附有位置圖的明信片，並附上你盼望能在當地和賓客會面的文字訊息、活動日期，以及其他相關資訊等內容。信件或邀請預告函的功用就是傳遞「可別成漏網之魚」的訊息，寄送給獎勵活動的參與者以激勵他們拼命衝業績。以上這些方法都應包括像是日期與時間等細項。地點與服裝資訊則可以稍後再行通知。這種方式對於所有特殊活動都很有用，諸如會

議、研討會、大會與獎勵活動。它能營造出人們對該場活動充滿期待的「興奮感」。

如果在邀請預告函或信件中聲明正式邀請函將會在某個特定日期寄達的話，那就要想辦法做到這點。這會是證明你的公司辦事效率的好機會──準時送達。當你比預定日期晚一個月才收到邀請函時，這就是種不夠專業的代表。如果訊息已經得到上級的許可而發出去的話，你就要負責讓它準時實現。

當你在安排印刷次序時，記得採取一對伴侶一張邀請函，以及一人一份座位卡與菜單的模式。並確定你有安排比實際需要更多的份數以及有足夠的時間進行印刷。基於某些理由，印刷機似乎總是需要至少四週的作業時間，除非你願意付急件費用，如此一來這就必須納入你的預算細項中了。當然，你也要跟印刷廠商聯繫，看看對方是否有能力處理你的訂單並準時寄送品質符合要求且足夠數量的成品。當準備印刷時，要確定你已經準備好完稿，並且也知道要選擇國際標準色卡上的何種顏色拿來印製公司標誌。先把信封印出來，將其一一貼上地址，若預算充裕的話，還可以請書法家親筆書寫。人們一般來說都會先拆親筆書寫的邀請函，就這點而言要比貼標籤的邀請函來得有效率多了。

不管你是自己跑去郵局還是請郵務公司寄送邀請函，一定要記得多寄一份給你自己，以檢測這部分是否會遭遇問題。當邀請函寄來時，別忘了看一下投遞的郵戳日期是何時。如果你跟郵務公司的合約中有明訂寄送的具體日期，而邀請函上的郵戳顯示並非如此的話，你就可以拿這個作為物證去跟對方抗議了。如果你自己那一份過了一定日期都還收到的話，趕緊打電話向賓客們確認是否有收到吧。寄送過程中可能出了點問題，或者甚至還待在某個工作人員的辦公桌上。要是賓客們直到活動前幾天才收到邀請函的話，可能就會因為已有其他既定行程，導致出席率不理想。這不僅讓賓客們有種被列在名單Z的羞辱感，還會讓你的活動近乎崩盤。

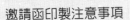

邀請函印製注意事項

- 時間表：你希望成品能印製出來的日期。
- 你想要印刷的產品類型（例如邀請函、回函卡、附件等。）
- 每一種類型所需數量
- 紙質：你可能會尋求庫存紙或特殊材質如手工紙、日本紙、牛皮紙、浮水印紙、撕邊紙（毛邊紙）、打孔（特殊形狀）以及／或裝飾用信封紙套。
- 印刷類型：浮雕印刷（凸版印刷）、熱熔印刷（外觀上類似凹版印刷的凸版印刷，但較為便宜且只能用於無壓痕表面；紙的背面是平滑的）、凹版印刷（較為正式，壓痕出現在紙的背面）、活版印刷（費用較高）等。
- 顏色。
- 字體（字型）。
- 圖表。

　　為了能確保餐飲份額，並且根據精確的人數修正預算，務必要請賓客們在特定日期前將回函寄回，並安排人員以電話追蹤確認出席情況。追蹤電話也是個用來確認姓名或地址是否有變動的好方法。

　　如果活動的維安通行證——在名人活動中，賓客們所戴的識別證件——或入場券會在收到回函後寄出的話，先確認有為賓客們規劃足夠的收件時間。在某些活動上，出示通行證、邀請函或票券以獲得入場許可是必要的，而且假若現場有設置專門櫃台供忘記帶證件的賓客們確認身分並即時補辦的話，也能減少堵塞讓動線更為順暢。

- 確認平信的交遞日程。你所在區域的最低與最高所需天數為何呢？要留意到這些時程可能會在沒有被告知的情況下有所變動，而且每年某些特定時節也會如此。如果邀請函是在長假期間寄送的話，可能就會遲延。在開始規劃活動時，須向當地的郵局進行確認。如果可能的話，本地跟國際的寄送日程都要一併確認。

- 確認平信的郵資。國際郵件跟本地郵件的價格是不同的。記得把郵件分類好並交付相應的郵資。超大和奇形怪狀的信封需要額外費用並列進預算中，一不注意的話這部分可能會高達數萬美元左右。帶個邀請函樣本去郵局確認一下是否超大或超重總是好的，而且若真是如此，記得要找出郵資與快遞的費用為何（依據還有哪些物品會跟邀請函一同寄出而定）。
- 確認印刷品郵件的遞送日程。最低與最高所需天數以及郵資為何？

　　記得如果可能的話，本地跟國際的遞送日程都要確認。如果你打算使用印刷品郵件規格來寄送的話，就要據此調整活動時程表以配合其日程。為了以印刷品郵件寄送，你通常都要遞交最低數量的郵件。再次提醒，國際郵件以及超大、超重、奇形怪狀的信封都需要額外郵資。再次提醒，帶個邀請函樣本去郵局確認一下是否超大或超重總是好的。

> 　　絕對不要以印刷品郵件來寄送企業活動的邀請函。這類郵件一般來說都會被歸類在大宗郵件或「垃圾」郵件中，也不適合用在高雅活動上。
>
> **TIP**

📝 媒體

　　如果你會邀請媒體前來的話，必須要注意的是他們何時及如何前來。接待他們的規格會比照受邀賓客嗎？如果是的話，就要把他們的餐飲份額納入考量。有想過要另外安排記者招待會嗎？記者們的需求

邀請函檢核表

邀請函設計　活動前六個月

須決定的問題：
• 每封邀請函所能容許之最多出席人數

必須列進邀請函中之事項：
• 受邀賓客人數
• 活動名稱
• 活動敘述
• 日期
• 時程安排（開始／結束／活動節目表）
• 會場
• 路線圖
• 停車細節
• 服裝要求
• 回函地址、電話與傳真號碼
• 票券序號表（如果有的話）
• 回函信封（非必要）

給設計師的細節　活動前十六週
• 確認已確實事先告知對方你預定的時間表，讓對方對你的訂單能有所準備。
• 瞭解一下對方與印刷廠何時會休假或放長假。
• 對於像特製紙這種特殊訂單，對方會需要額外的時間處理嗎？
• 對方對你有何要求？他們希望收到的是完稿嗎？知道對方的需求為何，並列進你的關鍵路徑，如此才能準時掌握所有事項。

選定郵務公司　活動前十六週
• 確認已有告知對方你預定的時間表，讓對方對你的訂單能有所準備。
• 你或許會希望由公司內部員工來負責處理郵務，以更能掌握進度。

邀請函設計初校　活動前十四週

邀請函設計二校（有需要的話）　活動前十三週

邀請函印製　活動前十二週

將信封交給郵務公司　活動前十週
- 信封上必須寫好地址、裝進內容物與貼好郵票。至少要預留一週的作業時間。注意一下對方建議的時間表，這可能會因為對方當時還有其他要進行的案子而有所改變。

寄送給賓客名單**A**的邀請函　活動前七週
- 寄送日程會隨著你所在區域和收件區域而有所不同。邀請預告函可以提早寄送，讓賓客們瞭解到要先把時間空出來，接著再送上邀請函。

賓客名單**A**回函截止　活動前五週

寄送賓客名單**A**貴賓通行證（如果有的話）　活動前五週
（通行證是作為維安控管的好方法，它可以被掛在脖子上、別在口袋或皮帶上或套在手腕上。在某些活動中還會有兩種通行證，其一是包含貴賓室在內的「全區通關」，另一種則是只能進入一般區域。）

寄送賓客名單**B**邀請函　活動前五週

賓客名單**B**回函截止　活動前三週

寄送賓客名單**B**貴賓通行證（如果有的話）　活動前三週
上述時間表的基本條件是所有步驟都能準時完成。如果你對於邀請函等成品能否準時收到、地址錯誤、寄送日程等有所擔憂的話，最好能預留至少一週作為緩衝。你認為最沒問題的地方也有可能出錯，例如郵務公司罷工、電腦當機等等。所以，無論何時，你都要盡可能及早準備。

邀請函總覽

賓客名單研擬　活動前六個月

邀請函設計　活動前六個月

給設計師的細節　活動前十六週

選定郵務公司　活動前十六週

邀請函設計初校　活動前十四週

邀請函設計二校（有需要的話）　活動前十三週

邀請函印製　活動前十二週

將信封交給郵務公司　活動前十週

寄送賓客名單A邀請函　活動前七週

賓客名單A回函截止　活動前五週

寄送賓客名單A貴賓通行證（如果有的話）　活動前五週

寄送賓客名單B邀請函　活動前五週

賓客名單B回函截止　活動前三週

寄送賓客名單B貴賓通行證（如果有的話）　活動前三週

※ 時程會受到當地郵遞情況與假期淡旺季的影響。務必要留意假期、
　學校休假與暑假等時節，賓客們可能會離開本地，而你的行程表則
　要據此為賓客名單A的人規劃足夠的回覆時間。

為何呢？找出他們的需求，並盡可能予以滿足，對你是有百利而無一害的。他們可能會希望有一區專門停放採訪車、設置相關器材與進行作業的區域。他們可能會採取實況轉播，並且指定時段進行專訪。花點時間去詢問對方的需求吧。你還可以做得更好：預測他們會需要什麼。指派員工專門協助媒體，並居中協調讓他們能夠採訪賓客。記得事先準備提供給他們的媒體資料包，並且盡力配合其攝影清單，預先安排拍照時段與聯絡被要求入鏡的人士。有一場在宴會廳舉辦的知名活動中，有一特別為媒體設置的獨立邊間，安靜、人員管控、不對外開放、提供輕食與媒體資料袋等物品。由一名特派員工將重要人士請入內接受採訪並合影，相對於在主會場上進行這些事項而可能干擾到活動進行，前者要合適得多。

　　媒體從業人員是很忙碌的。要尊重他們的時間，而且絕對不要忘記他們對你的活動成功所能做出的貢獻。找看看有沒有能讓你一同參與其作業的方式，讓雙方能同時出現在鏡頭前。他們可能會需要房間

來進行私人訪談或攝影拍照。要記得,人家可是有上千場活動選擇要不要去採訪,如果你想要讓他們願意前來的話,你就得讓人家有個愉快的經驗。跟他們一同作業。藉此你便能營造出合作關係。有件事情是你一定要牢記在心的,就是不管你做得再好,他們還是會因為一通重大事件的通知電話就瞬間離去。

媒體Q&A

Q&A 媒體採訪會是活動的一部分嗎?

決定要在何時與何處將媒體納入活動中。你可能會選擇提前舉辦記者招待會,或是另行安排媒體採訪。思考一下何處是最適合的地點以及會不會用到獨立的房間。

Q&A 媒體會以受邀賓客的身分出席嗎?

你有算進他們的餐飲份額嗎?如果你會在晚宴後接著進行雞尾酒招待會的話,他們會坐在獨立的媒體桌,還是跟其他賓客們混在一起呢?在某場有邀請媒體的募款活動上,有準備他們的桌子但沒有提供食物。可想而知的是,他們很不悅。想像一下這場活動會得到怎樣的報導吧,更不用提之後媒體跟主辦單位與活動企劃公司之間的關係了。如果你有邀請媒體以賓客身分出席的話,就以賓客的規格招待他們。如果只是請他們前來採訪活動片段的話,一定要在邀請函中特別聲明這點,讓他們知道不要有過多的期待。假如出於維安理由,一次只能允許一間媒體和重要人士會面的話,記得要安排一間媒體室(並提供足夠的輕食)讓其他媒體也能參與。

媒體方面會有任何需要納入考量的特殊需求,像是獨立的媒體室、媒體傳送設備或是供採訪車停放的區域嗎?

瞭解一下媒體何時抵達以及會帶何種器材前來。理想狀況下,他們希望能看到什麼?要怎樣能讓他們的工作更為簡便?千萬不要臨陣才磨槍。你可不想看到媒體團隊都實況開播了才發現沒新聞可報吧?這對於比名人／賓客／娛樂表演團隊,甚至活動開場前要提早甚久前來的他們來說無疑是浪費時間。告知媒體現身的最佳時機是你的責任,如此才能讓會場的活力透過螢幕或圖片散播出去。另一方面在規劃活動流程時也要留意媒體的截稿時間。舉例來說,如果你想讓董事長的演說登上晚間11點的新聞的話,就必須讓媒體攝影師跟編輯有足夠時間去準備畫面與講稿。為了使報導效益達到最大,無論他們人在何處,你都一定要盡可能與其共事。這樣不但對雙方都好,而且在下一場活動中,他們還會記得你。

媒體資料袋的目的何在?

媒體資料袋中應該要有任何能有助於媒體採訪的資訊。需要考慮的層面是活動焦點以及你希望媒體幫你傳遞的訊息。其中包括(情況許可下)每位出席者或活動贊助商的簡介與背景資料。找出你需要多少數量,並記得把費用加到預算裡。你也要思考一下由誰負責準備、以及何處、如何與何時分發這些資料。此外也要決定是否為媒體另外安排專屬的報到桌,讓他們在報到時順便領取媒體資料袋,而非直到完成採訪與拍攝都完成後才前去領取。藉由獨立報到櫃台的安排,你也能瞭解到哪間媒體已經抵達,安排專人帶領他們瞭解重點採訪區域和拜會重要人士。同樣地,你也能得知哪些媒體沒來,以電話聯繫確認後再將資料袋寄送過去。

參加活動的孩童

　　如果小孩也會參加活動，這邊有些特別為他們規劃的好主意。許多遊艇和飯店都會提供極富樂趣且有人看顧的活動。餐點可以在與大人們不同的時間和地點供應，也可以安排有經驗的保母。可以特別規劃讓大人與小孩一同參與的主題活動。有一系列給小孩的活動可以參考，例如私人導覽，又或者是接受專業體育教練的指導——私人海灘奧運對他們的年紀與體能而言可說是正好。

　　餐點能專為小朋友的口味設計，少量多樣也易於管理，而有趣是最重要的。娛樂活動包括馬戲團特技、特製角色或小丑、臉部彩繪、雜耍、魔術師、傀儡戲或是說故事時間。

　　以下是能夠於會場舉辦的某些主題派對選擇，提供參考：

- 所有人都能參與，有競賽活動與獎賞的嘉年華。可以租用的快照機與大頭貼製作機（把孩子們的臉印到貼紙上）。爆米花機、棉花糖機、冰淇淋機、糖果機等亦同。
- 附有「專業」指導教學的迷你高爾夫。孩子們可以在實際的迷你高爾夫球道草地或模擬練習區內上課。練習區可以設置在會場內，設備則用租的就好。
- 附有虛擬實境和大螢幕的互動式電動間，賽車、滑雪、滑雪板、水上摩托車、足球、空氣曲棍球與夾娃娃機等都是不錯的選擇。
- 安排「專家」陪打的桌球區，也能指導年紀較大的孩子們一些技巧。（也可作為成年人雞尾酒會中的主題活動之一）桌球桌也能用租的，並且設置在會場中你認為合適的位置。
- 各類巨型充氣設備，包括舉行黏呼呼奧運（穿上魔鬼氈緊身衣在魔鬼氈障礙物中競賽）、用來攀爬的大山、彈簧繩賽跑（bungee runs）、各類體育競賽與巨型溜滑梯、障礙越野賽等。

如果孩子們會參與活動型的比賽，建議最好能取得父母的書面許可。此外你也必須瞭解是否會有醫療方面的問題，例如食物過敏之類，並且安排足夠的專業人員在場，隨時提供適當的照顧與協助。

要確定遇到緊急情況時你知道要如何聯絡到父母。切記，小孩與父母並不見得是同一個姓。確認一下是否已蒐集到所有相關資訊。

安全也是很重要的。你要確保孩子們是位於安全、受到保護的區域。你也可以採取維安證件的作法。記得當孩子們上廁所時都要有同性的工作人員陪伴，以便在有需要時予以協助。別在毛衣或夾克上的名牌一點用都沒有，因為孩子們往往會把這些衣物脫掉，而且也習慣讓陌生人直呼其名。帶在手腕上的識別標誌會是比較好的作法。

電子邀請函、CD與DVD邀請函

今日的邀請已有各種不同型式。對於隨興的一般社交聚會，人們往往會使用從網路下載的免費電子邀請函寄送給親友。然而，就商務方面而言，要是某間公司舉辦的活動及其風格走的是極富想像力的高科技路線，那麼希望被視為是先進的主辦單位就可能會使用客製化的互動式CD與DVD邀請函來搭配紙本邀請函。

有些公司會自行製作能夠凸顯其特色的CD作為正式邀請函、活動日期預告或是紙本邀請函的補充資料。

這些物件必須與傳統的邀請函一致，活動企劃人員也必須先把各項活動組織工作，像是活動日期、地點、時程、回函資訊等等都敲定後，才能開始決定其次序。電子版的費用與紙本是相仿的。

企劃人員在這部分有好幾種可行的選項。他們可以使用現成的格式加上邀請賓客出席的影片（只有文字也行），或是設計個人化的CD，裡頭是一段剪輯過的影像（內含各種播放格式），長度大約九十秒到二分鐘，以及能夠配合活動宣傳的相片與圖像。

　　舉個例子，就某場客製化的婚禮邀請函而言，新人們可以分享他們是如何相遇、如何培養感情以及如何求婚成功，此外並邀請賓客前來共同見證新人彼此生命中最特別的一天。他們可以在客製的CD邀請函中加入任何東西，從孩提時期的相片、第一次約會的回憶、訂婚派對到站在預定舉辦婚禮的教堂前合影（甚至親友也可以一起入鏡）皆可。邀請函最後可以特別強調新人的伴侶形象與回顧所有的特別回憶作為結束。舉例來說，如果有一對新人是以跳傘作為愛的見證的話，那整片CD不妨以此為主軸，加入過往的相片與跳傘經驗，作為客製化婚禮邀請函的特色。自製或自選音樂也可以放到CD裡。CD封面可以選用新人的相片，並且將其姓名用與背景互補的顏色凸顯出來。同樣的道理也能應用在企業、社交與非營利活動的邀請函上。

　　製作過程不管在哪間店進行，根據所選用的包裝與邀請函內容，通常都會花到2至4週。企劃人員在成品寄出去前最好能檢視一下。從組織工作的角度來看，重要的是要留意邀請函寄送的日期——而非活動日期，以及據此回溯規劃哪些事項於何時必須要完成的時間表。寄送時間也是一定要被列入的考量之一。記得要設立一定的緩衝時間。至少要在預定郵寄日期前六十天，就把要交給廠商製作客製化CD的內容評估完畢。送過去的影像和照片可能不會退還，所以確保有足夠的備份及複製時間也是很重要的。如果回函卡或傳統的紙本邀請函也要一起寄送的話，記得要去協調一下彼此的時程安排，以避免導致任何遲延。急件也是可以考慮的選項，然而額外費用就跑不掉了。客製化信封也能夠事先下單並製作完成，等到婚禮的CD邀請函完工時即可立刻寄送出去。一旦整套邀請函都包裝完成，接下來的重點就是把它們帶去郵局、貼上郵票與蓋郵戳了。

活動網站與活動回函網站

　　紙本、CD與DVD邀請函都會用到專屬的活動網站（必須以密碼進入），作為回報出席與否之用，亦能提供活動前後所需資訊及管理。活動企劃公司如今已能為特定活動打造專屬網站。藉此便能讓企劃公司有個不對外開放的資訊平台，然而客戶也能夠要求有權進入檢視特定區域，像是已回覆之賓客清單等。賓客們使用指定密碼也能夠進入網站內某些非管制部分，閱覽活動內容、服裝要求等資訊。活動結束後，經活動企劃公司與主辦單位的法律授權，活動中所拍攝的相片亦能公開張貼。關於出席人士肖像權的法律問題，你可能也必須瞭解。

　　當你透過活動網站寄送CD、DVD邀請函、索取回函以及進行其他目的，像是影音呈現或廣播時，務必注意賓客名單的資料，以及賓客們是否能使用電腦、上網速度為何、有否安裝影音軟體等事項。

TIP

第 **8** 章

餐飲供應

　　餐飲可作為活動主題與焦點，像是品酒或美食主題派對，也能是有創意的吸睛噱頭，例如使人食指大動的可食用桌上裝飾、炒熱氣氛的互動式道具，以及難以忘懷的甜蜜伴手禮。舉例來說，想像一下紅色桌布與擺著蜜糖蘋果的大圓盤，上頭灑滿M&M巧克力以營造節慶氣氛般的感受——既取悅了孩子，也取悅了把孩子當寶貝的大人。或者，蘋果可以沾滿色澤如濃縮咖啡、彷彿熱戀般甜蜜四溢的焦糖，然後淋上牛奶與白巧克力，擺在深棕色的桌布上作為秋天時節活動的裝飾品。你會發現到，在一場派對中使用像這種看起來會讓人垂涎三尺的餐飲取代一般的花束時，裝飾品就會變成使人飢腸轆轆的藝術傑作。不妨在每位賓客的座位上置放玻璃紙袋，讓他們把甜蜜的回憶帶回家，作為活動的紀念。

　　食物、飲品及其供應方式一如空間安排，在如何達成公司與活動目的的策略性規劃中均扮演著重要角色。藉由計劃性地設置飲食區，即可達到吸引人潮前往某處空間並且有所互動的效果，有別於讓賓客們只是站在定點跟鄰近的人交談，而由侍者前往提供飲料與點心。為了能夠獲得符合公司與活動目標、預想中的賓客良好反應，無論是飲食的種類、設置的時間與地點，以及供應方式都必須被視為是達成上述任務的工具之一。思考一下各種不同的飲食種類和你採取的供應方式，會對活動帶來怎樣的影響吧。

　　舉例來說，人們習慣在活動進行中且尚未開始提供飲料時便聚集到吧台附近，並且若是沒有刻意規劃的話，他們也只會站在某處不動。你要做的就是想辦法把人們吸引到某處空間，設置飲食區、飲料站與安排娛樂節目讓他們有互動的機會。

　　千萬別害怕嘗試新玩意，像是來個格蘭利威「品嚐會」〔格蘭利威威士忌、法國單一純麥威士忌（十二年）、美國單一純麥威士忌（十二年）、格蘭利威（二十一年）〕作為讓賓客們能夠交談與分享意見的方式，而非只是一般的品酒活動。善加運用的話，不但可以成為具備娛樂、啟發與教育等特色的活動，更能夠將人們聚在一起互動。

各種不同氛圍的德州主題派對範例

德州風味與鑽石牛仔

從邀請函就可以開始玩囉！針對走隨興、西部鄉村路線的「德州風味」（Taste of Texas）主題，你可以設計一些「懸賞」海報（上頭是人們熟悉的臉孔），然後做成破破舊舊、時代久遠的樣子。又或者如果你想弄得更奢華些的話，也可以考慮「鑽石牛仔」（Diamond & Denim）主題，廣發邀請函並要求賓客們穿著牛仔裝和配戴「鑽石」與會（真假鑽不拘，反正只有當事人自己知道）。

你可以安排一位牛仔在會場門口拿著吉他自彈自唱來迎接賓客，作為活動開場。

炒熱氣氛的方式包括了紙牌老千（打扮成西部風格的魔術師，利用敏捷手法進行的紙牌把戲）、套繩圈或甚至是來場丟馬蹄鐵的友誼賽。你也可以租一台投幣式自動點唱機，裡頭包含的當然清一色是西部曲風囉。

若預算及空間許可的話，甚至可以考慮把某些遊樂場的設施搬過來用。

特色開胃菜不妨以蟹肉餅佐紅辣椒醬、水煮德州灣蝦、胡桃木煙燻鮭魚或美式玉米麵包夾生蠔這些方便在賓客們間傳遞的料理為主。

牛仔風雞尾酒，像是Jack and Seven（傑克丹尼威士忌混搭七喜汽水）——南方通常稱其為Seven and Seven、Texas Comfort（南方安逸香甜酒混搭薑汁汽水）、德州風味茶（傑克丹尼威士忌混搭百事可樂及琴酒等其他飲料）、威士忌／波旁威士忌加冰塊或不加，以及威士忌沙瓦等飲料都是可考慮的選擇。啤酒——Lone Star與Shiner Bock——可以作為宴會的主要訴求，但記得要提供瓶裝，而非倒進玻璃杯中。

拉諾（Llano）出產的Chardonnay與Cabernet葡萄酒則是最受歡迎的酒類。至於蘇打汽水——也就是各式各樣的露啤，Pepsi和Slice等品牌都很符合德州主題，當然一大桶冰茶與檸檬水也是少不了的。

說到主菜的菜單，傳統德州食物自然是必備的。想像一下那誘人的超大份牛排——丁骨的油脂滴在煎鍋上滋滋作響，以及選用鮮嫩牛里肌的菲力作為菜單上的兩大招牌——佐以煎蘑菇與大蒜、用焦糖炒過的洋蔥（加上奶油與香醋），或是遵循當地習慣，來一份組合餐。

如果你安排的是德州山林鄉村自助餐（Texas Hill Country Buffet），那麼由胡桃木燻製並燒烤過的豬肋排、牧豆木鐵板雞或烤白翅——雞胸肉裡塞滿墨西哥辣椒，浸過醬汁再以培根包起來（起源自Don Strange地區，起初是使用鴿胸肉）、山核桃木烤羊排、德州漢堡或芥末熱狗全配（蘑菇、洋蔥、起士、酪梨與紅辣椒）這些是不可少的。針對想要更有點異國情調的賓客們，不妨再加上炸鱷魚尾巴、響尾蛇、煙燻水牛香腸、洛磯山生蠔（不要問，很恐怖。譯註：牛睪丸）與各類漁獲。

德州食物的份量可是非常驚人的。一盤配菜可能就包括了鮮嫩現烤馬鈴薯佐酸酪、起士與辣椒；紅皮馬鈴薯或馬鈴薯泥；烘豆；生菜沙拉；馬鈴薯沙拉；水煮玉米；馬車沙拉（譯註：蕃茄與蓮藕切片等）；德州辣椒（推薦提供給素食者）以及現烤小圓麵包佐鮮奶油。

甜點部分，簡單就好——香濃的巧克力布朗尼、酥皮蘋果餡餅佐冰淇淋與焦糖、巧克力與山核桃（德州州樹）起士蛋糕、咖啡與茶。

裝飾部分以鄉村隨興風為主，你可用紅色或藍色為基調的方格布作為桌巾與餐巾，然後理想上最好能用琺瑯製的餐具。

在鑽石牛仔主題方面——丹寧桌巾——上頭鑲有少許閃閃發亮的「鑽石」，讓整個桌面在燭光的照耀下熠熠生輝。可用更多的「鑽石」來裝飾餐巾以配合主題。

建議：募款活動可與鑽石牛仔作一結合，來個「鑽石礦」尋寶義賣，以1顆100美元以上的價格販售，所得則全數捐作慈善之用。其中

1顆是捐贈義賣的真鑽，其他則是假的。又另一個可作為募款主題的物品是牛仔寬邊帽（捐贈或贊助均可）大拍賣，不但能配合主題也可以讓賓客們立刻戴上，成為主題的一部分。

花束就不用多說了，德州黃玫瑰是不二選擇。或是選用藍色基調的花環向矢車菊——德州州花——致敬也不錯。

經過了雞尾酒會與晚宴後，你或許會想以舞會來消耗掉一些暴增的卡路里。不妨聘請一小時的專業教練來指導賓客們跳德州雙步舞（Texas Two-Step）、最新舞步或甚至是帶頭跳方塊舞。

活動中要準備好隨時提供波旁威士忌與雪茄，但建議僅限於在老派的集體槍戰或拔槍對決等娛樂競賽時。過去以西部為主題的派對中，這是其中一項娛樂元素，但今日已然不同了——只要想想昔日的萬聖節派對裡，曾出現過某位出席者的服裝裡藏有玩具槍，卻因為被誤認是真槍而遭擊斃的悲慘故事即可。

如今如果想為活動多加點刺激成份的話，只需作一些小小的調整，便能在活動中增添德州－墨西哥的風格。

開胃菜除了之前提過的，還可以選一些墨西哥特色食物，像是雞肉烤餅、玉米脆片、沙拉、酸酪與酪梨醬。

自助餐可以提供一整排令人垂涎三尺的墨西哥西南料理——玉米粉圓餅湯、墨西哥烤肉、西班牙米、墨西哥捲餅、肉餡玉米卷餅、炒豆、墨西哥辣椒、魔鬼雞（pollo a la diabla，奶油煎雞胸肉，佐以辣椒、大蒜、洋蔥與蘑菇，搭配墨西哥辣醬一同食用）。

啤酒選項再增加可樂納或特卡特（Tecate），酒類則是桑格利雅氣泡酒，創意調酒部分可選擇瑪格麗特與龍舌蘭日出。

墨西哥吉他手既能用於迎接賓客，也能作為娛樂節目的一部分。裝潢的話可以再多加點活力四射的概念。

德州是以什麼都做很「大」而聞名，並以此感到自豪，所以就別擔心會玩得太過頭囉。

野牛公爵舞會和德州黑領帶與馬靴舞會

若是要較為正式的德州主題活動，「野牛公爵舞會」（Cattle Baron Ball）與「德州黑領帶與馬靴舞會」（Texas Black-Tie and Boots Ball）可說是最主要的兩項傳統主題派對，而且其感受和餐飲內容是與前項大相逕庭。

餐飲供應之考量

無論活動是站著的招待會或正式的入座晚宴，都不必感到被菜單所侷限。大部分的飯店、餐廳和外燴業者都很樂意跟你一起在預算許可內玩些創意料理。在某場活動上，送上的甜點是冰淇淋水果——把冰淇淋作成各式各樣的水果形狀。這道甜點在賓客們享用完後仍舊是話題中心，而且許多人隔天還指名要再吃一次。冰淇淋水果實際上並沒花到什麼錢，但卻造就了廣大的效益。這就是你所要尋找的創意靈感之一。舉例來說，某間知名的外燴業者便曾製作出把客製化訊息隱藏在內的籤餅蛋糕。想想看有哪些可以做變化的地方。要如何展現出你的天分、創意、想像力與風格呢？

研究一下要供應哪些種類的食物。一定要把素食列入項目中。在賓客們的登記表格上記得要留一欄詢問是否有特殊的餐點需求或食物過敏，以協助你規劃菜單。此外你也必須事先瞭解有多少人是吃素的，以及有多少人會對海鮮、花生等食材過敏。針對特殊需求可以另外安排一份特別菜單因應。

如果你舉辦的是那種冷熱開胃菜會由侍者四處供應的站立式招待會，記得將食物都製作成一口大小和方便拿取的型態——不要有骨頭和滴滴答答的醬汁。賓客們只用一張餐巾就把食物抓起來吃，還是會

有盤子呢？會場方面有足夠的盤子來盛裝這麼多道菜嗎？而盤子的清潔是否會導致使用更替上的遲延呢？同樣的道理也可應用在特調飲品與杯子上。會場方面有足夠的杯子，或是需要動用預算自行補足呢？務必要記得提出這些問題，並得到令你滿意的答案。如果你把馬丁尼酒吧當作活動的特色之一來打廣告，但卻在活動前一天不幸發現會場方面沒有足夠的馬丁尼杯庫存的話，這就會讓你因為這項宣傳而遭受一些損失。想必你會一邊尖叫，一邊忙著付出高額費用去租杯子來應急。這也會對你的預算專案造成隕石般的重大衝擊。

你也必須事先告知外燴業者要準備多少份晚餐。正如大家都知道的，所謂食物擔保份額同時也是商務陷阱之一。如果你擔保了100份晚餐，結果卻只有50人來的話，你還是必須付100份的錢，然後另加50份非常貴的打包袋費用。遲到的回函跟缺席會讓擔保份額變成難題。除了無故缺席之外，你可能還會遇到正好相反問題——不速之客。不管在哪裡都會有一群「身分不符」的傢伙跑來湊熱鬧。面對這些人你還是要確保一定份額的餐點，不過會場方面通常都會多準備一些，以應付任何臨時的變更。也可以把原本的擔保份額打個九折左右。這麼一來你儘管還是會根據這個份額付費，但就最後一刻取消或缺席的部分來說，是可以省一些錢的。

確認有哪些人會被列為賓客，並計算餐飲擔保份額。工作人員、舞台佈置與照明人員、娛樂表演人員、攝影師與媒體人士都會被歸類為受邀賓客，還是需要另行安排規劃呢？若是由你負責提供飲食，記得把這筆費用加到預算中。

或許可以這麼說，舉辦特別活動的第一項準則就是要找來足夠的酒保。而且如果前項成立的話，第二項準則就是要準備夠多的烈酒。酒用完了可是會讓主辦單位很尷尬的。接著要審慎思考要把吧台的位置設在哪裡。你要避免大排長龍與堵塞的情況出現。收費方式是以杯計價，還是固定時間內喝到飽呢？設置吧台或延長營業時間需要取得特別許可嗎？開始供應酒精飲料時，該區域需要改為封閉狀態嗎？如

果是由主辦單位負責買單時，需要限制提供的飲料種類，例如排除一口酒（shooter）或名貴的白蘭地和紅酒嗎？賓客們碰到一口酒很容易就會醉了，尤其是有拼酒大賽的時候，然後酒吧區的帳單數字很快就會一飛沖天。稀有名酒、冰酒與香檳都所費不貲，而且如果每個人都想嚐嚐看的話，絕對會對預算造成重大影響。如果你希望酒保跟侍者遇到這類名酒問題有固定的處理模式，就請你向他們下達該怎麼做的明確指示吧。可以是跟賓客們說要喝沒問題，但是請自費。或是採取另一種方式，跟賓客們說這些酒並不隨意提供，但很樂意為他們斟上一杯。若晚餐中有包括酒的話，你會安排由服務生四處為賓客倒滿，還是留一瓶在桌上讓他們自行享用呢？而酒是無限量供應，還是每張桌子有配額呢？萬一喝到超過配額的話又該如何處理呢？

記得把給員工的小費也列為預算中的一個項目。大部分的會場都會根據總帳單的數字進行一定比例的計算來作為小費。該比例則隨會場而有所不同，所以你每跟一間新會場合作都要詢問一次。在某些地區還會在小費上加課所謂的政府稅。這點看似不太重要，但小錢總是會慢慢累加的。如果你遇到這種情況，記得列入預算考量中。

可別誤把食物跟飲料的附加稅合而為一了，而且這兩種的價碼也不同。若你會自備這些東西進會場的話，注意一下是否會有「開瓶費」。這費用是當你自備酒水時可能會多出來的費用。舉例來說，在某個募款活動上，某個釀酒的贊助商或許會直接把產品捐贈出來義賣，那麼開瓶費就會出現了。

如果你將規劃開放式酒吧但又希望有所限制的話，可以請飲品負責人員在該項花費到達預算半數時提醒一聲，以便決定是否要暫緩這項服務。

食物供應也好、吧台服務也好，都要記得在現場清場完畢前不要讓員工開始拆卸作業。你可能要有點彈性，當活動正熱烈時，賓客們會希望不要那麼快就宣告散場，而客戶也可能會決定讓活動持續久一點。所以要查一下超時費用的資訊——如果你決定要延長的話，這筆費用怎麼計算？同時也要讓全體人員都要有可能會加班的心理準備。

　　某場在牙買加舉行的獎勵活動上，活動企畫者坐在用餐區裡討論時程表，以及佈置階段時隨身攜帶一份時程表的重要性，因為你永遠不知道會發生什麼事，以及你何時該介入處理，並做出可能會影響到活動的成敗的決定。就在這個時刻，廚房人員衝進來回報說飯店的烤箱失火了。活動的晚宴就這麼變成了滿江紅。火勢雖然很快得到控制，但剩下的食物上也都覆蓋一層滅火器的白色泡沫。屋漏偏逢連夜雨，這時候賓客們也差不多快出現了，但廚房此刻能端出來的菜就只有頂級烤肋排佐化學醬汁。

　　更誇張的是，廚房人員打算拿水沖一沖後，加熱後照樣上菜！不用說，這個想法立刻就被否決了，但上不了菜的問題還是沒解決。最後，只好跟其他同業調貨來應急。至於那些上頭還白白的犧牲品則置於一旁顯眼處以免被誤用。如此一來也就避免了一飛機的人出現食物中毒，或是更糟的狀況。如果活動工作人員沒有出現在那個當下的話，他們會知道這個消息嗎？如果真的端上了烤肋排佐化學醬料的菜餚，又會有怎樣的結果呢？至於這場活動，最終仍舊天衣無縫的結束了，而客戶甚至不知道曾有過這麼一段插曲。

菜單規劃

　　開始研究菜色前，還是記得要先研究一下這部分的預算。從固定成本——也就是沒有殺價空間的項目，例如如果你只會用到會場設施的話，那麼像場地租金、酒保費用這些之類的就是了。至於菜單，在預算許可的範圍內總是可以讓你天馬行空的發揮創意。飲料也是，為了不超支，你也可以從一整座吧台改成只提供幾種紅酒與啤酒。瞭解固定成本將能夠幫助你決定在飲食上花多少錢，並且在何種項目上要去爭取更優惠的折扣。

　　如果會場方面能夠從飲食部分獲得額外收益，一般來說就不會去計較場地費用了。但是，假若你在舞台、照明、裝潢等佈置上會超過預定所需時間，使得會場方面在這段期間無法營業的話，他們可能就

會向你索取場地費，作為這部分的補償。這些數字是可以協商的，但你必須先知道會在餐飲上花費多少並告知會場，才能讓對方據此進行適當的損益評估。

　　規劃菜單時的一項基本原則，就是不要把食材用完，不過實際上的情況可沒字面上那麼簡單。想想看要供什麼餐，以及提供的時機吧。如果端出的是一套開胃小菜式的滿漢自助全席，就必須考慮到賓客何時才會蒞臨。如果一次把所有菜色全上完，還會有東西留給晚到的客人嗎？如果你打算平均一個人提供4道小菜，但考慮到賓客們可能會在沒吃午餐的情況下，下班後直接趕過來，這份量或許不太足夠。這些饑腸轆轆的客人可是會一下就把準備的食物一掃而空。同樣的道理也可應用在招待會上。現場可能會有兩組不同的團體，甲團體可能有招待會前的活動，而乙團體只是按照時間前來出席招待會。若是甲團體遲到、乙團體準時，你又一次把食物全端出來的話，最後可能只有剩菜剩飯留給甲團體的人了。把時間與份量規劃好，分階段上菜吧。讓某個活動企劃委員會的成員負責通知你甲團體何時抵達，以便重新補貨，確保迎接甲團體的是一桌色香味俱全的美食。

　　此外也必須注意廚房的位置，以及食物是如何送至現場的。

　　　　在某場超過1,000人出席的正式活動上，所有的飲食都只由一處中央廚房負責供應，結果完全無法超越第一波早就策劃好徘徊在供應站附近，當目標一出現就進攻的賓客們。現場並未安排其他的供應站或吧台，讓侍者能夠從其他方向接近賓客。於是當侍者們帶著紅酒與啤酒試圖穿越人群時，不但難以移動，而且也十分危險，因為要避免把酒灑到賓客身上實在是太困難了。在會場四周設置酒吧可以有效地把賓客們從中央區域吸走、減輕擁擠狀況。

　　　　此外，想要找個地方放置用過的酒杯與餐盤也是不可能的。現場並未設置這種用途的桌子。於是很明顯地可以看出，一開始的規劃是讓員工四處巡視進行回收作業，但人潮堵塞讓這項任務難以執行。

　　　　餐前小點一道道送上，可是這方面又出問題了。菜色內容包括了

用竹籤串起的食物或是還帶有尾巴的蝦子。於是賓客們便把這些殘餘直接用雞尾酒的餐巾包起來。不幸的是，侍者沒辦法進場清理這些垃圾，他們光是應付賓客們的要求就疲於奔命了，根本沒有時間去處理盤子與廚餘。因此事前指派好哪些人專門應付賓客、哪些人專門處理餐盤與廚餘，能夠有效紓解這種混亂的場面。

　　活動尾聲，侍者們人手一瓶紅酒，試著為那些有幸能碰到他們的賓客將酒杯斟滿。但是仔細一瞧，杯子似乎用完了阿？於是想要提供非酒精飲料、或是一杯白開水也變成不可能的任務了。這告訴我們，飲食方面的選擇固然重要，然而空間規劃、呈現方式、服務提供與清理也是不可輕忽的。

　　你會如何處理提早到的人呢？如果有人在活動開始前一個半小時就在門外等著進場，你打算怎麼辦？如果客戶叫你把門打開，招待賓客入場的話，現場的狀況沒問題嗎？酒保、侍者、食物與音樂都準備就緒了嗎？誰有權能對現場人員發號施令呢？確認所有員工在活動開始前就已處於待命狀態。這是非常非常重要的，因為除非得到活動企劃人員的允許，不然員工可能會猶豫要不要打開門。

　　開始規劃菜單時，記得要把季節、國家、當地風味餐和賓客們的嘗鮮意願也列入考量。並不是每個人都樂意來一盤響尾蛇、短尾鱷甚至是水牛的。在巴貝多與佛羅里達，有道家常菜叫作「海豚」，當外地人聽到這道菜而嗤之以鼻時，當地人馬上會跟你說這跟電影《海豚的故事》（*Flipper*）裡頭那隻不一樣——這是一種魚類，不是哺乳類。在摩洛哥，某道當地美味是用鴿子做成的，以至於嚇跑了不少西方遊客，不過那道菜也可以用雞肉做成就是了。賓客們會很感謝你讓他們知道正在吃的到底是兔子、山羊還是其他一般餐宴上不常出現的怪東西。青蛙腿看起來跟雞肉幾乎沒太大差別，吃起來也差不多，不過還是記得讓侍者徵詢賓客們的同意後再上菜吧。有些人樂意接受，有些則否，但至少都有選擇的自由。

賓客們對於把活蝦在眼前煮熟（用啤酒烹調的醉蝦）的反應會如何呢？他們會很愉悅的享用這道當地美食，還是不會呢？針對那些在國外舉辦的活動，準備一場將所有在地料理都集合起來的迎賓自助晚宴會是個嘗鮮的好方法。讓員工向賓客們解釋每道菜的由來與準備過程，或是在菜盤前放個介紹卡吧。務必記得餐點要有開胃菜、沙拉、主菜與創意甜點——當你想要來點「有趣」的元素時。

整體而言，食物的外觀看起來如何呢？每道菜都能彼此互補，組成一幅讓人食指大動的佳餚全覽嗎？菜餚看起來色澤鮮豔欲滴嗎？菜餚送上台時的樣貌又是如何呢？會讓人忍不住想吃嗎？各種食物的選擇搭配良好嗎？你有花時間確認菜單內容的平衡，以及確保不會有菜餚口味太重或份量不夠嗎？假如你所準備的開胃菜口味太重的話，那麼開胃菜、沙拉與甜點最好就選用清淡點的。食物口味太重、太豐盛或量太多都可能會讓出席的賓客們吃太撐以至於想睡覺或沒精神。在會議場合上，重要的是讓中午的餐點份量能夠使賓客們剛剛好能補足活力並重返會議、樂於繼續接下來的行程即可。基於這個理由，在午餐上提供含酒精飲料明顯就不是個好主意了；用冰茶、檸檬紅茶、無酒精飲料、果汁與開水之類的取而代之吧。把酒留到會議結束後，晚上的招待會上吧。

早餐

就會議、大會、研討會或獎勵活動來說，早餐的選項是很多的。不妨安排自助早餐吧，讓賓客們自行取用之餘也能坐在一起共進美食，增加互動的機會。

可能的話，設置一個以上的自助吧台，以免所有人同一時間都在排隊。如果你要求有份額管控以便省錢並確保人人都有份的話，就讓員工負責供應食物吧。為了讓隊伍不要排太長，把一些比較次要的項目，譬如果汁、麥片、水果、甜點與咖啡移到另一個獨立的飲食區。

> 當你在安排自助吧時，不管是早餐、午餐還是晚餐，都盡量規劃成可以雙邊取用、菜色對稱排列的模式，這樣就有兩條動線了。
>
> **TIP**

此外也要確定有足夠的餐具給每個人使用。務必要注意那些可能會造成堵塞的區域。某些渡假村會提供烤土司機給賓客使用，但這機器除了一次烤不了幾片之外，還常常會當機。其中一項解決方案就是直接拿一籃烤好的土司放在桌上任人取用。此外每當你身處熱帶氣候時，都要確保食物是保持在適當的溫度下、不會擺得太久並且有安排電風扇或其他可以把小蟲與鳥趕走的裝置。

　　一般來說，飯店會提供各種不同價位的自助餐菜色選擇，所以你要看清楚這些密密麻麻的小字。設置自助餐的最低費用是多少呢？飯店所提供的自助餐菜色，經常都是以最低50人的份額開始計價的，而且若是你的人數不足，還會多收一筆額外費用。這種費用也可能會出現在專門幫客人煎歐姆蛋、薄烤餅與鬆餅，或是切火腿的廚師部分。人數比較少的時候，會場方面所提供的自助餐菜色可能也會比較少，或者你也不妨考慮一下入座早餐，每人一盤配好的食物。無論如何，都要避免選擇太少的情況發生並盡量讓早餐有各種菜色，尤其是如果午餐或晚餐是一盤盤固定菜色的時候，選擇就更少了。

> 要記得，規劃早餐的目的不僅是為了餵飽賓客，也事關你的活動目標。你想要在一大早就把他們聚在一起強迫互動，還是因為接著一整天都會如此，所以早上就先讓他們有點個人空間？
>
> **TIP**

　　假如你的會議超過預定時間，記得要提供一點補給。如果預算不太樂觀，那就盡量以提供自助餐的方式來應付吧，不過每天都要有不同的菜色就是了。你會需要跟外燴業者的人員一同處理這問題。舉例來說，如果你要求對方將炒蛋改成其他需要更密集勞力的菜色像歐姆蛋或水煮蛋的話，那可能就沒辦法同時提供果汁與切片水果了。為了在預算範圍內還是可以提供各式蛋類料理，你或許就只能搭配培根、香腸而放棄火腿。

　　賓客們越來越重視養生，也會變成你必須考慮的因素之一。因此要記得在一般常見的蛋、培根、香腸與火腿等菜色之外，還要提供優格、新鮮水果、果汁、麥片、花草茶與無咖啡因咖啡。當可以選擇時，許多人都會用牛奶而非奶油球加進咖啡裡。把這兩項都提供給賓客們，並且注意一下餐飲的新趨勢；人們近來會開始要求喝豆漿了。此外也要確定牛奶與奶油球是新鮮的。

　　　只要可以的話，把牛奶與奶油球盛放在托盤而非塑膠容器中。這樣看起來要美觀多了。

TIP

　　在世上某些地區，你也可以將早餐自助吧打造成像一場有趣的互動式活動。在亞歷桑納州，不妨來個迎向日出的騎馬之旅，搭配一輛外燴用的四輪馬車來充作早餐自助吧。不想騎馬的賓客們則可以搭乘吉普車。（記得把花費加入預算，同時也要安排流動廁所。）

　　另一種早餐選項則是安排賓客們在飯店內的餐廳用膳，除了可以直接從菜單上點菜之外，還能把帳直接記在賓客的客房裡。大部分的飯店都會在其主要餐廳內提供整套的早餐自助吧，費用通常跟自行安排的差不多，有時反而更低。如果賓客們只拿了果汁、咖啡與土司的話，這就是你全部所要付的錢。

當你在規劃會議或活動時，千萬別忘記在你所選擇要做的任何事情背後，都有心理因素的成份在，而且這些因素還會直接影響到每一次供應賓客特定餐點時的整體氛圍。就拿咖啡這種小事來說好了，如果賓客們的生理時鐘還是處於繁忙的都市步調，而你想將其舒緩成較為放鬆的當地節奏的話，不妨在每張餐桌上擺放一整壺——而非一杯——的咖啡。如此一來賓客們便能好好地放鬆、款待自己，並逐漸調整成悠閒的步調。否則他們可能會因為送餐速度太慢而感到不悅，接著把氣出在接下來的會議上。

> 瞭解你的客戶。舉例來說，想跟證券經理人來一場舒適的早餐接觸，那麼《華爾街日報》就是必備物品啦。
>
> **TIP**

你也可以跟餐廳接洽，為賓客們安排專屬用餐區域，並安排人員在入口處接待引座，以免他們在一旁枯等。如果他們必須在特定時間離開的話，也要事先告知餐廳，讓對方能據此作相關規劃。如果賓客們能夠使用客房服務的話，同樣要事先告知飯店經理，以便他們能準備相應的人手待命。有許多方法能避免客房服務人員因為同一時間如潮水般湧來的訂單而弄得焦頭爛額。不少飯店都有可以事先填寫的早餐卡，你也可以為你的團體設計一份。

> 為了協助賓客們及早適應5個小時的時差，這個置身在夏威夷的團體每天早上都會有新鮮的柳橙汁、保溫瓶裝的熱咖啡與一籃剛出爐的點心，讓他們能夠在陽台一邊悠閒地看著報紙一邊享用。這讓他們在下樓前往餐廳用餐，以及整座城市甦醒之前，能有個愜意的開始。

　　當客戶撥給你的預算可以讓賓客們毫無顧忌的大快朵頤時，將這筆支出假定為跟自助餐的費用一樣吧。一般來說，自助餐是最貴的項目，而且此舉同時也能畫出一道緩衝空間。有些賓客可能只會喝點果汁、咖啡，拿點麥片。此外也要記得調整回返日當天的餐點內容與最低擔保份額。根據航班的時間，若是早班機的話則不妨在前往機場前安排簡易的大陸式早餐，如果航班會提供早餐的話更是建議如此。

　　活動尾聲時，在把客房帳單交付給賓客前，先和會計一同檢查一下所有被核可的費用諸如飯店早餐之類都已分開計算，沒有出現在賓客的客房帳單裡。被核可的費用應該會直接計入總帳戶中——如迷你吧台、紀念品這些跟主辦單位無關的雜費，就留給賓客們支付。先行完成這項作業的所需時間，跟你在退房時一同處理的情況比起來可說是微不足道，尤其是身為活動企劃人員的你要滿手幫忙提著賓客們的行李前往機場時。

> 　　有哪些項目由主辦單位負責，有哪些費用、餐點、活動是賓客們要自行負擔的，這些全都要在發給賓客們的行程表中明白地列出來。某些公司以費用全包聞名，但千萬別全然相信這種噱頭。不然你就等著在結帳時收到驚喜吧。
>
> TIP

　　就需要在飯店過夜方面，最後一個需要考慮的事情，就是比較一下一般客房費用跟有提供門房之樓層的客房費用。全世界的高級飯店與渡假村都有後者的服務，包括私人入住手續、設施升級與特別服務，如大陸式早餐、下午茶與晚餐的餐前開胃菜。針對這點而進行費用比較是相當值得的。舉例來說，某個團體入住了位於洛杉磯，有門房服務的客房樓層。這些賓客們從全美各地飛過來，而這是他們唯一能聚在一起的時間。這趟旅程可說是十分忙碌，因此讓他們認為最想

做的事情就是放空而非跑到某間餐廳去，並且在返航前團聚一晚。正因為他們將整個樓層都包下來，因而得以安排一些特別活動，像是當晚便舉辦了一場睡衣披薩派對。所有人都穿著飯店的睡袍在私人交誼廳現身，放鬆、吃披薩，度過完美的相聚之夜。

中場休息

研討會期間的中場休息也能設計得很有趣。其中一場會議可以提供牛奶與餅乾，另一場則改用冰淇淋聖代。記得規劃時要考量到季節因素。此外也要確認其他會議將在何時與何處進行中場休息，讓你能夠避開衝突。

午餐

對於在飯店或渡假村舉行的午餐會議，可以安排盤餐、自助餐、戶外BBQ或是可以帶回房間或直接就地食用的便當。如果早餐已經是自助餐了，那麼午餐便不妨改成盤餐，讓賓客們有別種體驗。

專人服務或自助餐

就午餐的部分，選擇一份裡頭有些大家都能吃的套餐會比較省事。如果你提供的是以魚為主的開胃菜或湯品，午餐的主菜就別再重複了，改用雞肉或比較清淡的義大利麵吧。如果時間有點緊湊的話，餐桌可以預先上菜，讓沙拉或開胃菜等著讓人吃下肚。在會議室安排一位員工，負責向午餐人員提示會議何時即將結束——告知的時機點會根據要服務的賓客人數而有所不同——讓他們可以開始送上沙拉與倒水。侍者們也需要知道當賓客要求酒類飲料時該如何處理。會提供這類飲品嗎？如果會的話，是主辦單位買單還是使用者付費呢？你要指點侍者如何跟賓客們應答。

戶外BBQ

如果你正在考慮要舉辦戶外BBQ或其他類似活動的話，要記得預定一間房間作為因應壞天氣的備案。「這個時節從沒下過雨」一點都不可信。不管訂不訂房，活動當天都要做個決定，然而如果有備案的話，至少還能逃過一劫。其他要注意的事項包括白天戶外活動的遮陽處。需要準備哪些物品，以及有何可用的防護措施呢？

> 　　如果飯店方面有常設性的BBQ區域，也離客房不遠的話，場勘時記得仔細觀察一下。這些房間會充滿燒烤的濃煙嗎？如果是的話，就訂遠一點的房間吧。

TIP

午間便當

便當在早晨會議之後接著進行的高爾夫巡迴賽中是非常熱門的，因為參與者們都巴不得能趕快開球。把便當、高爾夫球與印有合適標誌的毛巾準備好，放在高爾夫球車裡等候賓客大駕有助於讓球賽迅速開始。球具可以趁他們還在開會時就先運至球場，並放進高爾夫球車中，當然也有要幫忙租球具的可能。其他相關安排例如專屬的飲料供應車之類，至於這部分開支則全部歸入總帳戶中。利用會議的中場休息時段，賓客們也能跳上接駁車直奔球場去視察一下。此外也能在俱樂部準備一些輕食，讓賓客們賽後返回時能夠享用，錢當然也是算到總帳戶中。當所有人都結束比賽回到俱樂部後，接駁車便可以將他們送回到飯店。

　　如果可能的話，試試看把各種餐點搬到不同空間中供應吧，每天都在同一個地點用餐也是會讓人覺得煩膩的。至於會議室的部分，則是以保持同一間為上策。最好的做法是將整間會議室都包下來，省去搬東搬西的麻煩，隔天也能立刻繼續議程。記得把房間鎖好、安全措施要確實。

TIP

雞尾酒會

　　雞尾酒招待會的時間可以進行一個小時到兩個半小時左右。雖然一般來說都是在晚宴前一個小時開始舉辦的。如果只有辦雞尾酒會，而晚餐是由賓客們自行負責的話，那麼招待會就可以拉長到兩個半小時，開胃菜的份量通常也會多給一點。

　　務必要根據飲食的類型來規劃場地需求並佈置空間。你採用的是飲食區、由侍者分送，還是兩者皆有呢？會有娛樂節目、桌椅零星散布於場地四處嗎？根據經驗法則，座位數目大約是賓客人數的三分之一，但如果其中老人家比例很高的話，那麼就要再增加些座位。

　　當賓客們漸次抵達時，炒熱氣氛的菜餚就可以登場啦。除了風味飲料和娛樂節目之外，能夠激起人氣或討論的食物如生蠔吧、壽司吧，甚至是加州風自助吧等更好。如此一來呢，食物就變成娛樂節目的一部分了。記得安排專業人員為賓客們介紹菜色與準備過程，鼓勵他們來點不一樣的食物，像是當地特產之類。你的目標在於讓被引領進活動的賓客們能夠放鬆、打成一片並且感到歡樂。

　　在策劃招待會時，對音樂部分也細心留意是很重要的。你要找得是那種軟調的背景音樂——以便讓賓客們可以隨意談話而不受影響。你可不希望看見賓客們要用喊的才能溝通吧。另一方面，娛樂節目的音量則要剛剛好讓大家都能聽見。

舉例來說，在某場超過1,000人出席的大會上，安排的娛樂節目是位於會場中央的三重奏演出。可是，由於場地狹長的特性導致音響效果不足，讓演奏者彷彿不曾出現過一樣——沒人看得見，也聽不到——他們就這樣遺失在人群中。大部分離會場中央有段距離的賓客甚至完全感覺不到他們的存在。演奏者最後在招待會結束前就匆匆打包離開了（這是大忌）。

若要更有效率和戲劇效果的方式，可以安排小提琴手、薩克斯風手或古典吉他手邊走邊演奏來迎接賓客，或是在入口處擺一台全白小型鋼琴，讓穿著全白燕尾服的鋼琴家現場彈奏，這樣每位入場的賓客都能欣賞到其演出。侍者們則手捧裝有香檳或法式土司的銀色托盤來迎接賓客，並告知會場內的吧台與滿漢全席都已準備好，只差他們的嘴巴跟胃。如此一來，每個賓客在進到會場前便都能享受到娛樂節目的效果。如果招待會是在戶外舉辦的話，時間就定在落日時分吧。這樣不但多了一道黃昏美景，還不用額外付費呢。只要可以的話，盡量朝這方向安排吧。

當要選擇舉辦招待會的場地時，花點時間比較一下所有可能的選項吧，至於飲食部分亦同。選擇傳統的宴會廳不會有錯，但如果有機會能夠改在面海平台上欣賞落日，不好好利用就太可惜了。至於多功能房間則可以作為天氣備案。千萬別錯過任何一個可以讓場景變得美侖美奐的機會。

某間渡假村有著完美的庭院，不但附設戶外火爐，還有源源不絕、在夜裡閃閃發亮的美麗噴泉呢。你只要再加個古典吉他手、一些精緻的花飾，在植物上妝點些星星燈，就可以用少少的錢打造出大大的氣氛，也不用另外弄一些多餘的裝潢。

如果你正在準備晚間戶外活動的佈置時，記得要在晚上去場勘。某個地點可能白天時看起來無懈可擊，但還是要在跟活動舉辦的同一時段進行觀察，那麼場地運用上的活動預想才不會出現誤差。需要準備額外的照明或暖器嗎？有天氣備案嗎？如果你沒有預算花在裝潢上

的話，那就盡量就地取材，試著營造出一定的氛圍吧。大多數飯店在這部分都很樂意配合你的。有時候不但能向飯店附屬的餐廳借到器材，甚至還會配合你的活動而不對外營業呢。

　　某場環太平洋主題晚宴（Pacific Rim dinner）計畫要在溫哥華某間頂級飯店內的宴會廳舉辦。雞尾酒招待會的氣氛非常熱烈。迎賓鼓聲隆隆作響，還有舞龍舞獅將賓客引領至宴會廳。在每道菜的間隔中，都會有一組小朋友帶來環太平洋國家及地區的傳統舞蹈或體操表演，以配合下一道菜的來源國。這真是個令人難以忘懷的夜晚。擺飾盤──賓客入座時即置於座位上的餐盤，可作為裝飾的基礎物──是取自於飯店附屬的美食餐廳。平均每個要價超過200美元的裝飾盤，將餐桌妝點的閃閃發亮。活動當晚，餐廳不但不對外開放，飯店方面也很慷慨地不跟主辦單位收取租借盤子的費用。

　　另一個場合則是在加州的某間飯店，搭配向上照明的巨大棕櫚樹盆栽──從地面往上打光──只花一點點工資便搬到了招待會現場。會場在活動當天也是只開放給主辦單位邀請的賓客。賓客們並沒有因為這些龐然大物遮蔽了會場的其他裝潢而感到不便，現場反倒因為這些植物而營造出一股溫暖的氛圍。

　　在加勒比海，雞尾酒會通常都在飯店的泳池畔舉辦。這方面你所必須要事先瞭解的，就是是否會有其他客人在招待會進行期間會使用這塊區域。此外，何時要開始佈置呢？為了讓該區域開放點，移動像是長椅等家具是必要的。這些東西會被搬離現場，還是就簡單的塞到柱子後面，讓人看不見就好呢？這點同樣也可應用於在餐廳舉辦活動時。要確定的就是讓不必要的東西不會出現在賓客眼前。

　　無論是什麼活動，廁所都是重點。如果招待會的區塊是餐廳特別規劃來專門舉辦的話，那你就要意識到廁所區很可能也在那邊。這樣一來會對佈置造成什麼影響呢？會有不速之客為了找廁所而跑進你的活動中嗎？如果有間三層樓高的餐廳，但只有一、三樓有設置廁所，

當三樓被拿來辦活動時，你可以請餐廳經理把其他散客安排到二樓用餐，並且員工在樓梯間站崗，引導他們前往一樓上廁所。當然，立個牌子也是可行的做法。

在選擇雞尾酒會的最佳場址時，有個務必要牢記在心的重要考量因素就是空間安排。你找到的是有個寬廣的中央區域，讓賓客們可以聚在一起的那種，還是屬於有很多隔間，充滿稜稜角角的區域呢？如果你想讓賓客們混在一起交流互動，那麼前者就是比較好的選擇。若是後者，而且空間又太大或延展太多的話，很容易就會讓活動失去活力。剛抵達的賓客們只會看到門可羅雀，而非四散在各個小房間中的所有人。

另一個要考量的點是天氣。若地點是位於熱帶的話，不妨在戶外舉辦招待會和晚宴，讓落日時的微風吹去一天的炎熱與疲累。但如果你舉辦活動的時間點被公認為是一年當中最熱、最黏膩與最潮濕或燠熱難當——譬如日正當中的沙漠（晚上則相反）——那還是把活動搬回到室內吧，這是有百利而無一害的。

假設賓客們準備出席一場研討會好了。各家供應商彼此相爭，希望能讓賓客出席自家的晚間活動。此處的目標就是要弄個有趣的派對，把人留得越久越好，最好就停在自己家不要去其他場子。拿兩場派對來比較一下：一場在戶外舉辦，占地廣闊；另一場則場地相對小得多。後者充滿了活力、氣氛、音樂、美食，以及空調。由於當時氣溫超過攝氏38度，賓客們當然都往有冷氣的地方跑，然後就不想離開了。至於跑去戶外場的賓客們，沒多久就展現出對於室內冷氣的渴望——當他們抵達室內場時，人人都大喊舒服。這些人當然也就留下來囉，結果因為人數太多，主辦單位還不得不擴展場地。賓主雙方共度了美妙的時刻。如果說兩場活動都在戶外舉辦的話，賓客們很可能兩邊都會現身，然後移步到陰涼處。

在另一場活動上，氣候是一樣的——熱、黏、濕。賓客們出席研討會之餘，各家廠商也競相邀約這群見多識廣、閱歷豐富的金主前

往參加自己的活動。目標相同：取悅他們並且留住他們。首先登場的是用最新科技打造而成的虛擬奧運大會，這點完全符合他們的胃口。在室內舉辦活動，當然要開冷氣。活動才開始沒多久，氣氛就已經熱到不行。賓客們紛紛前來要杯雞尾酒喝。主辦單位在上飲料跟開胃菜時開始解釋遊戲規則：各隊都身負「有趣的」任務出動。賓客們打了約兩小時的各類電動，然後帶著成績單、放鬆和愉悅的心情回來享用一整排美食和飲料。當優勝隊伍公佈後，那些設施便開放給賓客們任意使用。到了午夜，大家的氣氛仍舊很熱烈。活動策略的選擇極為成功，賓客們樂在其中，主辦單位也達成目的。因為場地寬闊，又對外開放，因此活動企劃人員就必須構思要如何把人像個團隊一樣集中起來，除了共度時光外還不能讓人消失在茫茫人海中。會場的樓上部分相當適合作為團體的專屬區域，它有著不對外開放、還能俯瞰底下正在進行的事項之優點。藉此你便能感受到自身四周的氣氛。藉由讓賓客們前往不對外開放的雞尾酒會、將其分派為一個個團隊、在競賽結束收隊並相互比較分數之後隨意使用會場設施，他們可說是出席了一場成功的複合式活動。至於讓他們玩到全身又熱又溼，更是一定要的啦！

　　使用新開幕的餐廳或會場來舉辦活動時，通常會建議你至少等六個月的時間，讓他們把系統問題都解決後再開始進行規劃。如果你因為過去的經驗，覺得跟這樣的對象合作很愉快的話──或許是之前跟其他新會場或餐廳的共事經驗，又或者是這類設施的品質與員工的素質都很不錯──也可以早一點開始作業，但不管怎樣都要跟會場方面耗費一段時間，以求讓活動盡善盡美的心理準備。

TIP

275

　　除了空間規劃跟天氣因素之外，食物準備也是相當重要的一環。要多注意「色」這個部分，這可是讓活動成功其中一項無法量化的要素。舉例來說，當你在提供開胃菜時，最有效吸引視線的方法，就是每一個托盤裡都只放一種食物。這會產生一種充足與豐盛的觀感。相較於一隻孤單的蝦子跟其他有的沒的混在同一個托盤裡，只呈現並強調蝦子美味感的托盤顯然要突出得多了。加上配菜如新鮮生菜、鮮花或其他與活動主題相關的托盤，對吸引視線是相當有幫助的。整體而言，你雖然可以提供一堆選擇，但總體最好是限制在8到10道菜左右──這是指開胃菜的種類，不是每人的平均份額。因此當你規劃菜單時，記得要花點時間研究這部分的平衡度，內容至少要包括肉類、家禽、魚類、奶製品與素食。此外也要記得不是所有素食者都是奶蛋素，所以也把這些賓客的需求納入考量中。

　　另一方面，每份食物的大小也要控制在一口左右，不用刀叉即可食用。某場招待會上，主辦單位提供的是以麵條作為外衣的帶尾蝦子。這道菜只隨附幾張餐巾而已。麵條油膩膩、滑溜溜，還會滴醬汁。這條尾巴的功用就是讓賓客們四處找可以丟掉它的地方。整道菜就是這麼莫名其妙又搞得一團亂，明顯不適合這種穿燕尾服跟舞衣的場合。而且堆積成山、等人來收拾的蝦尾殘骸實在是很不雅觀。

> 　　如果端出來的開胃菜會搭配醬汁的話，那就把醬汁獨立擺放，讓賓客自行決定要沾多少。在正式場合上，醬汁能免則免。**TIP**

　　除了開胃菜之外，你也能安排一些供賓客們自行取用，或是由侍者協助供應的東西。同樣的原則：要隨時補貨，以及各飲食區都要準備合適的餐具與餐巾。在場地各處設置飲食區可以有效避免堵塞與大排長龍。

　　假如雞尾酒會裡所供應的冷熱開胃菜有著「不易消化」（heavy）的特點，那麼其他菜色、甜點與咖啡則不妨作些相應的調整。當你用雞尾酒會來取代晚宴時，法式土司的份量就要少一點，但每人平均份數要增加、也要提供咖啡跟與甜點。甜點部分的原則比照開胃菜，大小適中、方便拿取、可以用叉子輕易分開。也可以安排幾個有受過特別訓練的員工，在招待會尾聲時表演現泡咖啡，作為賓客們的餘興節目。

　　如果招待會後會接著進行晚宴的話，開胃菜份量大約是每個人6至8道；但如果沒有晚宴，招待會的時間就會拉長，而賓客們便直接用開胃菜塞滿肚子。如此一來，平均一個人就會吃到18至30份左右，端看開胃菜的份量與種類而定（這就是「不易消化」之冷熱開胃菜的名稱由來）。

　　有思考過賓客們會如何處理用過的玻璃杯、餐盤與餐巾嗎？有安排足夠的人手進行殘渣或碎片等清潔作業嗎？你有在場地各處準備專用桌──高腳桌或小圓桌均可──讓賓客們可以擺放用過的餐具嗎？基本上平均每個人會用到至少三份餐巾、玻璃杯與餐盤。就站立式的雞尾酒會而言，高品質的餐巾會比較合適。預算許可的話，就把公司標誌印上去，以提升活動質感。舉例來說，某個位於中西部的「鑽石牛仔」主題派對上，餐巾是藍色丹寧牛仔褲的色調，甚至還黏上一些「鑽石」呢。成本不高，但賓客們都注意到這東西摸起來質感特佳。

　　　不管是站立式的招待會或自助餐，選用的盤子都要盡量採用邊緣有高起的設計款。這樣可以確保食物不會滑走。

TIP

晚宴

　　晚餐的部分有許多選擇。可以是站立式或入座式的自助餐、專人送餐、正式的、有主題的、有趣的和／或隨興的。選項是無窮無盡的。當你在規劃晚宴時，目的絕不僅止於此。就像所有活動一樣，每一次把人們聚在一起時，你都要試圖設計出能達成目標的工作方式。這就是開會的意義所在。

　　賓客們可能會從海的另一邊過來，而你的其中一項目的就是要讓他們打成一片、彼此互動。基於這點，自助餐會是不錯的選擇（站著或坐著都沒差），這樣賓客們便能自由地到處亂晃。不要刻意安排座位表。相較於一長串的自助餐吧台，在會場各處設置供應新奇菜色的食物並安排娛樂節目，會是更有效地讓人們彼此接觸的方法。當人們在排隊或享受活動時，安排一些能促進互動的橋段是不錯的做法。你

比較一下這兩個場景：

　　在新加坡，穿著當地傳統服飾的人員迎接你的賓客，提供當地特色飲品——可能是新加坡司令調酒——並將他們帶往泳池畔。舉目所及盡是熱帶風情的花朵、燭光搖曳、在地藝術家現場作畫、桌旁則上演著娛樂節目。活動內容之多讓人眼花撩亂、分身乏術。每件事情彷彿都讓人耳目一新。呈現許多有特色的節目之後，最終以煙火秀劃下句點。賓客們都很放鬆，隨興地與周遭人士交談著。

　　另一個場景位於摩洛哥。為了晚間的活動，你搭起許多如傳說一般的夢幻帳篷。對於賓客的座位安排費盡心思，因為公司要求讓某些賓客和隔壁的來賓有充分的交流時間，度過一個有意義的晚上。每個人都坐在大枕頭上、放鬆地斜躺著。四周都懸掛著薄紗，在夜風吹拂中如浪花翻騰。食物被盛在大盤子裡，賓客們用手取食。娛樂節目在一個又一個帳篷內巡迴演出，而麥地納——傳統阿拉伯居住區——則在眼前重現。晚宴後，賓客們移出帳篷，觀看神乎其技的馬術表演，最終則是在夜空中投射出主辦公司的巨大標誌作為結束。

> 這是兩場迥異的活動，因應兩種不同的目的而設計。其一目的是讓賓客們能彼此互動，而另一目的則是讓某些特定賓客能共度時光。

對於活動所設定的目標，能協助你決定要安排什麼樣的餐點或節目內容。

如果要藉由自助晚宴來達成目的的話，有許多面向是你在規劃菜單時所必須注意的。例如料理最適合的溫度為何？供應自助餐的電源能持續多久？你要避免讓食物因為擺放過久而出現表面結塊、變色，甚至乾掉等情況。食物與健康安全也是要留意的部分。瞭解一下食物會擺多久。除非一直保持在冷藏狀態，否則不要讓像是有美乃滋佐料的菜色一直擺放著。此外也要注意晚餐的料理不要跟之前上過的開胃菜太過近似。試著讓菜單多點變化。如果你能營造出奢華豐富的意象，以一大盤新鮮、豪華、浸在高檔巧克力醬裡頭的草莓來說好了，就千萬不要只是單純的浸巧克力醬，而是要變成不停溢出的巧克力噴泉。這種能引發討論的東西花不了幾個錢，但是造成的效益會比許多傳統又中規中矩的方式要大很多（而且實際上可能還更省錢）。挑一個讓賓客們會印象深刻的項目吧。要記得，出色不見得要花大錢。

> 當你租用像是巧克力噴泉這種道具時，記得要把人員的操作訓練費用也加到預算中。
>
> **TIP**

如果把自助餐規劃成是站立式的話，那麼就要確保提供的料理都是靠一隻叉子就能解決的，讓賓客們不用跟盤子裡的一大塊肉拼個你死我活或努力想撬開蚌殼，甚至是擊破煎太老的麵糊或硬梆梆的酥皮點心──這些不靠刀叉是很難解決的。在某場正式宴會所舉辦的站

立式自助餐上，端出來的菜色是如此豐盛——頂級豬肋排薄片、烤羊排、排骨、雞肉、奶油波菜焗烤、煎蛋捲、千層麵——都是很難靠一隻叉子處理的東西。賓客們打開了餐巾後，通常會想著是不是漏掉了刀子而跑去找服務生要一份。

> 　　如果你決定在站立式自助餐裡供應牛排薄片的話，記得要切得夠細並提供麵包，讓賓客們可以弄得像三明治般食用。
>
> **TIP**

　　可別讓賓客們為了領取乾淨的餐盤與餐具而大排長龍。其中一個解決辦法，就是讓飯店或會場方面預先準備好（也就是用餐巾把刀叉包裹起來），並且讓員工攜帶數份在身上，以備賓客的要求。先研究一下你所能用的刀、叉、湯匙、餐盤、餐巾與玻璃杯具等的確切數量。

　　餐盤尺寸與形狀都是需要注意的部分。一如之前提過的，針對站立式的自助餐，最好選用邊緣有高起的設計款，因為這樣能將食物更穩定的留在盤內。你也要決定採用全尺寸的餐盤或是小一點的。要注意到用較小的餐盤意味著往來供應區與座位間，以及更換餐盤的次數會增加。因此記得要事先準備足夠的餐具數量與清潔人員進行替換。如果你規劃的是入座式自助餐或專人送餐的晚宴，則要確定會場方面有足夠的餐巾，替換那些不小心掉到地上或弄髒的。站立式的自助餐建議使用特大號的餐巾——若是賓客們找到了可以坐下的地方，便可以將餐巾鋪在雙膝上作為保護之用。要記得至少要準備賓客人數三分之一左右的桌椅，如果年齡層更高的話，桌子數量也要跟著增加。

　　如果你舉辦的是入座式的自助餐，那麼就必須考慮賓客如何取得食物。是要讓賓客們在空檔時去排隊取餐，還是以桌為單位規劃取菜次序，等輪到該桌時再由宴會領班或工作人員前去通知呢？不管你選

在墨西哥，你的團體可以把下午進行深海垂釣時，親手釣到的魚拿來當作晚餐的菜餚。相較於過程帶來的歡樂，這點花費根本不算什麼。除了這項行程，同一天晚上也可以再安排個海灘碳烤龍蝦和炸魚派對──這可說是當晚的重頭戲──就算那群賓客，釣不到半條魚也還是能享受豐盛的晚餐。你必須事先跟飯店方面協調好幫忙清理和料理漁獲，以及跟海釣船商談他們願意出讓的漁獲量。他們可能會要求一些補償。所以你必須跟飯店和海釣船商談細節部分。關於深海垂釣還有一點要注意：如果當天大豐收的話，賓客們可能趕不回來用餐。

的是哪一種，都可以派專人將沙拉或開胃菜先送上桌，讓賓客們至少在等待時有個東西可以先墊墊胃。自助餐所需要的桌子數量會根據空間安排而有不同要求。預想一下你希望在會場裡得到的感受。自助餐吧台的設計是會了讓賓客們可以迅速地取餐走人、返回座位，還是要讓他們細細欣賞並品嚐當地特產呢？

　　入座式的自助餐有兩種處理方式：開放式跟預定座位制。前者讓賓客們可以自由選擇自己的晚餐夥伴，並坐在自己喜歡的地方；後者則是會分配特定的位置。

　　當你採取後者的方式時，規劃一張座位表，以及想出一種能夠簡單明瞭讓賓客們知道自己位置在哪裡的辦法，就是一定要做的功課了。有些方法供你參考：張貼座位表、在賓客的通行證上註記餐桌號碼，或是在報到時告知均可。

　　不管選的是哪一種，都要確定現場有熟悉空間安排（如果連座位表跟桌次表都很熟就更好了）的員工，協助引導賓客入座。為了減少人潮堵塞和找不著位置的困擾，不妨製作指引標誌並張貼在宴會廳外頭，以告知賓客們怎麼走會最快抵達座位。

　　桌子上的號碼標示除了要清晰可見，而且也可以想想看你要如何突顯號碼？會場方面會有號碼牌相關的物品嗎？不是每個地方都會有喔。如果對方有的話，那就借個樣本來看看，確定一下保存狀態，

以及是否有裂縫或缺角。號碼要如何擺放呢？要把它們折成三角狀立起來嗎？不妨請個書法家手寫這些號碼牌，根據活動主題作相應的設計。如果你決定為了配合活動主題而特別訂製的話，那麼就要注意這些東西的安全性。記得先拿一個測試看看牢不牢靠。

　　整體來說，你希望桌子的外觀看起來如何呢？當賓客們全部就座完畢時，號碼牌會需要撤走嗎？不管怎樣，都要讓號碼牌在賓客陸續就座時清楚可見，別被裝上的擺飾擋住了。

　　此外還要決定的是賓客們到了指定桌後是隨便挑個位置坐，還是連座位都有指定呢？如果是後者的話，那就要在每個位置上一張張地貼上座位卡。當活動的其中一項目標是要把重要人物聚在一起時，就要用上面那個方法，不能讓他們亂坐。但也要有心理準備，賓客們會自己移動座位卡，跑去找他們想要坐在一起的人。通常公司資深的高層人士都喜歡這樣做。

　　如果有規劃座位表的話，一定要設一個最終修改時間點。一改再改只會導致出錯跟困擾。但是，彈性可說是規劃活動時的關鍵，其中就包括了活動前一刻變動的應變能力。當這些變動會影響到活動的成功性時，務必要謹慎以對，盡力排除障礙。當你要表揚績優廠商和員工時，桌子擺放的位置就是活動的關鍵了。千萬別冒險惹惱某個團體，把他們安置在角落，然而卻因為之前一連串的變動把原訂的座位安排都打亂了，因此直到最後一刻才來補救。這種失誤是不能被原諒的，而且也反映出整個組織的無能與負面印象。

　　當你在規劃桌椅位置與座位安排時，每張桌子的人數——不管是8人還是10人——都會對整體預算有所影響。顯而易見，如果你讓10人座的桌子只坐8人，賓客們當然會比較舒適，但就要多準備桌子，還有像是桌布、裝飾布——一種以特定角度鋪在桌布上的布料，通常用來凸顯顏色或是能讓桌布的顏色透出來——裝飾品、聚焦照明（經過設計的照明，可以單獨照亮每張桌子）、立卡跟服務生等。這些每一項都會增加你的預算，因此要記得把它們算進去。在預算跟空間條件許

圓桌的座位容量與桌布尺寸		
座位	桌子大小 （圓桌直徑）	至地板之長度 桌布（圓形）
10-12	72"/180cm	132"/335cm
8-10	60"/150cm	120"/305cm
6-8	54"/138cm	114"/290cm
4-6	48"/120cm	108"/275cm
4	36"/90cm	96"/245cm
服務生		
需要人數	活動類型	賓客數目／服務生
兩桌配置1人	非正式／隨興晚宴	最多20人
每桌2人	正式晚宴	最多10人

可之下，讓賓客們坐得舒服些、不要人擠人才是上上之選。

　　當你處於活動企劃的初始階段時，試著把空間當作一個整體進行活動預想。牆面、地毯、椅子、桌布、裝飾布、餐巾、玻璃杯具、餐盤、刀叉等等的顏色為何呢？如果以黑白為主題的晚宴，就別用那種飯店提供的、印有飯店標誌的深藍色玻璃杯吧。而菜單的設計也符合整體設計嗎？預想一下。你要如何融合所有的顏色？房間的色調可是會影響到其他裝飾品的。而你選定的菜色能夠為這些事物錦上添花嗎？能夠為整體呈現出來的畫面加分嗎？

　　當然，只要預算許可，你根本不需要被場地的色調限制住。整個空間大可藉由適當的特殊照明、織物、椅套——這種套布除了可以裝在一般宴會椅上，還可以改變其外觀——與裝潢來個大改造。某些主題晚宴是以單一色調的食物為主打而聞名，可能是名稱、實際顏色或兩者皆有。如此一來就跟特殊照明與裝潢有關了。某個名為「藍色狂想曲之夜」的菜單上，可能會以搭配藍莓的馬丁尼當作招牌，又或許

283

是拿炙燒青槍魚當作前菜。在這情況下，印有飯店標誌的深藍色玻璃杯反倒能派上用場了。

> 某場在國外舉辦的募款晚宴，其中所用的椅套、桌布與餐巾全部都是花大錢搭飛機運到現場的。貨品通關之後，當地運輸工具也已安排妥當。該會場是第一次使用椅套，現場工作人員都要學著如何使用。之所以如此大費周章，是因爲以企業客戶的代表顏色作爲活動主軸是首要重點，爲此該企業可說是不惜一切代價。但策劃人員卻忘記確認餐具的顏色。原訂計畫中是白色的，而餐具也的確是白的，但是上頭卻繪有藍花，如此就嚴重影響到企業的代表色。若有事先檢查過的話，至少還有研擬補救辦法的機會，並且向鄰近的飯店借來應急。餐盤最遲也要在最初場勘時進行確認，而且全白餐具這項目也應該要在工作表中載明。像確認餐盤顏色這種細節可能被認爲是相對來說不太重要，但若從對整體活動的影響來說，或許並非如此。

找出是否有任何需要特別注意的禮儀事項。在某些文化裡，貴賓桌要裝飾得比一般桌更爲高貴、精緻；在其他文化中，用來在座位卡上書寫賓客姓名的墨水顏色可能會帶有負面意含、裝飾用的花朵數量占有重要地位，至於花朵的顏色與種類更是不在話下。把這些記在工作表中，並且向會場、供應商以及你的員工詳細解釋清楚爲何要特別處理這些項目。舉例來說，在亞洲的禮節文化中，你要盡一切努力去避免可能讓某人沒面子的狀況發生。再強調一次，絕對不要讓人感到有失顏面，不管是誰。某些對你來說很普通的事情，對其他人而言可能很新奇。務必在你採用新點子時花點時間解釋一下。

對於習俗與禮儀，多深入瞭解一點總是不會錯的。Roger E. Axtell 針對國際禮儀寫有不少極富娛樂性與知識性的優秀書籍，例如《世界禁忌大不同》（*Do's and Taboos Around the World*, Wiley, 1993）。

若是你要把賓客們集中起來，像個團體一樣帶去餐廳吃晚餐，不

　　尊重他人的信仰與習俗是相當重要的，而這點也可用於任何企劃案中。某位資深代表被託付了要把禮物帶回去給公司總裁的任務，然而東西卻不知道忘在飯店到機場間的哪個地方了。於是找個替代品對這個代表來說就是極端重要的事情了，如果週一上班時，禮物沒有出現在總裁桌上的話，臉就丟大了。這可不是件簡單的任務，數不盡的緊急電話從機場、飛機與轉機機場中撥出去，但得到的答案都一樣：至少要等到兩個禮拜後，因為負責的單位關門休假去了。對方感到很抱歉，但愛莫能助。當飯店總經理聽到這消息後，立刻通知員工將他辦公室裡那一份同款式禮品拿去當替代品。最後，替代品趕上下一班飛機，並如期出現在總裁的桌上。該名資深代表終於放下心中的大石頭了。這都要歸功於飯店總經理瞭解到這件事情的重要性何在。

妨就來個團體晚宴或「吃多家」（dine-around，譯註：指邀請多間餐廳至指定地點為客人提供外燴服務）。後者讓賓客們在2間或更多的餐廳之間做選擇，團體則分成數個小組。有很多理由讓你這麼做。舉例來說，某些人想嚐嚐看在地料理，而其他人可能想吃知名海鮮餐廳。另一個附加價值是，各間餐廳通常都會有主辦單位的代表在，他們得以藉此跟客戶共度有意義的時光。「吃多家」也可以是預先指定好的，理由相同：把特定人士聚集起來共度一段時間。

　　假如你會包下整間餐廳，而賓客人數又有限的話，讓他們直接從菜單中點餐吧。如果團體規模較大的話，餐廳也會準備一份特別菜單。記得跟廚房聯繫，讓菜單中有些選擇。前菜兩道就夠了。但開胃菜、沙拉、湯品與甜點的種類要多一些。若賓客們是直接從菜單點菜的話，記得事先瞭解一下相關規定，以免結帳時大吃一驚。某間非常高檔、位於邁阿密的餐廳裡提供了各式各樣的知名白蘭地，一盎司從100美元起跳。你會希望賓客們點它嗎？事先跟侍者告知一下，遇到這種狀況該如何應付吧。這原則同樣適用於香檳或其他昂貴的品項。所以辦活動前務必要先知道哪些能買單，哪些不行。

　　如果活動將與外燴業者合作的話，記得向會場方面詢問有無推薦的廠商，有些會場還會給你一張指定合作清單。拿到相關資料後，跟員工說供應商作業時也要在現場值班。瞭解一下哪些是你要負責的工作。萬一會場方面沒有推薦的供應商，那就向幾間風評不錯的租賃公司、花店或其他頂級會場打聽一下這方面的資訊。幾次下來你應該會發現到有些名字不停重複出現。

　　記得要跟外燴業者一起去場勘。對方對於空間安排、容量、火爐跟冰箱等部分感到滿意嗎？他們的鍋具、上菜盤跟現場設備的尺寸相容嗎？你需要準備額外的設備嗎？對方的電力需求為何呢？會需要備用發電機嗎？對方會用到烹飪或食材準備用的帳篷嗎？如果是的話，那麼就有相關許可的問題了。你取得酒類販售許可了嗎，或是有申請的必要嗎？需要幫對方租借桌椅或其他器具嗎？對方會提供什麼，而你又會提供什麼呢？

　　要確定你收到的要求都是書面形式，而且其中包括了菜單、數量、價格、所有相關稅金與小費、運費、有多少人員會在現場待命、合約上的工時是多少、詳細工作內容為何等細節。外燴業者員工的負責項目是什麼呢？他們會協助食材準備、像服務生與打雜一樣的行動、傳遞食物、補充自助餐桌的器具、清理桌子與其他包括餐盤在內的餐具嗎？瞭解一下外燴業者抵達的時間，以及準備的食材為何。他們會先做好初步準備，在現場作最後處理，還是全部都在現場進行呢？就對方的停車與裝卸貨所需的器材部分，你需要做哪些特別安排呢？人員的穿著打扮也要瞭解一下。還有，對方的經驗豐富嗎？

　　不管你在哪裡辦活動，都要記得告知清潔人員，當他們在客人面前收拾餐盤時不要發出乒乒砰砰的聲音，這樣顯得很不專業。

　　要確定宴會經理熟知活動流程。如果有安排演說的話，這段時間會暫停所有飲食服務嗎？記得給予服務生明確的相關指示。

雞尾酒招待會

　　雞尾酒會可以採取全供應吧台、只有紅酒跟啤酒，或是提供特色飲品等。在全供應吧台的部分，看是要根據實際消費量計價，還是談個喝到飽價碼都行。如果是前者的話，就是喝1杯付1杯；如果是後者，則是根據每小時費用乘上出席人數進行計算。會場計價的時間單位可能是一小時、三小時或更多。你瞭解你的賓客嗎？你知道他們過去的飲酒史嗎？他們喜歡參加派對嗎？喜歡美酒嗎？喝到飽的好處是事先就知道要付多少錢，但實際消費計價就很難預估了。根據經驗法則，每個人在一小時內平均會喝2到3杯，但實際情況會依團體成員而異。

　　若是以喝到飽的方式付費，除非你選的是豪華版，否則可能就會受限於只有一般常見的品牌。提供的品牌隨會場與地點而異。而且儘管高檔貨不會出現，賓客們仍然有可能會要求酒保來1杯，於是這時候就要看你怎麼應對。喝到飽的內容通常不會有一口酒。因此你必須要確認一下到底有沒有，並且決定要如何處理這方面的要求。再者，如果不是喝到飽的話，是一經開瓶就計費，還是根據實際送出去的杯數呢？安排好員工，隨時準備簽單設停損點。如果你擔心會超過預定花費上限的話，就要求員工在數字上超過到一半時告知你一聲。接著就是決定要不要暫緩供應了。另外也要確定主辦單位有沒有讓活動延長加碼的打算，最好能安排足夠的酒類存量，以免喝到沒貨。隨時都要讓吧台有比實際需要更多的存貨。某場募款活動一下就把食物跟飲料都用罄，以至於為此賠上了聲譽。想想看你打算塑造的形象，以及你的行動可能對此會產生何種影響。

　　至少每40至50人就規劃一座吧台，理想上每位酒保不要負責超過40人。根據現場的空間規劃，有時需要設置雙吧台——兩座吧台併排——或是在各處設置吧台。遍地開花的好處是有助於減輕人潮堵塞與大排長龍。利用將吧台安置在遠離報到處或登記台的位置，也能有

效的把人吸引進會場。廚房區跟侍者會頻繁出入的門口也要注意，不要讓吧台的位置妨礙到其作業。

酒保也會需要幫忙補貨，以及準備很耗時間的特調飲品如冰凍戴克蕾（Frozen Daiquiri）或瑪格莉特嗎？記得要找經驗老到又專業的酒保。（建議至少要有半年經驗。）員工的服裝儀容為何呢？酒保何時要就位，以及何時開始提供服務呢？排定的休息時間為何？工作如何相互接替呢？同時也要事先跟相關人員商量要如何招待早到的賓客和其他所有需要顧及到的特殊事項。

某場時尚的募款活動中，酒保們正在將酒瓶發送給每一個要上樓的模特兒。數量的確驚人。這行為可能會損及活動的品質，但幸運的是在所有好酒消失殆盡之前就喊停了。你的客戶可能會想把邀請函寄送對象擴展到模特兒跟演藝人員——端看對方名氣有多大，以及形象是否合適，請他們一同參與招待會，或是在演出結束後送些餐點到後台。記得要先跟客戶討論這方面的問題，並且告知宴會負責人跟酒保據此進行作業。當你在確認最低食物份額擔保時，別忘了把這些部分加進去——萬一低估了所需要的食物份額，就頭痛了——並且把這部分的支出納入預算。

在議定表演節目時，一定要將「附款」細細閱讀再三，因為裡頭記載的不只是條款與限制、安可次數（如果有的話）、機票與住宿是否需要頭等待遇與人數等，更重要的是還有需要提供給後台的餐點方面具體細節。附款會對預算造成影響，所以最好事先擬好內容——餐飲僅只是其中一項而已。

吧台區域最好不要有雜物在場，花環與蠟燭雖然看起來不錯，但沒有實際效用。手上一堆訂單的酒保可不想在一堆裝飾品中忙進忙出。同樣地，明火最好離賓客經常走動的擁擠區域越遠越好。此外也要瞭解一下活動所使用的吧台類型為何，並且使之看來優雅和專業——吧台前（假如你是以宴會桌取代一般吧台的話）後皆然。要將賓客們可能會看到的景象銘記在心，並且研究一下要如何提升質感。

如果你會自備特殊飲品，或是募款活動上會有人捐贈飲料／酒類

的話，記得要先瞭解一下會場對於這方面的規定為何。如同之前所提過的，會場方面可能會以瓶為單位加收開瓶費，因而你就必須在預算中多添一筆。

　　假如活動中有特別吧台——例如馬丁尼吧台——而其設置與負責人員都是由外來的供應商負責的話，那麼就要確定你已經張羅好一切必備物品：玻璃杯具、裝飾品、飲品、烈酒、搖杯器、餐巾、桌子與其他相關器具，並且在人員抵達前便準備妥當。同樣地，服裝規定、應對禮節、休息時間安排跟小費等方面也要跟對方討論。

TIP

責任

　　出於對責任的尊重，請找出客戶、會場和你自己的職責範圍。為了保障包括賓客在內的所有相關人士，取得一切必要的許可與聘僱擁有專業執照的酒保是不可少的。曾有過因為沒盡到社會責任使活動出了意外，使得會場所有人與酒保遭控殺人罪的前例，例如對於已經爛醉的賓客還繼續提供烈酒之類。萬一與會賓客於活動中或返家途中出了意外，何種保險（主辦方職責）能夠保障這些情況呢？

　　舉行活動當地的法定飲酒年齡是幾歲呢？各州、各國的法規皆不相同。因此要注意關於飲酒方面的限制與規定。會有未成年人來參加活動嗎？要如何注意他們有沒有偷喝酒呢？如果這方面有所疑慮的話，有個簡單好用的方式提供參考，就是利用譬如在手上蓋章、戴手環或特別顏色的通行證之類來識別。如此便能在不違反相關法律規範下為未成年人提供服務了。因此，在飲品部分，一定要準備無酒精飲料，此外若是有提供特調飲品的話，也要分成有無酒精兩類，以免讓不喝酒的賓客覺得自己被排擠了。

在國外辦活動時，務必要注意當地的法律與習俗。萬一有與會者當場被逮捕，你該怎麼辦？這可是千真萬確的案例喔，還是花點時間設想一下應變方法吧。有的時候情況可能會不受控制，那麼你應該要事先瞭解如何進行最妥善的處理。

TIP

　　如何應付那些變成對自己和他人具有危險性的賓客，一直都是企劃人員的重要課題。先瞭解客戶會希望你如何處理像是喝醉或開始鬧事的傢伙。安排兩個人——千萬不要只派一個人——把喝醉的人扛回他房間或送回家這種簡單的方式即可。而這就是聘僱非值勤警察來當保全的優點所在：他們一向都能非常有效率地解決這種情況。保全公司可能會受到一些法令的限制，因此事先跟對方討論一下這方面的事項吧。

　　重要的不只是瞭解舉辦會議之所在地的法律跟習俗，就連你可能會使用到的附屬戶外場地也需要瞭解一下。這類場地相關的法規可能跟一般會場不太一樣；有時候連管轄機關也不相同。

　　記得吧台所使用的材料都是品質優良的。新鮮現榨的果汁、檸檬與萊姆酒、裝飾菜以及香料等一般來說都能增加飲品、吧台與整個活動的魅力。選用高品質的餐巾——預算許可的話，還能夠在上頭印客製化的標誌——並盡量避免使用塑膠餐具。讓你的細心與挑剔在活動的小細節中展現出來吧。

　　當晚宴上會提供紅酒時，倒酒的方式也必須討論。開完瓶的紅酒是直接留在桌上，讓賓客們自行取用，還是由侍者負責把酒倒滿呢？後者的話，提醒侍者倒酒只要大概三分之一至半滿即可，不要超過，留點空間讓酒呼吸。

雞尾酒招待會

50名賓客規模的基本款吧台：啤酒、葡萄酒與烈酒	
啤酒	
輕啤酒／黑啤酒／進口貨	5箱綜合款（120瓶）
葡萄酒（只提供雞尾酒的情況下）	
紅酒	5瓶750ml（只有雞尾酒會的情況）
白酒	8瓶750ml（只有雞尾酒會的情況）
烈酒（一座吧台※）	
琴酒	2瓶1140ml
蘭姆酒（淡）	1瓶1140ml
蘇格蘭威士忌	2瓶1140ml
龍舌蘭	1瓶1140ml
苦艾酒（澀）	1瓶750ml
苦艾酒（甜）	1瓶750ml
伏特加	2瓶1140ml
威士忌	1瓶1140ml※※
利口酒種類可以根據你提供的特調飲品所需而訂購。如果會提供香檳的話，50份大約需要12瓶。 ※不包含特調飲品／混合飲料（Blender Drinks）／香檳 ※※美國一般是用波旁威士忌，加拿大則是裸麥威士忌 1140ml＝40盎司＝1又1/2盎司的飲料×26杯	
冰塊	
每人1又1/2磅，若要用來冰鎮葡萄酒與啤酒的話則是每人2又1/2磅。	特調混合飲品另計。
各式酒杯	
餐巾／杯墊	
調酒用飲料（每個吧台）	
克拉馬托蕃茄汁（Clamato Juice）	特別為加拿大賓客提供
蔓越莓汁	可能的話選用全天然的
可樂	一般款與健怡

薑汁汽水	一般款與健怡
葡萄柚汁	
檸檬汁	
檸檬	萊姆口味無酒精飲料（雪碧或七喜）
萊姆汁	
柳橙汁	
氣泡水	
蕃茄汁	
東尼水	
2公升瓶裝＝67.6液量盎司＝每杯8盎司	
每人預估至少3杯飲料	
50人×3杯＝150杯×8盎司＝1200液量盎司＝約18罐2公升瓶裝	
裝飾菜（每個吧台）	
安格仕苦精	
酒吧用糖	
黑胡椒（現磨）	
芹菜	
肉桂粉（現磨）	
肉桂棒	
雞尾酒用橄欖	
雞尾酒用洋蔥	
芭樂糖漿	
墨西哥辣椒（醃製）	
檸檬切片	
萊姆切片	
馬拉斯奇諾櫻桃	
粗鹽	
薄荷葉（現摘）	
肉豆蔻（現磨）	

柳橙切片	
塔巴思柯辣椒醬	
烏斯特黑醋醬	
玻璃杯具（配合飲品選擇特製款式／每個吧台）	
啤酒杯	
紅酒杯	
雞尾酒杯	

備註：可以根據活動的實際需求來選擇杯款。舉例來說，紅酒與白酒杯、馬丁尼杯、白蘭地杯與香檳杯等。如果你的規劃是上甜點時一併附杯子的話，這部分的數量就要跟吧台用的分開計算，也就是要另外預訂。以每個人至少會用到3個杯子與3張雞尾酒餐巾為基準，可依此進行總量計算。

調酒相關器具（每個吧台）	
酒吧用湯匙（長柄）	
攪拌器	
開瓶器	
香檳栓	
水果榨汁機	
杯墊	
雞尾酒餐巾	
紅酒開瓶器	
砧板	
漏斗	
垃圾桶與各式垃圾袋	雅緻的、有蓋的、雙層的
裝飾碗	
玻璃水壺	
玻璃杯具	平均1人至少3個杯子。必要時，水杯也能拿來當酒杯並且倒個半滿。
擦手巾	
冰桶／冰盆	裝紅酒與香檳用

冰勺	
冰塊夾	
量酒器	
檸檬與萊姆榨汁器	
量杯	
量匙	
調酒杯	
調酒壺（大）	
肉豆蔻磨粉器	
削皮刀	
胡椒研磨器	
保護吧台後方的塑膠布	
上菜用托盤	
搖杯器與濾網	
海綿	

　　再一次提醒，若選用的是開放式吧台，一定要讓員工向你隨時更新酒類的消費情況，並且監控供酒的速度。員工會向你回報已喝完多少瓶酒，這時你就可以決定要如何據此調整供應方式。

　　如何處理賓客們對於葡萄酒以外的飲料或酒類之需求的應對方式也是要事先討論好的。客戶可能會同意讓賓客點那些主辦單位提供範圍以外的飲品並幫忙買單，或是指示侍者向賓客說明現場就只有這些種類的飲料。因此說話的藝術就很重要了，這代表你的公司形象。務必要讓侍者依照你許可的內容應答。

　　此外要確定有準備比預定更多的酒類存貨。這並不會讓你多付開瓶費，而且大多數的情況下，只要沒有拆封或撕下標籤，都是可以退

回去的。如果你在戶外辦活動，需要將酒冷藏的話，不妨先用塑膠袋把酒包起來再丟到冰桶裡，這樣就不會影響到標籤了。

在世上某些地區，特別是溫暖的熱帶像加勒比海之類，酒類可能沒有熱帶混合飲料來得受歡迎，而且某些飯店提供的數量也有限。會場方面可能沒辦法接受額外的數量要求，以至於只能用其他種類的酒來代替。當你要求特定種類的酒時，全世界的餐廳都可能會出現同樣的問題。

在計算平均每人的酒類消耗總量時，記得把晚間活動結束後的剩餘時間也納入考量。晚餐用畢之後，吧台會重新開張，還是由侍者負責接受訂單呢？會進行演說或簡報嗎？在後者的情況下，增加酒類的供應數量並且讓賓客們留在座位上，會比開放吧台導致簡報被來來去去的賓客干擾要好得多。

雞尾酒會之後，晚宴上提供之葡萄酒數量

葡萄酒	每50人
紅酒	每人2杯計，8瓶750ml
白酒	每人2杯計，12瓶750ml

無雞尾酒會，晚宴上提供之葡萄酒數量

葡萄酒	每50人
紅酒	每人半瓶計，10瓶750ml
白酒	每人半瓶計，15瓶750ml

葡萄酒份額　750ml＝每杯4盎司×6

特別附註：以上數額是以白：紅＝60：40為比例計算，但根據實際菜單和賓客個人喜好會有所變化。紅酒的比例通常會增加，超過60%。如果你在晚宴後有安排演說或娛樂節目，而且不會再重啟開放式吧台的話，那麼就改用每人1瓶葡萄酒為基礎去評估總額吧。

　　另一種對於晚餐後的開放式吧台之選擇。不妨考慮利口酒與雪茄，但務必要留心此舉對於主要場地的氛圍會產生何種影響，因為如果某些賓客因此躲進吸煙室而不出來時就麻煩了。如果賓客們的確很中意雪茄，而你又希望他們之後會回來主場地，尤其是在晚宴後有安排娛樂節目的情況下，那麼你要記住高級的雪茄沒那麼快抽完，所以將有一部分賓客會消失大約一個小時左右。

　　若有規劃吸煙區，記得別讓它妨礙了你的整體目標。在某場募款大會上，主辦單位安排了有如整座博物館的品項供靜默拍賣會之用，但吸煙區卻在晚宴結束後成為活動焦點地帶。賓客們紛紛前往然後就留著不走了，因為那裡不但有座位、酒吧，還有螢幕轉播隔壁房間正進行著的娛樂節目呢。賓客們滿意地待在那兒放鬆、交際。回到主要場地參與拍賣會反倒成了他們最後才打算做的事情。企劃人員等於是把賓客們分流到三個獨立區域——靜默拍賣會、晚宴與娛樂秀，以及吸煙區。

> 　　若活動中有規劃吸煙區的話，記得要評估這會對整體活動氛圍造成何種程度的影響。
>
> **TIP**

　　如果你會在活動開場或結束時來個香檳乾杯（champagne toast），就得確定會場方面有合適且足夠的香檳杯——需要的是長笛形，而非香檳碟。有時還得用租的呢。企業客戶對於這種場合，往往會因主動提供印有自家公司標誌的長笛香檳杯而聞名，事後賓客們還能把杯子帶回家作紀念。不妨在舉杯後回收杯子，清洗並包裝後再發送給賓客，當然這就是必須付出額外的人力成本。若是真的希望為活動增添點節慶的氣氛，那就來瓶大尺寸的香檳吧，從2夸脫大酒瓶到特大號酒瓶皆可。儘管實際訂購的總數不變，但這些龐然大物會讓賓客們對於

香檳乾杯　**50人份**（以每人**2**杯計算）
香檳乾杯　18瓶750ml
750ml＝4盎司香檳長笛杯×6 1500ml＝4盎司香檳長笛杯×12 1箱（12瓶）＝4盎司香檳長笛杯×72
各類瓶裝香檳大小
Magnum＝2瓶 Jeroboam＝4瓶 Rehoboam＝6瓶 Methuselah＝8瓶 Salmanazar＝12瓶 Balthazar＝16瓶 Nebuchadnezzar＝20瓶

活動留下更精緻、更難忘的印象。

　　派對結束，吧台也打烊了。同樣地再次提醒，檢核並簽完飲食的帳單後留一份影本在身上。在某場活動上，會場方面遺失了所有費用的相關紀錄，於是只能向活動企劃公司索取影本。這方面如果出現了爭議，你便能立即提出證據證明。記得一定要趁著印象還很鮮明時，在帳單上把某些特別項目標記出來，例如其中一瓶香檳是用來慶祝某人的生日之類。三週之後你大概根本記不起來做這件事的目的，以及是誰同意的。做好清楚的筆記有助於事後的對帳。若會場方面在活動結束後將最終的帳單寄來，你便能將其與原本的影本相互比對，並且找出任何項目上的變動或調整。

人員安排

　　讓所有相關人員 —— 供應商、志工、內部人員 —— 都知道活動何時開演，以及對他們的要求為何（服裝規定、應對禮節、行為舉止）。他們不但對你的活動能否成功扮演了相當重要的角色，而且他們本身就是其中一員。人員需要被鼓勵，讓他們擁有跟你相同的鬥志，齊心舉辦一場成功的活動。以尊重與細心對待每個人員吧，從像是常說請跟謝謝開始做起。

　　員工會在何時與何處休息和用餐呢？有準備讓他們置放衣物與貴重物品的安全區域嗎？你打算如何安排這部分並且納入到預算中呢？

　　資訊與溝通是讓活動過程中不會出現意外的關鍵所在。員工們越能夠意識到你的需求，他們就能越完美地達成任務。當你在召開行前會時，重要之處便在於不只是跟關鍵人士會面，也要邀請其他的幕後人員與會。

　　如果你的活動是在飯店舉辦，門房領班必須知道下列事項：賓客何時抵達？哪些人名列航班上的乘客名單？班機是國內線還是國際

　　活動的其中一部分就是培育團隊精神，畢竟這組人必須要為自己和其他200名賓客煮頓晚餐並陳列為自助餐的形式。這部分可以在專家的監督下於專業級廚房裡完成。團隊可以區分為食材準備組與烹飪組。雙方都需要得到全面且徹底的相關指示。例如會議很早就會開始，以及自助餐需要在行程預定前一小時便準備完成。這種指令就會激發出工作人員的鬥志，讓他們發揮出更高的效率。團隊努力合作的成果就是一種成功。他們不但按時準備好了食物，還學到了對於其他成員努力的尊重與感激。每一場活動共同的關鍵因素之一，就是每個人都能凝聚為一組團隊進行作業。

線？報關是在出發地就完成，還是要等到目的地的機場才進行？這點
會影響到時程安排。賓客們是搭計程車、豪華轎車還是大客車來呢？
每個交通方式都有各自要解決的問題。飯店方面會從機場方面接收到
賓客們已經在路上的訊息嗎？

　　以上所有資訊都能協助飯店領班及其人員克盡職守並發揮最大效
能、處理賓客們落地之後的需求，以及盡可能迅速地將其行李送至客
房。他們同樣也必須知道是否要送迎賓小禮物以及何時要送。迎賓小
禮物是在賓客入住前便已放在房內，還是稍後呢？這會影響到飯店人
員在處理行李方面的效率與人手問題。

　　客房經理必須知道賓客何時抵達飯店、是否會用信用卡付款、其
中是否有貴賓級人士將帳單全部簽至總帳戶中、是否房卡袋裡除了房
卡還要附上迷你酒吧使用卡跟快遞結帳表格、是否有房間升級或像是
無障礙房（緊鄰電梯，專供身障人士或有心臟病史等最好不要走太多
路的賓客居住）等特殊房間需求，以及是否有電腦或傳真機等器材的
需求。貴賓入住時要如何應對呢？這對於亞洲客戶來說事關重大，因
為當地的總裁通常都會被安排到不與其他員工同住的頂樓，或是與其
他貴賓同一樓層的客房。賓客們會要求兩張雙人床或只要一張——會
有親友同住嗎？會有賓客希望能提早入住或延後退房嗎？還有其他許
多尚未列舉出來的注意事項，例如衛星報到的地點。

　　客房清潔部門同樣也需要知道賓客何時抵達，以便安排充足人手
將房間迅速整理一番。他們也需要知道你是否會使用休息套房作為團
體更衣之用，讓他們得以將額外的毛巾與浴廁設施打理好。此外還要
確定是否需要安排人手進行房間狀態檢核。至於負責迷你吧台的人員
則需要瞭解到是否有任何特別需求，像是只要放可樂跟果汁之類。這
些都不是大事，但重點是要提早指示。

　　以上所有事項都要登記在工作表中，以及你所準備且提供給飯
店的抵達與出發名單中，但記得每個相關部門都要推派專人出席行前
會，讓你們得以一同檢視以確保彼此都有接收到資訊，並且就你的行

> 我已經有兩次這樣的經驗了，一次在加州，另一次在加勒比海，都是出現在五星級的會館裡。我走進了完全空蕩蕩的房間。加州那次很明顯能看得出來，房間已經很久一段時間沒有使用，甚至沒有清理。這是間附設電腦設備的貴賓套房，而且據聞當時飯店中這類房型僅剩這一間。接著是動用了大隊人馬來讓房間起死回生──全面整理並清洗一番，家具則先從其他房間借來應急。任務於賓客抵達時完成（房間狀態當然是完美），但如果我們沒提前檢查的話，她可能就會走進一間佈滿蜘蛛網的房間。

程規劃聽取對方所提出的意見。抵達當天時，準備好足夠人手，讓你盡可能地對所有客房來一次全面檢查，特別是總統套房跟有特別需求的客房。

注意細節的原則不僅適用於會議、大會、研討會與獎勵活動，募款活動、婚禮與其他特殊活動亦然。成功就藏在細節中，這句話千真萬確。有效的溝通是關鍵，資訊共享則是最重要的，找出你不知道的部分更是關鍵至極。此中秘訣在於絕對不要假設任何事情應該會如何。

確定很每個人不但瞭解，而且還要確切地知道任務為何、如何達成、在哪裡進行以及為何有這項任務，如此一來你才能舉辦一場成功的活動、完成每個人的期望，並且不會出現一絲一毫的意外。

慈善捐款

許多飯店都有規劃相關的政策與程序，讓在其館內舉辦會議的組織在活動結束後，將使用過的或剩下的樣品捐贈給當地慈善單位更為簡便。客戶除了省下運送的金錢與時間、能夠早日返回工作崗位、協

助那些較為不幸之人外，或許還能因捐贈而減稅。再者，儘管這種行為的主要目的並不在於做公關，但由於通常能吸引到媒體注意，也算是能獲得相關的效益。

同樣的道理對於活動結束後的一堆食物也適用。跟會場方面還有當地的食物銀行或收容所確認一下，看看有哪些東西是可以捐贈的。慈善單位會負責前來領取，並且告知你是否需要符合某些特殊需求。舉例來說，他們可能會希望只要那些不易腐壞的食物即可。

其他項目也可以考慮回收再利用。活動裝飾品可以留著下次用。也可以拿這些東西辦個抽獎，作為活動的一部分，讓人人都有獎皆大歡喜。如果隔天還有會議要舉行的話，也可以用來提升自助餐桌的質感。

TIP

第 **9** 章

其他考量

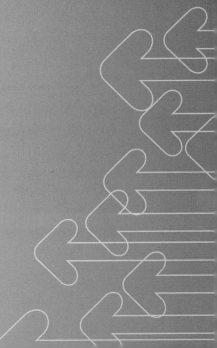

　　當活動企劃業界競相爭取賓客們的青睞與出席，以及使其客戶之業界紛紛討論該客戶下一場活動時，你能不能來個別出心裁的點子，就成為在紅海中脫穎而出的關鍵了。

　　精心策劃的創意活動可說是活動本身、客戶目標與客戶所投入之時間、金錢與心力的回報保證，此外還能夠符合並超越客戶的期待。這種活動需要的是能夠掌握活動設計的精髓，以及對於每一項基本元素中之細節的注意——從賓客們的滿意與安全出發，確保賓客、客戶之公司與你的公司都能免於出錯的負累。本章的目的便在於分享能夠打造出符合上述條件、傳遞你所想表達的內容與如何呈現的技巧，並且讓活動體驗進入到另一種層次。

娛樂

　　娛樂活動的選擇是你務必要審慎思量的部分。仔細地規劃這項基本元素。瞭解你的閱聽群眾。你要辦的是那一種活動呢？社交的、有藝術氣息的、企業的，還是大雜燴呢？年齡範圍為何？對某個團體合適的選項，可能對另一個完全不恰當。因此要確認活動主持人、喜劇演員、音樂家與表演者們要嚴守的準則，做出良好的判斷。

　　現場演出的娛樂節目不管對何種活動而言都是炒熱氣氛的萬靈丹。如果你的活動是在國外舉辦，那就研究一下當地有什麼可以娛樂賓客的特別節目吧。

　　以下是幾個或許能在活動開場或結束時派上用場的建議：雜技、大型電動機台、肚皮舞、現場肖像速寫、賭場（吃角子老虎、輪盤、雙骰、百家樂、受訓過的員工跟展場女郎等全套組合）、辣椒烹飪比賽、教會唱詩班、捲雪茄、古典吉他演奏、舞團、跳舞指導、甜點製作（鬆餅或可麗餅）、現場DJ、原住民音樂與舞蹈、小提琴演奏、吞火表演、民謠演唱、占卜師、測字、豎琴演奏、夏威夷草裙舞、特

製冰淇淋車／供應站、印度西塔琴演奏、室內煙火或放紙炮、互動遊戲、點唱機，團體並排舞指導、魔術表演、儀隊、墨西哥街頭樂隊、默劇演出、迷你賽車、一人樂隊、歌劇、生蠔剝殼秀、大頭貼機台、鋼琴演奏、撞球老千（Pool Shark）、爆米花製作機、瑞格舞（Reggae）、鋼鼓演奏或卡里普索（Calypso）音樂、薩克斯風演奏、特製吧台、特製咖啡製作機、方塊舞、弦樂四重奏、現場捏壽司、茶葉占卜，以及虛擬現實遊戲。這串清單還可繼續延伸，句點只會在你的想像力枯竭時劃下。

找找看當地有什麼新奇、有趣，又方便取得的事物。在聖安東尼奧（San Antonio）可以觀看穿山甲賽跑。在納什維爾（Nashville）舉辦獎勵活動要找到夏威夷舞者雖然難度很高，但並非不可能的任務。

選擇娛樂節目表演者時，你的職責就是做好功課。這個樂團的風評可靠嗎？的確有兩把刷子嗎？上網查查資料吧。確定對方真的是專業的。細讀合約，檢查附款中是否藏有其他條款。如果你希望有安可表演的話，那就記得把相關預算納入並在合約中載明，文字一定要具體明確。

不只要瞭解娛樂節目，更要瞭解表演者的每一項舉動。Andre-Philippe Gagnon是世界知名的極優秀表演者。某次他預定在活動中演出，但該活動的企劃人員事先並未看過他的彩排。於是在晚餐與私人表演之前的宴會廳最終檢查時，企劃人員發現裡頭到處都是工作人員留下的午餐垃圾——速食包裝紙、廚餘跟飲料杯在角落疊得像山一樣高。正當某個員工打算來處理時，他被制止了。因爲這是Gagnon表演用的道具之一啊！

活動的細節跟演出流程都需要事先準備好，並記載舞台上會出現的事情——以分鐘爲單位來描述舞台上的行動——包括主持人、音控、照明，以及轉播螢幕的內容等。隨著公司的營運日久，全體員工也日趨多元和複雜，因此越來越多企業轉向與娛樂專家合作，來協助他們完成這項挑戰。

今日，眾家企業都希望能讓賓客們從踏入會場的那一刻起，便成為活動的一部分，因而找來專業的活動主持人努力地炒熱並維持氣氛。新型態的娛樂節目像是數字占卜、吹玻璃、詩歌評論、串珠、有獎競賽，和量身打造的歌曲。某些最新的「怎麼做」娛樂活動則包括了莎莎舞、國標舞、木雕，甚至是裝飾品DIY，賓客們可以設計並製作自己的桌面裝飾並帶回家。

跟專業的娛樂公司合作會是個很棒的投資。他們瞭解市場上有最新流行的事物，更重要的是你能放心把娛樂節目交給他們，以專業方式呈現給賓客。

娛樂Q&A

Q&A 表演何時上場？需要時間進行彩排嗎？

在合約中，一定要明白寫下你希望表演者何時整裝完畢準備登場。記得音樂或娛樂至少要在賓客入場前十五分鐘就開始執行。這樣才不會讓賓客們覺得迎接他們的是一股冷冰冰的空氣。務必要向表演者強調，在賓客們抵達前完成準備這件事有多重要。他們在同一天中還要趕去其他場子表演嗎？在各場活動中有預留足夠的時間移動嗎？你這邊表演完後會接著去其他地方演出嗎？他們趕得上班機嗎？這情況有時會發生在知名表演者或講師身上。

當你在安排彩排時間時，記得考慮到同一時段中場地還有什麼事項正在進行。視聽人員進行聲音檢測時會跟樂團彩排撞在一起嗎？還是說雞尾酒會在接待區進行時，彩排也時上場呢？賓客們會不小心偷聽到彩排實況嗎？有調整這方面時程的必要嗎？

Q&A 活動何時結束？

簡報或演說欲罷不能、加碼演出的機會有多大？這方面可能需要預留一點緩衝時間。

Q&A 如果活動氣氛熱烈，你會要求表演者加班演出嗎？

在世上某些地區是可以讓派對繼續延燒到凌晨一點之後的，但可能會需要取得相關許可。若主辦單位希望讓活動持續進行的話，你就要事先進行相關程序。跟樂團協調好可能會延長表演時間的事項，並且確認所需的額外費用。跟對方先談妥，除非主辦單位示意，否則不要一表演完就開始打包器材。

Q&A 對方的器材是怎樣的情況呢？

是很名貴的、便宜貨、還是狀況很糟呢？符合公司形象嗎？有任何令人擔憂的部分嗎？會出現令人不快的畫面或文字嗎？活動當天可別被器材的規模嚇到了。

Q&A 器材何時抵達？佈置需要多久時間？

瞭解一下器材會以怎樣的方式抵達會場，並據此決定是否需要在停車方面進行特別安排以便卸貨。會有工會方面的費用嗎？對方會立即進行佈置嗎？你這邊或者會場方面能夠提供人手協助佈置嗎？器材設置跟聲音檢測需要多少時間？

若你找來的娛樂節目之前不曾在該會場表演過，那麼就跟表演單位約個時間一起場勘吧。有任何值得顧慮的地方，像是只有樓梯沒有電梯、走道狹窄、樑柱或懸吊的固定照明物等需要解決的問題嗎？

裝潢跟桌椅佈置之前，所有器材都要就定位。這要如何跟會場內同一時間進行的其他準備相互配合呢？其中的次序要如何安排呢？

Q&A 對方在器材的卸載與佈置方面有任何特殊需求嗎？

　　他們會用到推車嗎？卸貨部分需要協助嗎？如果飯店是工會的一員，協助就是強制性的，你也因此必須多加一筆預算。需要租用哪些器材，而費用又怎麼算呢？誰有相關的操作執照呢？如果舞台、照明、視聽與娛樂節目等部分的移入、佈置、彩排、活動當天及拆卸的作業過於龐大與複雜的話，工會相關的費用可能會跟著水漲船高，某些案例中曾出現10萬美元的數字，甚至更高。這就是為什麼先研究好相關器材，並且把費用納入預算中如此重要。娛樂節目會用到電梯，而你需要為此預約時段嗎？你知道要搬進來的東西體積跟重量是多少嗎？舉例來說，假如你要搬一台鋼琴進來，它能塞進電梯又不會超重嗎？需要請調音師來看一下嗎？又假如某個冰上奇幻主題的表演節目之一，是台會自動演奏且已經在運作的冰鋼琴呢？你要怎麼確保鋼琴在移入時不受損傷，而且在演出與展示時亦同呢？找出所有表演器材的需求，以盡可能讓移入過程順利。

Q&A 舞台上會有印著公司標誌的物品嗎？

　　跟經紀公司商討並檢視你的合約。某些藝人是不會在這種情況下登台演出的，因為這需要經紀公司的許可。除了取得書面許可之外，也可以另行佈置不違規的獨立舞台讓他們表演。

Q&A 表演者需要更衣室嗎？

　　他們需要多少房間？房間要多大呢？有任何特殊需求，像是鏡子、特殊照明、桌子、椅子、掛衣架、儲藏空間或輕食嗎？在某場奧斯卡派對上，其中一位表演者從腰部以上全都漆成金色，而活動結束時需要徹底卸妝。這就需要規劃一下了。那麼由誰來負責呢？又要如何進行呢？

　　若節目中有動物演出，例如叢林主題派對，表演方與會場方會做

什麼防護措施以保障動物與賓客的安全呢？從視覺效果來說，現場有一頭象寶寶或虎寶寶作為節目一部分當然很令人興奮，但是食物、水與其他特殊需求該怎麼處理呢？照明有多熱呢？動物會跟賓客隔離開嗎？如果虎寶寶失控闖進賓客群中，你的應變計畫為何？誰要負責善後？

Q&A 提供給表演者的餐點與輕食需要加到預算中嗎？他們會以賓客的身分與會，還是在獨立房間內用餐呢？

如果你是將餐點或輕食直接送到更衣室的話，那就要記得在房內安排桌椅，讓他們能感到舒適。表演者經常會遲到，所以食物要選容易保存的那種，並且除非你確定他們來不及吃了，否則不要請人來收拾。

在某場募款活動上，表演者想吃點東西時，食物卻早就被收拾乾淨了。由於活動是在會議中心而非飯店舉辦，因此很難找到另一份食物。最後，能找到的就只有剩下來的開胃菜了。表演者仍然為活動盡心盡力的演出，這是職業道德使然並且感念主辦單位的努力補救。由於這點可能會在合約中的附款清楚載明，沒有模糊空間，因此還是指派專人照顧表演者的需求為上。

Q&A 如果會供餐給表演者，最佳供應時間為何時？對方會有其他特殊需求嗎？

某些表演者會偏好在演出後才吃東西，而非之前。瞭解一下對方是否有任何特殊需求，並且指派專人負責這個部分。曾有一次發生過知名藝人在募款活動上演出，但直到活動結束都沒有吃任何食物，這才發現他是吃素的，而現場準備的餐點他都不能碰。得知緣由後，員工趕忙東拼西湊出一盤素菜，但這點在活動前就該知道，也早就該準備好才對。表演者的餐點需求不盡然會跟賓客們的一樣。

Q&A　娛樂表演人員──樂團、模特兒或其他演出者──能不能喝酒或隨時參與活動呢？

　　記得要跟所有簽好約的演出者談好服裝規定跟行為舉止等事項。你要決定對方能否喝酒或抽煙。表演者也會被視為是活動的一部分嗎？你可能會希望那些知名藝人表演完畢後，繼續留下來走入賓客群中相互交流。舉個劇場之夜的例子好了，你或許會邀請某些演員參加活動結束的續攤派對。如果地點離劇場有點遠的話，那就要安排一下接送他們的交通工具。事先釐清完成哪些需求有助於讓他們接受這類邀請。表演者通常需要時間換裝跟換妝。因此重點就在於你要知道續攤派對預計會進行多久。

Q&A　樂團的休息時間如何安排？

　　這部分事先就要協調好。會需要配合活動行程而做調整嗎？是採現場演出跟播放音樂交錯進行嗎？如果是用放CD來替代樂團休息時的背景音樂的話，放的會是樂團自己的作品，還是其他的輕柔背景音樂呢？

Q&A　有什麼歌是不能讓樂團演奏的嗎？

　　有必要看一下樂團提出的曲目表，讓你能從中挑選出演奏清單。排個時間來挑歌吧。記得，你是客戶，對方是供應商。若他們堅持演奏對活動參與者來說不太適合的歌曲──不管是詞或曲──那麼對方對你而言就不是合適的樂團。你真的想跟自以為了不起的人共事嗎？

Q&A　都有為他們投保嗎？器材也有投保嗎？

　　瞭解一下演出者有哪些保險。這部分是多多益善，不只為了他們器材，也會了會場的設施。你需要投保額外的項目嗎？他們需要嗎？會場方面的條款與限制又是怎麼規定的呢？

讓娛樂節目預演一次。試試看現場演出的狀況如何，並且注意對方是如何跟觀眾互動的。許多表演者都有CD可以參考，但絕對要確定——白紙黑字寫在合約裡——你在音響中聽到的跟實際演奏的表演者是同一人。不是所有樂團登場都是原班人馬，因此表演品質也有可能會打折扣。

TIP

Q&A　有哪些與娛樂節目相關的額外支出需要加到預算中的嗎？

你必須考慮到像是美國ASCAP或BMI跟加拿大SOCAN的音樂使用費與版權、電力、彩排、超時、安可、餐點，以及包括附款在內與演出者簽訂的合約。附款可能會記載像是航班、住宿、餐點、器材運送、更衣室、器材租賃、移入與佈置支出、彩排費用及其他類似項目。以上事項都會是一筆支出，必須被加到預算裡。

運費有包含在你收到的報價單裡嗎？對方的器材正準備寄送給你嗎？對方的電力需求為何呢？他們會直接利用現場的音響系統，還是會帶自己的那一套過來呢？需要備用發電機嗎？會場方面的電力足夠供應你所有的活動需求嗎？要考慮的不只是表演者，還有會用到電的一切事項。在場地或整個會場中還會發生哪些事情呢？

你需要為表演者提供何種器材？他們會要求舞台上要擺放鋪有桌布的桌子或椅子，供DJ之用嗎？你有足夠的插座跟延長線嗎？他們的佈置會用到哪邊的插座？你要如何避免賓客們被插頭或線路絆倒？在你開始張羅之前，務必要檢視表演者跟會場方面的條款，如此你才能事先知道有哪些項目需要被納入預算。

Q&A　服裝需求為何？有告知表演者嗎？

對方會打扮成怎樣呢？他們是打扮好才前來，還是到了現場才換

裝呢？他們需要使用像是私人浴廁（在需要繁複化妝或全身彩繪的情況下）之類的設備嗎？更衣室需要安排保全嗎？房間能上鎖嗎？需要儲藏空間嗎？

Q&A 萬一遇到緊急情況時，要怎麼跟表演者或其經理人與經紀公司聯絡呢？有取得他們的市話或手機號碼嗎？

確認你已取得他們家中的電話號碼和手機號碼。如果活動當天發生了出其不意的事件，你就必須知道要聯絡哪些人、去哪裡找人，以及怎樣找人最有效率。要記得一般來說表演者都是在晚上演出，所以早上打電話通常都不會接（要補眠）。

Q&A 提出的需求該怎麼處理？

要以整體局勢來審視需求。舉例而言，若你精心策劃的是一場軟調爵士招待會，目的在於讓賓客們可以彼此交流、互動，但卻出現了用於別種場合的需求（像是硬式搖滾），那麼你希望DJ怎麼處理呢？舉例來說，DJ可能會回答主辦單位已經事先挑選音樂，只有軟調爵士可以放，然後回問對方是否有特別想聽的爵士樂手作品。不同的曲風會徹底改變整場活動的基調，接著就很難拉回你原本預期的狀態了。

攝影師與錄影師

活動攝影師與活動影片將會是賓客們最永恆的回憶；對於你的客戶而言也是個行銷的好機會：無論是作為活動的後續、吸引該產業媒體的報導、置於自家網站或甚至在某些情況下放到Youtube上以吸引更多可能的生意、打造品牌意識或搏得傑出產業之名聲皆然。影片則能作為該企業的獎勵訊息、精選的相片集、活動企劃公司創意的見證（在取得客戶的同意後使用這些照片作為公司宣傳）。當你尋覓攝影

師或錄影師以捕捉活動時，要確定已經從你的公司與主辦公司雙方的法務部門方面瞭解到，為了進行這項作業需要從賓客那邊取得何種許可，讓他們同意其肖像出現在影片、網站、平面媒體或是以其他方式散佈傳遞。此外也要跟攝影師與錄影師就版權方面進行協商，若是製作影片而裡頭有配樂的話，如何避免版權問題、合法使用同樣是你要做的功課之一。

以下是幾點重要事項提醒：

- 瞭解最合適的攝影師風格，以便能完整體現你所想表達的意境－傳統攝影師（定點姿勢照相）或記者類型的攝影師（捕捉會場內的動態情況）。
- 審慎思考需要幾名攝影師（例如可能會需要一名攝影師專門在中央區域為名人或從特定角度照相，然後另一位則是負責記錄活動中的一舉一動）。
- 評估找個專業錄影師為活動製作影片的可行性，作為相片的補充或是替代。
- 打聽攝影師／錄影師的風評。

你的需求為何？如果沒有安排足夠的攝影師或者把他們放錯位置的話，你可能會錯失拍下珍貴鏡頭之機會。但也別讓攝影師不停轉來轉去，假如你有許多位委員會成員，而每個人都下達不同指令的情況下，這很可能會發生。對募款活動來說，一張完美的照片可說是具有無可比擬的價值，並且得到更多的媒體曝光。想像一下，如果某個名人忽然現身，很快地打聲招呼之後就離去，但卻因為攝影師被綁在另一角落無法前來拍攝，導致讓這個千載難逢的宣傳良機跟你擦身而過會有多可惜呀！機會就跟那位名人一樣，稍縱即逝。

儘管媒體本身就會有攝影記者，但安排自己的人馬總是比較放心。你可能會需要某些特定角度的照片，但媒體卻對此沒有太大興趣，也不見得會理你。媒體的焦點總是集中在名人身上，而活動贊助

商一般都不屬於此列。另一方面，你的目標就是讓贊助商的名字跟明星一同曝光，特別是當你希望明年對方還願意贊助你，以及吸引更多廠商的時候。這對雙方來說都是一招相當好的行銷策略。有了你自己的攝影師，就能保證拍到某些特定照片，並且將其發送給媒體。

　　一如所有的活動企劃要素，對意外做好準備與跳脫本位主義，才是找到問題解決方案的不二法門。在某間位於波多黎各的五星級飯店中，晚間的氣氛充滿節慶歡愉、人員忙進忙出，準備在飯店附屬的城堡中而非在搭乘前來的遊艇上為某團體舉辦一場盛會。直到簡報開始之前，攝影師的表現都很完美。當重點人物上台接受頒獎的拍照關鍵時刻到來，他發現相機竟然沒電了。但別緊張！攝影師早就被要求要多帶一顆備用電池，甚至一台備用相機。但問題來了！備用的電池跟相機也掛點了。命中注定該倒楣，但命不該絕，當天正好是情人節，另一位在飯店附屬的舞廳裡拍著曬恩愛情侶們攝影師欣然同意伸出援手，前去協助拍攝幾張簡報現場的照片後就返回舞廳繼續拍愛侶。這位可憐的攝影師最後以薪資打折作為沒能完成工作的補償。

> 　　若你會在郵輪停泊港舉辦特殊活動的話，一定要編列預算讓員工提早飛過去推動事項進展，並確保一切不生意外。
> **TIP**

　　你能企劃、能準備、能安排備案計畫（備用相機、電池與相關物品等應變計畫）以備不時之需，但仍舊要有緊急應變並找出解決方案的能力。有時候事情就真的就像上面那個情人節的例子一樣。另一種方法是請賓客移駕回遊艇，由船上的攝影師負責拍照，因為全體人員都還是盛裝的模樣。

　　這樣一場差點發生的災難又轉瞬成為絕處逢生的妙招——遊艇緩緩行使在海面上，成了專屬貴賓的遊艇月光香檳招待會。雖然還是會

有一些遺憾,例如客戶覺得華美城堡主題裝潢很重要、想要呈現的畫面無法做到。

> 活動企劃公司應該要聘僱專屬攝影師,拍攝活動前、不會認出客戶跟賓客的一些照片,作為自己公司日後行銷與提供給潛在客戶參考之用,像是桌上裝飾的前景深照、場地改造、食物準備等。
>
> **TIP**

攝影師Q&A

Q&A 你希望攝影師何時抵達?你希望他/她會待多久?

你需要拍攝活動前的照片,以記錄場地的佈置與裝潢嗎?攝影師需要待到終場演說或是票根抽獎得主揭曉嗎?你希望他們出現在指定時間即可,還是直到散場呢?哪一種最能符合你的需求呢?

Q&A 你採用的是黑白印刷、彩色,還是兩者皆有?

你會在哪裡使用拍攝的照片,以及何種方式才能呈現最佳效果呢?它們會發給媒體、在公司內部通訊上刊載,還是在員工會議時出示呢?你會在公司的名人堂牆上掛一份複本,還是轉寄給每一位活動參與者呢?思考一下能夠讓相片發揮最大效益的地方何在,以及要如何才能最符合你的需求與預算。跟攝影師討論相片沖洗部分的支出是必要的。需要購買負片嗎(有些攝影師是不賣的),如果需要的話,價格呢?攝影師會保留版權嗎?攝影師會從所有發布給媒體的相片中抽取版稅嗎?這些都是你要事先瞭解的事項。

錄影師錄製影片也是同樣的道理。而且要記得,無論是自然照相、定點姿勢照相還是錄製影片,你都要清楚為了取得賓客們同意入鏡,並將其肖像使用與張貼、印刷或展示於任何地方而需要採取何種法律措施。如果你會邀請藝人參與娛樂節目演出的話,對方的附款中可能會載明不接受跟公司標誌一同入鏡或被錄成影片,因為這意味著對方同意在無代言費的情況下為該公司或其產品代言。此外你也必須瞭解到雙方的法務對於賓客們使用手機或黑莓機等工具照相與錄影的處理態度,例如,同意攜帶相機或其他類似裝置進場嗎?在今日,活動的小差錯跟賓客的無禮行為往往都會被其他與會者的手機拍個正著,然後立刻上傳到Youtube供人閱覽,這就侵犯到了被拍攝者的隱私權。可能導致的法律訴訟,以及如何保障客戶的公司、你的公司與其他出席賓客的權益等問題,都是必須在活動前就研商好的。

Q&A 所需要的照片數量與尺寸為何呢?

就獎勵活動而言,可說是動不動就在照相,而且還會搭配客製邊框或置於客製相本裡頭作為活動紀錄。若時間許可,還可以趕工印製在枕頭上作為活動最後一晚的臨別禮物。邊框跟相本事先就要買好,這樣才知道要印多大尺寸的相片。讓相片配合相本尺寸總比讓相本配合相片大小來得容易。

Q&A 相片要直拍還是橫拍呢?要在特定地點拍嗎?

會場裡有適合拍照的地點嗎?當你在進行場勘時,想想看哪個區域就照相效果而言是不錯的選擇。位於納什維爾的Opryland飯店中有著無瑕的樓梯間、美麗的中庭與優雅的噴泉。這三個場景都很適合直立式拍照。因為場地高度的緣故,如果選擇水平照相的話就會漏掉很多背景的美。

當你從相機鏡頭看出去時,每個角落都要注意到。有出現像線路之類會影響到構圖的懸掛物嗎?當然,照片可以裁切,但這樣就會破

壞整體的平衡了，再說裁切費用也不便宜。如果你需要專業的眼光來搜尋地點的話，就找攝影師來給你點建議吧。這是需要付費的服務，但長遠來看值得投資。如果那位攝影師之前不曾在該地點作業過的話，那麼場勘就可能是必要的前置準備——尤其是當你打算採取特別照相方式的時候——以便評估所需的照明與器材。

Q&A 攝影師與／或錄影師是如何計費呢？如果是以小時為單位，那價碼呢？有最低聘僱時數嗎？可論次計費嗎？費用中包括了底片、印樣、負片、相片嗎？黑白與彩色底片的費用各是多少呢？沖洗相片又是多少錢呢？

確認你收到的是書面報價單，以及每個花費都已列成項目。有些客戶會選擇只要簡單地付工時、底片使用跟印樣的費用，然後根據自己方便來決定要不要沖洗照片。

大多數的攝影師與錄影師都會捍衛他們的智慧財產權。若你的活動名氣很大，那麼希望讓他們把版權讓渡出來的可能性就不太高。他們會跟你一起把照片發送給媒體，當然這是要代價的。

TIP

Q&A 工作所需時間是多久？攝影師能多快把印樣或相片交付給你？

在某些活動上，相片是在一開始進行時就拍好，接著立即進行處理，在活動結束前便完成客製化的邊框作業，讓賓客們離場時可以帶回去當伴手禮。這種急件要另外收費也是理所當然，而且實際的忙亂程度乃根據出席賓客的多寡而定。有一場於葡萄牙舉辦的晚宴，團體中的個人照在雞尾酒會期間一一拍下，沒多久到了甜點時段，印有餐

廳標誌且封面是個人獨照的紙板火柴盒就這麼送到每個賓客的手上。你可以想許多不同的點子，但共同的關鍵在於是否後勤是否做得到，以及多快能夠完成。在獎勵活動的尾聲時，送給每個得獎者一本滿是相片的相本當然很棒，然而如果過程中出了差錯，或是根本沒有這麼多時間去挑放照片的話，這只不過是個又貴又不實際的提案罷了。活動後再把相本郵寄給得獎者會比上述那種浪費成本又容易出問題的作法好得多。

Q&A 有任何需要加到預算中的額外費用嗎？包括像是快遞、餐點、輕食、器材運輸費用與停車之類。

若攝影師要參與場勘的話，會產生額外的花費嗎？你有為他們安排飲食，不管是跟賓客一起吃還是獨立一區嗎？有把這些費用加到預算裡嗎？器材運送部分的費用怎麼算？燃料跟里程數的費用是由你支付嗎？事先找出可能的相關費用吧。舉例來說，在某場獎勵活動中，當優勝者正在開會時，為其伴侶們安排專業攝影師、美髮師、化妝師、服裝道具與簡單的輕食以取悅之是不錯的選擇。每位賓客都會提前收到拍照的預定時間通知。一張專業的沙龍照可說是極佳的小禮物，而且一般人平常也不會特地去拍這種照片。當然，除了攝影師跟底片之外，套裝、化妝、整髮、道具與輕食等費用也是要加到預算裡的。賓客的伴侶通常都會為此心花怒放，甚至會要求加洗分送親朋好友呢。若你遇到這類需求，要怎麼處理呢？相關費用是由主辦單位負責，還是把帳單送到有拍照的賓客客房呢？這類問題事先就要處理。

Q&A 攝影師和／或錄影師會提出什麼特別需求嗎？他們對進行作業的場地熟悉嗎？燈光充足嗎？有其他需要注意的地方嗎？

這些攝影師都是該領域的專家，喔，至少應該如果啦，但萬一找來的不是，那這個問題就要問你自己了。有些公司會選擇帶著自己旗下的攝影師到處跑，有些則是跟當地攝影師合作。如果你選後者，記

得做功課。向當地飯店和花店多多打聽，看是誰的名字一再出現。聽取對方的建議總是比較保險。熟悉會場的攝影師是重點所在，若他們之前不曾在該會場作業過的話，那就要安排場勘了。攝影師必須瞭解場地，才能確定要打上何種燈光與準備何種器材。

Q&A 你有跟攝影師和／或錄影師告知服裝規定跟應對進退等事項嗎？

關於服裝跟舉止等部分的規範要非常明確。你希望他們怎麼打扮——低調色系還是明亮鮮艷呢？你可不希望攝影師的服裝成了晚會的討論焦點，搶走活動風采吧？所以要確認他們不會穿得太暴露或太誇張。你要讓他們隱沒在人群中，而非是亮點。同樣的，關於他們的行為舉止，像是吃喝和跟賓客間的應對也是要討論的事項。

Q&A 如果這是場很高調的活動，你找來的攝影師和／或錄影師對藝人和政商名流有研究嗎？

攝影師一定要知道誰是誰，沒得商量。他們必須像新聞記者一樣，本能地瞭解到哪些人有新聞價值然後拍下照片。你需要與能夠認出某台名車屬於哪位政要，以及熟知合宜禮節的人合作。

Q&A 你對攝影師和／或錄影師的工作熟悉嗎？你看過對方的樣品並且跟介紹人談過了嗎？

找些當地的新聞與雜誌來看看，研究一下哪種類型的攝影作品是你需要的。注意相片品質——有達到你的標準嗎？畫面構圖、解析度與色彩平衡都要研究一番，這在選攝影師時是不錯的切入點。記得要做好功課並多打探情報，看看是否有任何資料中沒出現的負評。不要太有成見，而是要全盤瞭解。

Q&A 你會想要拍攝特定的團體照嗎？誰會在活動進行中負責成員名單擬定、跟攝影師一同確認並擔任助手，以便指認並把人集中起來準備照相呢？

如果你打算要拍這種團體照的話，記得要提供攝影師一份名單。指派對賓客熟悉的專人以協助攝影師拍攝。

Q&A 你或攝影師會把照片發給媒體嗎？你有把複印跟寄送的費用加到預算中嗎？

誰有把相片發送給媒體的最終決定權呢？當然，媒體有權決定要不要刊登，但前提是有人同意把照片提供給他們。你或許會需要攝影師就最佳相片、角度、色調、構圖等事項給予建議，但千萬記得你自己才有最後的決定權。事先找出媒體的截稿時間，並且確定你能在這之前交稿。聯絡媒體並告知對方你何時會提供照片，發送完後還要追蹤進度，確定對方有收到並打聽何時會上報。你有把一切相關費用，像是複印、信封、信紙、運費和攝影師的加班費都納入預算嗎？錄影師部分也是相同的原則。另一個要考量的重點在於你是否會把相片或影像放到公司或活動網站上，讓媒體們隨意下載。但是──語氣請加強10萬倍──在此之前，甚至是在活動中拍照之前，記得跟客戶的、你的、攝影師（若有的話）的法務部門，針對於網路上公開散佈和賓客隱私等問題討論一下，例如其他人是否能下載相片後放到自己網站上、相片的所有權屬於誰等等，以免觸法。

主題與節目

餐桌裝飾品

　　餐桌裝飾品的等級可以簡單廉價，也可以精緻奢華。例如燭光後陳列的是一排蘭花或異國風情的熱帶花朵，或是只有一朵嬌艷的玫瑰。裝飾品可以美麗、可以有想像力、可以互動、可以有趣。內容包羅萬象，從裡頭有真魚或玻璃魚悠游的魚缸、到寒冬裡的沙灘主題派對、裝滿兒時玩具與糖果以配合活動主題的小紙袋（50年代、60年代、70年代等）都屬之。

　　藉由選擇單一色調和／或單一品種的花朵，便能讓裝飾品呈現出令人驚艷的視覺效果。在長寬上做些變動更能豐富其意象。如果選用的是五彩繽紛的花束，那麼就要記得不只是外觀，連整體散發出來的香味都要納入考量，它們彼此互補還是彼此衝突呢？已經確認過一切相關的習俗與禮儀，以確保裝飾品中不會有不合宜的花種、顏色或數字——例如白色、13——出現在桌上嗎？同樣的，要留意到貴賓桌上的擺飾總是要更精緻高雅些。

　　向花店諮詢何時是送花的最佳時機。花需要多久時間才會呈現出全開的美麗景象呢？需要先冷藏一下，以防還沒到最佳時點就先開花嗎？有特殊照料的必要嗎？會場放得下它們嗎？花朵盛開的時間能持續多久，而花店對於換貨的規定又是什麼呢？要確認對方有在書面合約中載明送貨品項、何時運送、運送方式和所有運送及佈置的相關費用。

　　假設你正在加勒比海辦一場主題晚宴，而且花朵要求只能是純白色的。在活動舉辦的時間點，島上根本沒有處於花季的白色花種，因此你打算從邁阿密調貨過來。貨到了，但卻不是你預期中的花種，

對方送了個替代品來－花蕊部分是亮黃色的雛菊。已經沒有時間再運其他花種過來了，你該怎麼辦？你會將就使用雛菊，導致活動效果大打折扣，還是急中生智找到解決辦法？該場主題晚宴的另一項主要顏色是金色。於是利用一點點小技巧，用金色噴霧把整朵花漆成「亮金金」，便漂亮地解決了這個難題。

> 並不見得每座加勒比海的島上都剛好有足夠的金色噴霧器幫你解危，所以還是事先規劃，並且像個童子軍做好準備吧 **TIP**

某場位於墨西哥的活動裡，用於情人節相關節目的花朵正在運送中──粉紅玫瑰，之後要綁上粉紅色的緞帶。飯店方面一再強調自己有準備粉紅緞帶。飯店的確有，但卻理解成是某個小女孩要用的。最後只好改用白色緞帶。這故事告訴我們：確認，再確認。

如果你是在你的所在地舉辦產品發表會的話，那麼幾乎可以確定的是受邀前來的賓客數目會多出很多，有時候根本不需要通知呢。在某場產品發表會上，飯店方面接獲了主辦單位關於晚宴要於何處舉辦的指示。這讓人眉頭一皺，因為所有受邀的賓客都正在飯店裡。高級貴賓擅自擴大了最後一波邀請函的發送範圍，以便能讓重要的供應商一同參與晚宴與展示，但卻沒有事先告訴任何人。於是只得匆忙準備額外的桌椅，但並不總是每次都如此順利。跟你合作的花商能多快地反應並張羅到額外的裝飾品呢？有足夠的現貨嗎？你需要在一開始規劃時便設立緩衝額度，訂購額外的裝飾品以防像上述那樣的萬一嗎？跟你的客戶討論關於這種最後一刻才出現的客人的可能性，並且確定是否需要訂購額外的裝飾品以備不時之需。另一個必須要事先知道是否有這種客人的重要性在於，場地可能沒辦法容納太多人，而且餐點數量可能也會因此不足。如果活動是開放式的，那就完全沒辦法分辨

誰是受邀前來，誰又是不請自來。你的客戶必須要隨時告知你是否有任何變動。此外，作為一位活動企劃人員，你的職責就是要讓客戶瞭解空間容納人數、消防法規以及最後一刻的受邀賓客所造成的影響等資訊。

當你針對裝飾品作決定時，有兩件事是你必須要記得的：首先，要確定賓客們的視線不會被遮蔽；第二，要有賓客們會順手帶回家的心理準備。

好幾年前，在一場舉辦於芝加哥的活動企劃產業會議上，賓客們進場、就座。接下來的動作幾乎跟軍隊一樣一致：撤收桌上的裝飾品，因為大家的視線被擋住了。裝飾品是很漂亮沒錯，但卻有礙原本的目的。它們變成了障礙物，而非為活動增色的裝飾品。

第二個要記得的就是做好準備，這些裝飾品會隨著活動結束一同消失於黑暗中。如果裝飾品是租來的，那你的預算可能就會暴增一筆不在預期內的開支。而且如果有人在慈善活動上花了5,000美元買張桌子，你要做的最後一件事就是跟他說裝飾品不包括在內。最好準備——你的心裡跟預算皆是。這樣才不會被意外的帳單給嚇到。

假如你正在考慮會議室中所用的花朵，無論如何都記得要裝瓶，這樣活動結束後送去養老院或醫院都比較方便。隨花附上一張小卡片註記說這是捐贈的。

TIP

客戶可能會想要把花朵或裝飾品送到其客房或貴賓的房間。遇到這種情況，那就安排個服務生送去吧。千萬不要讓你的客戶一身晚宴服拎著它們到處走；但手法要細緻。在某場二階段的獎勵活動上，客戶與賓客都深深為飯店裡的花飾著迷，以至於這些花朵要隨著活動一起前往下一個飯店。

事先告知會場你打算怎麼處理裝飾品。你可不希望對方很自動的幫你收拾乾淨，還順便丟了吧？如果你隔天還要繼續使用，或是會後捐給養老院或醫院的話那可不妙了。

有些裝飾品是跟在室內用火有關的（也就是室內煙火），但這東西可是非常危險，需要特別留意。在某場活動上，這種裝飾品置於每張桌上，由放置於服務通道上的起動器引燃。事後起動器就被丟在一旁沒人管，於是就自燃了，幸運的是，一位服務生在這一瞬間剛好經過，化解了一場危難。

任何跟火或煙火扯上關係的東西都需要特別注意。務必要瞭解其風險，以及需要安排並取得何種保險、許可與安全防護措施。不管室內煙火是何時施放，都要確定你有請該領域的專業人員在場監控，並且向他們請教要如何才能讓賓客們大開眼界吧。

此外也要詳閱會場方面對於這部分的規範，有的會場甚至連蠟燭都不允許使用。

除了與火相關的桌上裝飾品外，還有許多其他的替代方案可供選擇。由於煙火之類的桌上裝飾品可能會在賓客沒有心理準備的情況下嚇到他們，加上你根本沒辦法掌控到他們會不會把個人物品拿到桌上，甚至是靠著裝飾品擺放，所以採取替代方案會是比較好的選擇。例如當甜點進場時在工作門邊施放室內煙火、在蛋糕上插著特製的煙火蠟燭，或是以搭配主辦單位標誌的室內煙火秀作為活動的盛大閉幕都是可以考慮的。

其他關於桌上裝飾品的點子還包括了水噴泉與假山庭院。重點在於要有創意。

裝潢

裝潢一詞包括了場地所有的家具與裝飾佈置，但你要採用何種元素可能會是個問題。在你所選定的會場四處看看。地毯是什麼顏色？

牆面又是什麼顏色？椅子呢？接著看看餐盤、銀器、玻璃器皿，這些全部都相互搭配嗎？需要做點什麼讓這邊感覺起來更特別呢？這樣會營造出五顏六色的效果，還是淹沒在太繁複的顏色中呢？

花在裝潢上的錢可要嚴加看管。把預算集中起來投注在某個部分，會比到處都撒一點，但卻沒有收到相同效果來得好。舉個例子，你有善加運用會場的各式布製品，然後把錢集中在花朵佈置或安排某些特別玩意上嗎？想像一下黑色桌布，特大號的黑色圓點樣式裝飾布、黑椅套、紅色玻璃盤、黑腳紅酒杯、鑲紅邊的黑色餐巾或者再加上黑白圓點，以及一束新鮮盛開的紅色鬱金香。另一方面，設想一下全白桌布、瓷器、銀具、水晶與令人驚豔的裝上桌飾品。你想打造的外觀、感受與氛圍是哪一種呢？從過去參與過的活動中，讓你印象最深刻的是什麼呢？某場在新加坡的晚宴上，直到終場，所有事物都顯得那麼優雅又充滿傳統元素。然後，一瞬間，桌上的花飾被移走，而裝滿松露的餐籃從天花板精準地降落在每張桌子中央。人們一邊取用並為此討論了好一段時間。晚宴本身、餐具與食物都很棒，但松露的登場方式最令人難忘。

裝潢的另一部分則是印刷品——客製化菜單、座位卡、桌次卡、節目單與標示牌，這也是要加到預算中的。上述項目都能夠以同一主題串連起來，讓每個項目都成為整體畫面的一部分。瞭解一下把這些東西準備好需要多少時間吧。曾出現過節目單比賓客還晚抵達現場的案例，而且客製化的上衣還真的如「熱騰騰」的字面意思般，拿到手上時還可以當暖暖包呢。

你可能會對於什麼都可以租用而感到有點驚訝——從衣架、衣帽架到精緻餐具與銀製燭台皆可。也可以租用各式各樣的桌椅來玩混搭，從正式優雅到隨興雅痞都是選項。大可不必被會場提供的整套桌椅限制住，就算你決定用現成的，還是能藉由椅套等輔助來個大變身。除了桌子、椅子跟椅套外，桌布、裝飾布、餐巾、高腳吧台椅、宴會桌、報到桌、半月形桌、跟蛇形桌這些全部都能用租的。

325

> 　　確認你選用的桌子既堅固、大小也合用。某些會場與出租公司會提供聚合板組成的小桌，這種桌子如果沒有黏得夠緊，重物一壓上去很容易就會垮下來。
>
> **TIP**

　　瞭解一下租賃費用是否包括安裝、佈置，或者出租公司只會單純把貨運到現場就走人。需要事先瞭解這點，是因為佈置也是要花時間的，你可能會因此需要找來額外協助。

　　跟租賃公司約個時間檢視一下對方的商品品質如何吧。不只是看看展示區內的精品即可，還要要求對方提供庫存的樣品。接著就是吹毛求疵時間。要檢視的重點包括確認桌布有無香煙洞、髒污等其他明顯的缺陷。重點在於桌布交到你手上時，狀態必須是完好如初的。

　　出租用的餐具配件，內容從設計師款到公司BBQ活動用的都有。你可以租到展示盤、晚宴盤、沙拉盤、刀叉用小碟、平盤、鑲邊盤、湯碗、湯杯與杯碟、中型咖啡杯與杯碟、小型咖啡杯與杯碟等。餐具的範圍則從鑲金、包銀到塑膠皆有。每一件都有其適用的場合。至於刀叉組就更是族繁不及備載了：晚宴刀、魚刀、奶油刀、晚宴叉、魚叉、沙拉與甜點叉、甜點匙、湯匙、茶匙、小型咖啡杯匙等等。

　　玻璃製品的出租種類也是相當繁多，從精緻水晶到一般常見的玻璃杯、透明或上色的都有，你還能夠租到任何想得到的形狀——海波杯（Highball）、老派杯、馬丁尼杯、紅酒杯等，各種尺寸皆有。此外還有白蘭地窄口杯、利口酒杯、香檳碟、香檳杯、雪莉杯、一口酒杯、比爾森啤酒杯、玻璃啤酒杯與高腳水杯。玻璃杯可以拿來裝飲料、甜點或是盛朵花擺在座位前當裝飾。記得要多準備一些當備用。

　　你要做的功課就是要知道這些物品該如何寄送、何時會到、誰負責卸貨、誰負責佈置、誰負責收拾、誰負責清潔，以及誰負責重新包裝好並寄回去。此外對於出租公司的作業流程、會場人員提供的協助

與你的職責所在等也要很清楚。確認貨單跟合約上關於誰要負責派人進行移入、佈置與拆卸等作業有明確的記載。也要確認所有特殊需求如項目、價格、時程等都有標記出來，並獲得供應商的書面確認（也就是所謂的「回簽」）。對方的執照跟保險同樣不可少，更重要的是確定誰要負起物品損壞的賠償責任。

噴泉（真的會噴水的那種）、水影（可以投影的水牆、瀑布與其他裝置）與透過光纖呈現出的光束（藉由程式設定，在整場活動期間不斷改變光的顏色，牆面與天花板也能如法炮製）等都是非常具有戲劇效果、也有各種規格的出租道具。這部分最重要的問題是這些東西要花多少時間佈置，以及供應商是否有什麼特別需求。

除了租賃公司外，也別忘了以下這些商家：裝潢公司的道具屋在劇院或電影院的場地很有用，還有花店、古物商店、藝廊、特殊照明與家具店，甚至連苗圃都可能找到一些新奇有趣的點子。記得要談好各個項目的租賃費、運費與保險費。有時候用買的會比用租的還便宜，所以先比價才不會吃虧，不過還有一個問題：活動結束後這些東西怎麼辦？問問看飯店或會場有沒有接手的意願，不然就捐出去吧。

特效

特效這名字取得相當好──除了特別，別無其他，而且的確能在活動中營造非常棒的效果。想像一下走進宴會廳時，現場不但被改造成一座森林、還瀰漫著松樹的香味。或者是進到一間被改造成滑冰場，還不停在飄「雪」的場地中。

特效的影響範圍遍及所有感官──視覺、聽覺、嗅覺、味覺與觸覺。你可以讓會場各個角度都有聲音傳來（環繞音效），而非只有舞台區域有聲響；可以讓空間瀰漫某種氣味；可以用雷射秀、煙火或機械式照明點亮會場，甚至來一套掃描式的色彩特效；可以藉由快速擺動的光束炒熱氣氛，或是用淺色光線在地板上緩慢行進。加入煙霧

（乾冰）對於氣氛更有助益。客製化的圖像或標誌可以投射到牆面或地板上。網路直播是個不錯的選項。設法去觸及並刺激一切感官吧。

　　檢查並確定特效裝置符合甚至超越相關的安全法令規範。有需要注意的安全規範嗎？要使用防火材質嗎？以嚴謹的態度去找出哪裡可能有問題，並且想辦法解決吧。記得讓供應商知道會場內正在進行的事項。有考慮到撒紙花雨可能導致桌上蠟燭熊熊燃燒的結果嗎？這聽起來可不是個吉兆啊。紙花最好選用防火材質的，但實品的確是這樣嗎？如果不是的話，你可能會有個超乎預期的「刺激」結尾。

　　特效可能非常複雜，所以基本功課之一就是要瞭解到佈置需要花多少時間，以及所有相關費用包括工資與電費等。需要取得許可嗎？再次提醒，你需要編列一筆預算負責活動期間內的消防工作。消防局跟會場方面都需要審核過你的計畫並同意後才可付諸實行，他們也會建議你該進行哪些事項，讓活動能順利推動。據此他們可能會需要你提供詳細的樓層平面圖、活動行程表和節目流程。

特技雜耍

　　馬戲團風格的表演者展示空中魔術、時尚秀採取全像術而非使用一般模型、體操表演者則能把自己扭轉成各種形狀、水中芭蕾舞者在懸吊於賓客頭頂的水族箱中舞動著、配合音樂與燈光噴灑的水舞……這些都是今日的雜耍節目，而你的職責在於一一找出並完成每個項目的需求。

　　技術與娛樂節目方面的附款就是你在簽約時所必須同意的條款與限制，這意味著商議階段時就要細細研究過，而不是等到要簽約時才來檢視。一旦將每筆支出都納入計算的話，實際的開銷很可能是合約上所列的2到3倍之多。舉例而言，馬戲團風格的表演者可能會要求設置舞台用的塑膠地板、將其全部服飾與相關維護器材（清潔、熨燙、修補）運送至現場——這就是一筆花費，而且還可能只是冰山一角而

已。說不定你只找來6位表演者，但技術附款中提到的隨行人員卻高達18人，以確保繩索有確實安裝以及完成其他佈置上的事項。若你選擇佈置的會場是工會成員的話，那麼一筆與表演隨行人員搭配的工會人員人事成本就是不可少的，而且如果人數到達一定額度，還要再加上監工的開銷。因此當你開始規劃並準備成本明細表時，仔細研究所有技術與娛樂節目相關的附款並不只是建議，而是必須強制執行，而且要做好的事情。

伴手禮

以伴手禮作為一場活動的最終結尾向來都是很不錯的方法。讓你的伴手禮極具意義吧；使它成為每個賓客念念不忘的回憶之一。不需要在這邊花太多錢，但一定要有紀念價值。

> 某場劇場主題活動的前置派對選擇在洛杉磯Westin Century Plaza飯店裡的倒影池畔舉行。賓客們先被帶去欣賞《格子四重唱》（*Forever Plaid*），表演結束後則返回飯店休息，他們居住的整個樓層都設有陽台，視野極佳。演員們隨後也回到飯店，並且跟賓客們打成一片，當賓客們回到房內休息時，發現到繫著格子緞帶的表演原聲帶置於枕頭上，迎接他們的到來。它簡單又不貴，但卻帶給賓客們美妙的回憶。效果好得不得了。

最後潤飾

你已經選好場址、決定飲食，也跟會場方面一同作業，舞台、照明與視聽部分的工作人員確認空間規劃、排好時程的物流正進行中。當然，準備好簽約前還要把裝潢跟娛樂節目的內容搞定。如果裝潢精

> 在某場獎勵活動上，迎賓小禮在賓客們返回機場的途中才送上。客戶早就被提醒過要讓禮物在最終期限前送達，但卻沒有按照規劃的日期將東西寄出。東西自然會在海關待上一段時間，因此這段期間也必須被納入物流與時程安排的考量中。因此一定要事先好好研究一下報關的相關流程、代理報關商的需求，以及為了讓東西比賓客們提前抵達，至少需要多少作業時間。飯店會準備安全的儲藏空間，把包裹放著直到你來折開為止。

緻、有點費工的話，那就要把移入、佈置跟拆卸的時間納入計算。此外也要懂得如何把所有物件完美的搭配起來，因為這些彼此都是連動、會彼此相互影響。當娛樂節目跟裝潢需要空間把相關器材移入時，你是不可能在這時候排桌椅的。還是那句老話，事先規劃有助於避免不必要的重複動作。你不但浪費時間、精神、金錢，有時還會因為行程沒有按照計畫進行而失去耐性。

第一個要考慮到的是氣氛，也就是你想打造哪一種氛圍，以及如何打造呢？接著再來解決其後的物流問題。你要怎麼安排物流？每一場活動面臨的情境都不同，但你從上一場學到的經驗通常都能應用到下一場中。希望營造的是溫暖、怡人的氛圍，還是某種截然不同的性質呢？

如果你會在會議中安排一場主題活動作為整體的一部分，那麼活動氣氛可以從賓客們離開會議室、準備回到客房的那一刻就開始營造。暗夜光之手（Glow-in-the-dark Hands）作為接在萬聖節後的晚間派對邀請是相當合適的點子；以水族館為主題的晚宴迎賓，可以在場地裡擺放充氣海豚，或甚至將其放進加滿水的浴缸裡；如果日間活動有安排直排輪溜冰課程的話，除了拿直排輪形狀的糖果邀請賓客之外，每間客房還可以再送一組直排輪過去。（隔天在接待大廳安排一個交換禮物大會，讓跟賓客們一同出席的孩童們試著交換適合自己的

某場以「捉鬼特攻隊」（Ghostbusters）爲主題的活動，選擇在眞實的城堡地窖中舉辦。燭火在黑暗中微微飄盪、奇怪的聲音從各處不時傳來，當賓客們走過狹長、潮濕的甬道時，迎接他們的是突如其來的雷射燈光秀。接著他們發現到自己身處於散發著活力派對氛圍的老舊馬廄中。企劃人員要的是戲劇化的入場方式，顯然效果大大超越了原本的預期。

尺寸。多餘的就捐贈給慈善機構。）

　　你要讓賓客們在抵達時有感受到一種期待、慶祝的感受。他們蒞臨時，第一眼會看到什麼呢？你會給他們來個視覺震撼嗎？會有專人迎接，並帶領他們進入會場嗎？場地方面在賓客們抵達前，已經給人一種整裝待發的穩定感，還是仍有許多工作人員忙進忙出，趕在最後一刻前完工的匆忙感呢？在某間餐廳的開幕會上，老闆一直在更改開場時間，甚至連告示牌都是用手寫的。按照原訂時間抵達的賓客們只能透過著百葉窗乾瞪眼，看著一片混亂的會場之後轉身離去。室內的溫度如何——太冷還是太熱呢？隨著越來越多人進場，這可是要隨之調整的事項。打開空調來降低並調節室溫需要多久時間呢？

　　餐飲都準備就緒了嗎？外觀跟香味夠吸引人嗎？擺盤擺得漂亮嗎？有足夠的人手在會場提供服務嗎？某間會場為了炫耀其腹地之廣大而邀來許多賓客，但卻低估了餐點所需的工作人員。因此不可避免地導致了當天食物準備不及、匆忙端出的窘境，端出的淡菜根本是「新鮮」到連殼都還沒開呢。此外，由於自助餐的設計太過錯綜複雜，導致賓客大排長龍。人多，食物不足，結果就是一場悲劇。某艘剛下水的豪華郵輪在船上設置了賭場作為創意的展現。船上放著音樂，但到臨的都是沒攜伴的商務人士，由於是初次見面，跳舞不太是個好選項。主辦單位準備的籌碼也不太夠，一個人平均最多也只能玩個十分鐘左右，但整趟航程要三小時。船上也沒有其他的娛樂活動，而且賭場只是純玩樂，並不提供任何金錢或獎賞，這意味著不用多花

錢準備足夠的代幣讓那些興致高昂的賓客兌換並一玩再玩。於是高潮
很快結束，食物也吃光光，原本興奮與歡樂的氣氛被電視螢幕的聲響
所取代，結果只能草草收場。

> 　　跟遊艇出租商一起研擬活動計畫，看看是否會有讓船隻碰
> 上麻煩的地方。曾有一艘船航行到中途時拋錨，花了好幾個小
> 時才重新啟航。
>
> **TIP**

　　花點時間對活動的所有面向進行預想。把你自己放到場地裡，它
感覺起來如何？看起來如何？在你的心中徹底走過一次活動流程，從
賓客蒞臨到離去為止。你要如何才能做到最好呢？對於合約要審慎爬
梳，確定所有開銷都列進預算當中。務必細讀條款與限制，檢查看看
每項都已完成嗎？你有取得全部所需的許可嗎？記得要確認一下。而
且如果可以的話，找另一個人再次檢視你的合約與開銷會是不錯的做
法。新的眼光通常能抓到一些被忽略的缺失。假如在成本與創意方面
已經過適當的研究與發展，那麼到了執行階段就會比較輕鬆、不易出
錯。如果沒有完成前置作業，而你又已經簽了字的話，這對於原本預
定的計畫就會造成不可預期的重大影響——財政或執行上皆然。

🗒 人員、供應商以及娛樂工作許可

　　另一個需要注意的重點領域就是取得娛樂節目、供應商以及活動
企劃人員本身前往國外執行或參與活動的相關許可。

　　要如何精確回答「你是來經商還是旅遊？」這種問題，其重要性

對於在活動企劃產業中，前往外國執行客戶活動的企劃人員們而言正逐漸上升。前車之鑑不斷出現並累積，而且其後果也早已不是單純的錯過班機可以比擬，這可是會同時對企劃公司的活動以及成功執行活動的能力造成傷害，企劃人員本身的生計就更不用說了。

設想一下，作為一位自由接案的企劃人員、導遊或活動企畫公司的旅遊部門重要現場人員，因為工作或私人旅遊的緣故——包括這兩者的結合——而被拒絕入境的結果，以及這對其職業生涯和／或公司所帶來的長期效應吧。如果他們在入境時被海關或移民署留住，而對方又不相信入境的理由——觀光而非商務，那麼就真的會出現被擋在門外的狀況了。也就是說如果入境理由被懷疑有造假之嫌，就別想在護照上蓋入境章了——而且不僅是這次，還可能是終生。又或者他們聲稱入境是為了商務，其身份為活動執行的監督者，但卻被主管機關要求要有工作許可、締約國貿易商人工作簽證（treaty trade work visa）、暫時性商務訪客文件，或其他為了入境並代表其客戶工作所必須提交的相關證明資料。活動企劃人員被拒絕登機或入境的案例層出不窮，理由也千奇百怪。

在全世界各地的機場中，都能看到活動企劃人員在出境大廳協助其所負責的活動參與者們的身影，確定團體成員能順暢地報到、避免出現趕不上接駁機、座位、行李遺失與入境等一堆問題。把每位團員從出開始到結束都照料得好好的，可說是國外活動的標準作業程序之一。一旦當每個人都現身並集合完畢，與之同行的企劃人員就要緊接著進行離境程序和賓客們下一階段的旅程事項，例如讓轉機點的協助人員在班機降落時於現場待命，然後分秒不差地立刻化身成現場疑難雜症解決者。

然而對於活動企劃公司的員工來說，在機場協助報到並隨行飛往美國根本就不是字面上那麼簡單的一回事。出入境管理單位是不會讓他們登機並隨行的，因為他們不具備合適的工作簽證。賓客們只得在無人陪同的情況下自行飛到目的地，至於被留在原地的員工則必須立刻進入危機管理模式，緊急處理這種意外情形。

而且企劃人員要處理的不只是到活動舉辦國的經商文件，還有會跟著一同落地、由供應商派出的專家或提供服務的人員，以便讓活動能按部就班進行，不會被突如其來的情況致使其受到嚴重影響。因此要注意到每一個類別的法律需求與相關文件──企劃人員跟供應商不見得是相同的。

法律需求與相關文件

這是必做的功課，而且當你在另一個國家工作時，務必要百分之百遵從當地的一切相關法規。就法律事項而言，不管是何種層級的供應商與企劃人員都要負起的責任，就是要熟悉該國海關各種不同層面的管制與規範。舉例來說，你可能會出席一場研討會，並在沒有工作許可的情況下發表一場演說或是監督整場活動的進行；然而這跟佈置並執行整場活動是不同等級的事情。

如果你是在一般情況下到另一個國家進行作業，需要的可能只是簽證與許可。然而，若在當地的工作並不頻繁的話，有可能不必這麼麻煩，只要一份法律信函聲明，將你同行的重要人物列為「監督者」，而且只是在客戶的委託下前來確定活動的「概況與品牌行銷」是否順利，並且在當地聘僱一組供應商團隊與佈置者以落實整體活動展望。這就是許多經常到國外進行作業、設有辦事處的技術公司所採用的正當理由。

針對這些監督性的活動，所需要的不只是合適的文件，就連想要把相關的物品帶入該國，也要符合與該物品相關的規範與管制。舉例來說，你可能會設定原物運返，暫時把產品運過來參加展覽（也就是說事後再原封不動的運回來源國），但證明文件必須十足詳盡，通關過程也相當繁複。實例如下：有這麼一個國家，在過去你只要簡單地列出所有你所運送的產品來源國即可，但現在除此之外，還要附上製造公司名稱。而且資料並不總是那麼方便取得的。好比說，如果你的

裝潢公司向零售商買了些東西，或是透過代理商從海外購買的話，這種產品的資訊就不太容易取得。紡織品跟羽毛類很容易出問題，因此你的裝潢公司一定要對此提供非常詳盡的資訊如檢疫報告等。（官方會懷疑這些羽毛是否取自危險物種、能不能防火以及製造國等事項）某些產品因其製造國之緣故，就是不受歡迎，而報關代理商能夠為你和你的供應商提供這方面的資料，無須擔心。

與隨時更新資訊的知名報關代理商建立好關係，將能為你省下無數的時間。為了讓貨品的國際往來能夠安穩順利，一定要確定你的貨品都有完整地往返資料聲明。如果有物品會在活動中被賓客「拿走」的話，記得要修改相關文件，因為資料不符的話，在回程時會讓你有點麻煩。

此外，企劃人員也要確定供應商的人員也能夠同樣自由地四處旅行。曾有過不少悲慘的例子，像是因為過去犯了錯導致有案在身，於是十五年內都不得出境。有時候連雇主都不見得會知道有這種案底。

一定要坦白說明你實際要做的事情，例如監督活動作業之類，並且出示跟你的客戶一同簽名的合約、跟當地共同供應商簽下的合約，以及人力來源等細節。當這些文件都能全部如實遞交時，審核過程會順利許多。這種事是沒有捷徑的。

在紙上作業花的時間越多，成效就會越好。務必確定組織內重要人士的護照仍在有效期限內，以及取得在其他城市準備與你共事的夥伴的詳細資料。

某些企劃人員會選擇本國籍、長期搭配的裝潢公司，以便在國外作業時能確保同等的合作默契與水準。這樣的好處在於已經對對方的專業知之甚詳，因此企劃人員便能專心於活動整體圖像的規劃，其他部分則可交給放心的合作夥伴。但更重要的是要跟有在國外作業經驗的專家合作，才能避免不必要的問題。在不熟悉的地域作業，其壓力可想而知。所以要記得跟那些能增加你的安全感而非壓力感的人共事。

　　表演者不妨透過專業的娛樂經紀公司代為尋找，一間有海外作業經驗的優秀公司，不但能為企劃人員省時，更能減壓。娛樂經紀公司能確保節目所需的相關事項都能如期甚至事先完成。如此一來，企劃人員就無須冒著自行找來的表演者或演講者因為沒有辦妥活動所在國所需的相關法律文件，導致活動出現開天窗的風險。而且經紀公司也能提供資訊，讓企劃人員瞭解其他因為法律與旅遊條款所可能帶來、需要事先納入預算的龐大費用，使企劃人員的客戶不會有種突然又多出一筆開銷的感覺，而是早就有心理準備。到定案那一刻才讓客戶得知天外飛來一筆帳單——光是工作許可就會高達數千美元——只會讓活動企劃公司的名聲受損。這就是跟專業人士合作的重要性所在：他們可以讓企劃人員及其客戶對於接下來的事情有所準備、知道有什麼事會發生。時間同樣也是要納入考量的。某些工作許可的公文可是會花三個月以上的時間。

　　除了上述事項，仍有其他需要列入預算的額外開支。某間娛樂經紀公司需要跟墨西哥當地的工會進行協調，後者要求若經紀公司只安排自己的團體演出，而不加入墨西哥當地表演者的話，就要多收一筆跟當地表演者報酬同等的演出費用。於是娛樂部分的支出就憑空多出了3,000美元。

　　活動所在地有跟海關與入出境管理局交手過的專業經紀公司，對企劃人員、供應商，以及所欲引進娛樂節目而言可說是重要的資源。

　　藉由專家協助，事前盡可能地將會議所需物品運送到目的地，能夠有效減輕企劃人員對於報關方面的壓力。這可確保不會出現貨品通關時被扣留的情況，而這點也能讓企劃公司員工在通關時少點麻煩，不會被海關人員的面試跟貨品檢查占去太多時間。今日許多只帶著一只隨身碟就在世界各地奔波的企劃人員隨身攜帶的活動文件已相當有限。

　　某些大型的郵務公司也有提供印刷服務，活動企劃人員可以利用網路上傳的檔案到其網站（最多60MB），省去將印刷物品運送至會場

的高昂費用。藉由這種雲端系統，企劃人員到會場附近的商店即可將文件印出，這是一種提供了更多元的使用服務，並且得以在當地直接取得資料。活動期間中的急件也能透過電子郵件或這類公司的網站，將資料傳送到鄰近的店家印出。像是UPS Store這類公司便提供了完整的印刷服務，包括膠版印刷（offset）、寬版印刷（海報）與圖樣設計。研討會所需的物品如文件夾、筆記本、筆、活動掛圖與包裝材料都能在UPS Store的網站上訂購，網路下單、會場取貨。

像UPS Store這樣的公司還有提供活動會場的打包和運送服務。與會代表們返家時經常會發現到自己比出發時多了許多東西，例如在當地藝廊或禮品店買來的戰利品等，這種都是很難塞進行李箱或手提袋的品項。這類公司也能夠針對參與者們在回程時要如何符合順利通過海關檢驗的問題，給予企劃人員實用的建議。

活動風險評估

如今，風險評估在活動設計中占有非常重要的地位，而且並不僅限於某個部分。風險評估與活動責任可說是包羅萬象，從地點與天氣考量到財政議題（客戶期盼活動企劃公司為其活動規劃財務，或是活動帶來的財務效果）與實際的活動內容，其中每一項都必須審慎地估算，保護措施所需的開銷也要納入整體計畫中，完成這部分後才可以進行下一階段的簽約。

有些主要的風險評估項目是一定要納入考量的，否則活動有可能會因此辦不成，包括：

- 出席人數減少
- 壞天氣
- 主講者未現身

• 公司緊急事件
• 其他活動及其時程安排
• 不可抗力因素

物流方面的風險評估則包括了：

• 必備的許可證
• 電話、瓦斯與水管等最新的使用數據資訊
• 可用的浴廁設備
• 可用的電源
• 地面覆蓋範圍
• 如果周遭有私人住宅的話，音樂音量大小與噪音管制法規
• 疏散準備與急救程序（例如小島的水上計程車）
• 工會轄下會場的合約更新
• 受限於會場指定的供應商
• 有效、期限內的使用執照與證明，像是酒類販售執照和保險證明
  （這些影本都要隨身攜帶）
• 其他同一時間舉辦的當地活動或節慶，這些可能會導致交通堵
  塞、服務品質降低與工資上漲。

　　有許多減少或消除活動風險的方法，讓你的客戶、你的公司、
活動參與者和供應商能夠放心，其範圍從找出物流問題解決方案、確
保合約有經過適當修改，足以保障所有相關人員，到選定合適的活動
保險等。活動企劃人員該注意的合約條款內容包括數量與人員減少、
取消與不可抗力因素等。此外要試著將違約導致的罰款金額協調成存
款，轉為日後合理的一段期間內其他商務行為的訂金之用。某間活動
企劃公司並未購買任何活動取消的保險，結果就真的面臨到必須在舉
辦前一週公告取消一場大型研討會的窘境。如果有購買保險的話，這
筆5萬美元的取消費就省下來了。

　　企劃人員也應該要檢視會場的安全規劃並要求對方提供「場地核心」的導覽。記得向對方要一份緊急應變手冊或是詢問他們如何應付人員衝突（糾察隊）或出現傷亡等狀況。

　　合約、責任與職責應該相輔相成，也就是要以相互補償條款、兩邊都要提出保險證明以及相互終止條款為協商目標。務必將要求賣方提供其所有權內容及標誌或品牌的更新、建立與更動的即時通知條款加入合約內，並指出若上述之一發生之後果為何。此外也能加入非競爭者（non-competitor）條款，但你必須明確地列出誰可能會被認為是競爭者。

　　一定要讓公司法務檢視並同意合約內容，並指出何種情況會動用到免責條款，例如活動中有體能活動之內容等。此外也要瞭解到除了購買活動取消保險外，是否還能在附款中增加保險證明等事項，這點能夠補償宣傳與執行活動部分的取消費。要求供應商與會場提供他們的保險單據，包括供應商特定保險如工人賠償項目、車輛險或器材損失／傷害險等。

　　在今日這個好興訟的社會中，降低並減輕客戶、賓客、活動企劃公司及其員工，以及供應商的活動風險是非常重要的。如果你忽略了它，絕對會付出不小的代價，而且不僅限於財務方面──某間花店因為把合約中議定的鐵鏽花擅自改為粉彩色系的花朵而被告上法院，賠償了數千美元；賓客的安全亦然，例如某個花園派對活動的案例中，一株腐爛的柳樹倒下並造成出席賓客一死數傷；也曾有過一次太多人聚集著想照相，結果地板承受不住重量而崩塌的事件。活動中確確實實有造成過傷亡，因而活動企劃公司的責任就在於：盡到一切防止危害出現的努力，並確定保險理賠範圍正確無誤。舉例來說，某間活動企劃公司規劃了一場用於團隊精神培訓的滑雪競賽活動，其中將防護網設置於競賽路徑上作為安全措施，參與者們可透過高品質的裝備，如頭套等獲得身體上的保障；經驗豐富的人員負責監督活動進行，救護車也在現場待命以防萬一；參與者們都簽下了免責條款、相關需求

與保險一切就緒、壞天氣備案也準備好了，其他所有的物流與法律相關問題均無疑義。每一項活動基本元素的風險都必須經過審慎地評估，而活動企劃公司與其客戶的法務部門則必須參與其中並表示核可後，這套方案才可放行。活動風險評估的進行時機在於企劃與簽約前的階段，如此一來才能夠在獲得充分資訊後做出決策、修改合約內容並且把所有保險、許可取得、物流解決方案的開銷列進預期的預算中。活動風險評估可說是成功執行活動及預算管理的核心部分，也是今日活動企劃產業的必備能力。

最終章

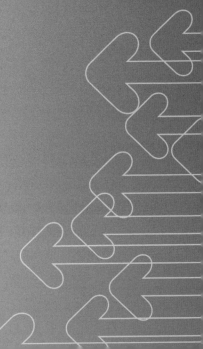

📋 大功告成！

　　最後一名賓客離開了。活動正式結束。在當天尾聲時，要記得只有你跟參與規劃及執行的人員才知道活動到底有沒有按照當初的藍圖進行。活動中可能出現了一些預期之外的曲折與轉變，但人生不就是這樣嗎？如果你能冷靜、嚴謹並帶著微笑地處理並達成一切目標，根本不會有人知道後台到底發生了什麼事情。你要一直把這幅畫面記在心裡：一頭天鵝優雅地在水面上游著，但水面下的雙蹄卻使勁地擺動。再者，試著在活動期間好好地品味這一切，即便在你執行工作表中的下一個項目前只有那片刻的空檔也好。記得把你發現到的事情立刻記錄在工作表中，這在你要回過頭檢視整體活動時，可以重新讓你回想起當時的一切。

　　如果可以的話，活動結束隔天除了縱容自己外啥事都不要作。活動結束後總是會有一種情緒上的反響。你把整個人與心都投入進去了、日以繼夜的操勞，但現在一切都終結了。有時是花一年在規劃，有時只有三週，但不管是哪個都會讓你精疲力竭。現在正是時候回想和沉浸於成功舉辦活動所帶來的成就感中。

　　撥些時間檢視跟活動相關的所有事項，但是不要在活動結束隔天立刻進行這檔子事。要給每個人一些時間檢討自己的部分，讓他們沈澱一下、放鬆一下，但是也別拖到大家的記憶都泛黃了。

　　當你進行活動總檢討時，一定要瞭解到這不是秋後算帳，而是要從錯誤中學習與成長。哪些項目執行良好？哪些部分在下一次需要改進？就我的情況來說，每一場活動都能讓我學到可以帶到下一場活動的經驗。目標達成了嗎？如果沒有的話，有什麼自變項可以帶來不同的結果呢？花的錢有沒有超出預算呢？有在某個部分投入超出預期的錢嗎？理由何在？錢是否花在刀口上呢？得到什麼回饋呢？

　　記得把所有相關的想法跟觀察到的東西都記錄下來。這些文件對於你要準備給客戶看的活動執行總結報告，以及公司內部記錄用的活動留存檔案而言可是非常有價值的——當活動與最終協調會告一段落後，你的檔案影本會跟其他材料一同留檔保存。同樣地，當你之後再次跟同一客戶或同一會場、同一供應商共事而開始規劃下一場活動時，又能從中學到一些新的經驗。

　　活動留存檔案——包括活動執行總結與內部記錄用活動檔案——都具備著相當有價值的資訊，可作為未來活動規劃之藍圖的堅實基礎。當某間公司決定要辦活動時，如果要舉辦的是室內活動的話，活動企畫公司或會場方面如飯店或會議中心等所面臨到的首要問題之一，就是會被徵詢之前曾舉辦過的活動之資料。這些資料在許多方面都能派上用場。首先就是能夠看出活動舉辦之場所的規格如何，以作為本次活動適合之場所與否的判準。

　　要能夠在之前活動的成功基礎上設計出新的活動是種藝術。一份詳盡的會議記錄便能夠協助企畫公司達成這點並避免犯下相同的錯誤。舉例來說，如果某間公司的慣例都是在五星、六星、甚至七星級飯店和渡假村舉辦活動，然後某次突然降級到某間四星級會館的話，這種飯店或活動內容的選擇可能意味著向你的員工、供應商與整個業界傳遞出一種你的公司境況不佳的訊息。而且如果你就這麼走回頭路的話，這可說是墮落的開始。

　　如果你的公司確實地在過去的成功經驗上向前邁進，然後一躍而至更高的境界，那麼就必須非常明白地確定不要再因為選錯場址或活動內容，導致預算受限與無力達成公司目標，最終使得自己又倒退回前幾年的狀況。某位新任的公司總裁出於自己的喜好，決定要選個地點跟某間奢華渡假村來辦場獎勵活動。在過去，該公司都是為了達成銷售目標而舉辦此類活動，地點多半都在什麼都有的會場與遊艇上，時間則是三到四天左右。這些安排對其員工來說沒有什麼可挑剔的，他們要的就是在公司招待下好好放鬆，與同事們盡情暢飲。正因為他

們是待在那種一切設備與服務都有提供的會場，才能夠如此盡情地放鬆，自嘲自己除了喝酒之外什麼都不在乎。然而為了要讓預算能夠控制在八天七夜的活動裡，新總裁將餐點、飲品和其他全包服務通通排除在這次計畫之外。於是有些該年度的業績優勝者因為發現到自己似乎沒辦法負擔在渡假村裡的食物和娛樂等開銷，而猶豫要不要參與。此外渡假村也因為離商業區太遠，搭計程車過去吃一頓便宜午餐根本划不來，使得某些人只好利用免費早餐時在袋子裡塞滿蛋捲、馬芬蛋糕、水果之類的食物作為解決之道，努力撐過晚餐時段。他們根本感覺不到自己是以優勝者的身分登上旅途，而且還多了一堆之前不需要注意的開銷。於是當隔年的活動計畫公佈時，員工們毫無想要努力達成業績目標的動機，比起這種自己負擔不起的優勝旅遊，他們寧可去拼二獎或三獎等次要獎項。當這位總裁研究了過往的活動紀錄，以及發現到新的獎勵反倒使得業績下降、與活動原意相違背時，他終於願意正視狀況並且以達成公司目標的心態回過頭採取之前的活動方式，幫優勝者負擔大部分的開銷。於是修正過的獎勵活動回復了傳統的作法，獲得員工極大的好評。相較於飛越大半個地球，跑到世界另一端的異國風情渡假村度過八天七夜，這一次該公司選擇讓員工們攜家帶眷的跑去迪士尼樂園待個兩、三天，但是食宿跟娛樂設施等開銷全部都由公司買單。如果這位總裁一開始就能先詳讀這些可說是過往活動執行紀錄的豐富資料，而且該公司也能將這些已經證實能夠達成公司及活動目標的資料制度化，作為活動指南的話，就不會出現這種一度迷失、甚至倒退的局面了。僅只是因為某人的個人喜好，以至於他們必須彌補這段期間失去的業績所浪費掉的時間和活動開銷，這一切都要歸責於不重視過往的歷史紀錄，而且還是相當成功的紀錄。

　　時至今日，相信每個人都同意如果不花點時間製作有效的活動紀錄，事後必然會付出更多的時間、金錢與心神作為代價。

　　一份有效的活動紀錄總結應該包括如下事項：

- 公司與活動的策略目標，以及活動是如何策略性地進行規劃與設計，以達成這些目標。
- 公司與活動的投資報酬成果。

　　當你進展到企劃、運作和現場執行階段時，將可作為活動紀錄的實用資訊於當下記錄起來，而不要等到事後才憑記憶回想是很重要的。有效做到這點的其中一個方法，就是讓業務經理與企劃、執行與現場指導人員像個記者一樣不停將活動中的關鍵元素以重點方式條列下來，其內容包括修改過後的成本核算、一切議題、額外添加事項與重大活動項目變更等。用影像作為紀錄的方式也不錯。數位拍立得相片即時印表機（polaroid digital instant mobile photo printer）是個非常實用的好物，它能在當下立刻將活動內容或物品拍攝並列印出來，作為活動存檔之用。這個裝置一來體積小，可以放進口袋；二來能透過手機的藍芽傳輸或USB與數位相機連結並列印。這台「印表機」不需要任何墨水，它只要特殊材質的紙張就能印出2×3吋含膠黏底板的相片。把底板撕開，相片就成了可以直接貼在記錄本上的貼紙，例如假使你在場勘時發現到某些可能會對於移入造成妨礙的部分，用這台機器拍攝、印出來然後貼在物流筆記上，立刻就是一份實用的活動紀錄留存，日後若又在同一場地辦活動的話，也能調出來當參考資料。

　　記得要向會場經理取得每日的實際供餐人數與客房使用數量（有多少間客房是提供出去並且有人入住），作為日後報告用的檔案留存，此外還要包括原本的人員擔保數額與實際支付金額等資訊。

　　作為活動企劃公司跟供應商內部之用的活動紀錄總結，跟提供給客戶的版本內容會有所不同的。舉例來說，某間活動企劃公司正在編輯一份有助於跟客戶未來做生意時的報告，其內容包括了針對不同客戶與不同種類之活動在同一會場或部分相同的活動元素當中，就設施、供應商、產品等方面的相關影響分析，並且提出下次該如何改進的意見。這份內部用的保密文件就是專門用於日後所有的活動計畫，

不對外公佈的。在公司內部留下這麼一份檔案及其相關文件如合約、關鍵路徑、活動最終品質達成程度、遭遇的挑戰與改變等對於內部紀錄而言是很重要的。此外還要把活動執行中所觀察到的事項、出席人數、與會者反饋及其聽聞的小道消息記錄下來，這些對於日後的活動企劃與執行都有著難以量化的巨大價值。

一份提供給客戶版本的活動紀錄會議總結，應該要像一本執行總結的報告書。要記得的是，對方也會有一份自己公司內部用的活動紀錄會議總結，保密不對外開放。你的報告在性質上可算是對方的補充資料，重點在於內容要簡單、清晰、易懂，方便客戶及其相關人士複製與分享。另一項基本原則在於詢問客戶，瞭解其相關人士希望得到哪些方面的資訊以確保整份報告從一開始的數據及資料準備方向沒有走偏。財務部分的資訊務必要留一份存檔。報告內容要包含公司與活動目標的成果，以及活動中的高潮；聯絡部分簡單即可，然後把合約上的總額與最後的支出結果放進表格內方便比對；此外還有一些視覺呈現的重點，以及活動節目的調查結果等。

製作內部用的活動紀錄會議總結在於確保你有為你的公司及客戶掌握所有的活動基本元素。重點是要記得，開會的目的在於從每一次的活動中有所成長與收穫，而非只是對個案單純的評判。焦點要放在哪些部分運作良好，哪些則否，以及改進方案。會議的成員應該包括全部的內部規劃團隊、作業團隊與現場執行團隊。會議記錄的結構要嚴謹、緊扣主題，而不是一堆活動心得感想，開會時間盡可能限制在一小時內即可。

給客戶的活動成果簡報一般來說都是企劃人員親自處理，但如果是以小型會議方式進行的話，只提出執行總結報告也是可以的。關鍵在於要先瞭解客戶想看到的是哪些資訊，才能據此提交符合他們需求的報告。簡報是個巧妙的時機點，它可能只是個簡報、可能為你帶來日後繼續合作的契機、或是讓雙方的關係更上一層樓。報告提出的時點大約跟財務方面告一段落差不多同一時間。要記得這是一份商務文件，CEO跟CFO都可能會過目，因此要以書面方式呈現。

對於活動企劃公司及其客戶而言，活動紀錄總結是一個重要的活動企劃工具。它可作為一組框架，讓你可以從中得知下一場活動該如何建構，以及學習到要如何讓公司的活動投資取得最大的收益，並且符合甚至超越出席者的期待。如果活動的確達到了超乎預期的成就，那麼活動紀錄總結便可作為增加預算、擴大活動規模的有力依據。這份報告是活動過程中極具價值的一部分，需要從企劃階段便開始紀錄，絕對不應遺忘它的存在。

一份活動紀錄總結中應該包括如下部分：

- 列出所有預期的活動目標，依照過去、現在、未來進行排序，並針對這些要項如何有助於達成特定目標提出檢討
- 旅遊日期
- 實際參與人數
- 賓客資料／族群分佈
- 出境城市（如果有搭飛機的話）
- 整體航空費用
- 用到空運的整體賓客人數
- 平均每人空運開支
- 客房類型分析，例如有幾間套房、幾間單人床／加大床客房、幾間雙人房（兩張單人床）以及房價
- 整體住宿開支
- 會議室費用及其相關支出
- 視聽開銷
- 整體食物支出
- 整體飲料支出
- 整體團隊活動開銷
- 整體娛樂節目開銷
- 整體花費（包括與活動相關的支出報告）

- 平均每人總花費
- 所欲達成的公司目標
- 達成的公司目標
- 執行紀錄總結

　　由於之前各部門自行負責預算執行，而非由單一部門統籌運作，於是乎諸多企業直到此刻才發現活動花費超出預期許多。當他們在年終將所有數額一一核對完畢時，便出現了某間企業驚覺到該年度在活動項目的支出竟然高達1億美元的這種案例，是該公司預期的兩倍之多，而且這還不是個案呢。報告中要呈現出來的就是那些應該被納入的預算項目。舉例來說，某個部門取消了準備在某間飯店舉辦的會議，除了要支付取消費外，還可能會連帶影響到日後另一部門若將活動也在同一飯店舉辦時所需要支出的費用。現今的企業必須對預算投注的項目以及如何支出等部分進行控管。其中一種能夠讓企業不再暈頭轉向，能夠全盤掌握活動支出的方法，就是信用卡費用聚合轉帳計畫（meeting charge credit card program），如此一來所有活動相關支出，包括現場額外花費，都會直接記入到單一帳戶中。

　　為了能降低成本，某些企業會交由採購部門——而非銷售與行銷部門——提出從活動企畫公司及供應商方面取得的報價單。

　　當活動企劃人員跟企業的銷售與行銷部門都面臨到由採購部門負責活動採購的潮流時，活動執行總結報告便能夠作為強而有力的行銷工具。採購——而非銷售與行銷——決定了誰能取得這筆生意，以及唯有在活動提案完成簽約後，整個業務才會移轉到銷售與行銷部門手上並接受其既成結果。如果活動企劃能夠證明該活動不但能維持在預算的控管額度內，還可以達到並超越公司、活動與賓客等方面的目標的話，公司便會讓採購部門根據預算額度將資源有計畫地投入活動中以達成公司目標，當然這部分就比較迂迴一點。以採購部門的角色而言，他們會以取得郵務、辦公室設備等最佳價格為主，然而就活動企

劃的角度觀之，價格並不是能夠確保公司達成其目的的方法。

　　絕對要跟客戶發展出長期關係。拉攏新客戶是一項昂貴的投資事業。某間活動企劃公司據說花了15,000美元在單一提案上，而你還要把研究、發展、準備與簡報等時間計入，更重要的是，這並不保證就能取得案子。但你還是要展現出一副義不容辭的模樣，跟其他公司一同競逐客戶的點頭。

　　你的目標在於讓客戶視你為合作夥伴，並且在其銷售與行銷團隊中扮演關鍵角色——而不是一個隨便就可取代的服務業者。你扮演的角色和你如何呈現你自己及你的公司，在整個活動中都是非常重要的——而活動執行總結的檢視過程就是一種前進客戶下一場活動與成為該公司優先合作名單的跳板。某間公司的總裁對於活動的結果極為滿意，於是決定將承辦的活動企劃公司升級，將其上層人士介紹給其他公司的大老。這就是你要努力的終極目標——成為固定夥伴與口袋名單——培養長期的合作關係，而非只是等候電話通知，並且和其他企劃公司為同一件案子角力的一般客戶。

📋 來點掌聲鼓勵！

　　記得要安排致意感恩的時間。最恰當的時間點就是活動剛結束後的數天內，此時所有事情在你心裡都還記憶猶新。把你要做的事情盡可能的具體而明確。如果有人對你的活動之成功具有不可或缺的功勞，一定要讓他們知道你有多感激他們的努力，並且在跟其他重要人物的通信中提及他們的名字。

　　不惜一切代價都要避免使用制式的一般感謝函。如果有兩個或以上的人發現他們收到的信內容完全一樣，這個部分就功虧一簣了。對於感謝函也要付出跟企劃活動時同等的心思與謹慎。你永遠不會知道今天感謝的人會不會在明天跟你在同一個專案中共事。

信中的用字遣詞要斟酌，而且其中所透露出的個人資料與活動情報也要注意一下。信件可能會拿給其他人傳閱，或是成為其他潛在客戶的參考資料，因此不要只是寫著客戶的名字，更要具體提及他們為了讓活動舉辦成功而付出哪些努力。

TIP

　　利用工作表來提醒你有哪些人是需要感謝的吧。把收到的名片集合起來隨身攜帶，這樣你就可以寫出正確的姓名、職稱與地址而不會出包。此外還是要再一次強調，記得評估卡片、信箋、信封、郵資、運費以及可能會購買的感謝小禮物等花費總額並列入預算中。這些小禮物最好也能有點創意，理論上，它可以作為回憶起活動的紀念品。如果你曾安排知名歌手演出的話，那麼一片個人化的簽名CD就是很棒的選擇。如果你在聊天中得知了對方的喜好，或是不經意的在對方辦公室中看到了什麼擺飾之類，那麼這方面就是感謝小禮物可以研究的方向。禮物不用很貴，但一定讓要對方感覺到有花心思在上面，更重要的是讓它就只是個禮物，你可不希望讓對方收到之後覺得你是在預購未來的合作機會。甚至你也可以考慮簽了名的禮物，我一直都很喜歡送迷你版的因紐特石堆（Inukshuk），這是一種由因紐特人（Inuit）所製作的傳統石製品，作為指引方向之用。這也象徵著我們身為活動企劃人員的責任，以及和其他共事者的相互依賴關係。這種禮物對我們這一行來說簡直是完美。當你在辦活動時，你跟其他人就處於相互依賴的關係，而且我們當中的每一個人都負有為對方及其他跟在我們身後之人指引方向的重責大任。

你的下一場活動

　　技巧是在每一次成功地規劃會議、研討會、大會、獎勵活動或其他特殊活動中學習而來的。你從某一場活動中獲得的經驗,都會在下一場活動時派上用場。儘管面對的場景可能不盡相同,但你所學習與體驗到的一切卻一定會讓你在新的挑戰中觸發一些不一樣的轉折,就像找到隱藏關卡那樣。

　　如今你已擁有一份無價的供應商資料、電話號碼與重要資訊。花點時間把這些號碼與聯絡人的姓名作成檔案留存吧,將這些資料組織好並且把所有資訊都集中到一個地方保存。不要讓辦公室塞滿一堆散亂的檔案、也不要一小撮一小撮的隨便亂放。當你拆開這些資料後,記得要用橡皮筋圈好,並且分門別類地放進各個獨立、貼好分類標籤的牛皮紙袋裡。然後依序排好,再次集中,並放進一個更大的、已經用關鍵字標記的容器中,例如紙箱或收納盒。你將會發現當開始規劃下一場活動時,你一定會回過頭來研究這些資料,以及因為各式各樣的理由而想起它們。好好地將活動企劃的主要部分組織起來,並且使之易於取用,當你需要尋找讓下一場活動能夠成功舉辦的關鍵因素時,這可以省去你很多功夫。那間氣球公司的名稱叫什麼呢?它們的氣球很棒啊!你希望在下次還是使用這家的產品,但就是想不起來公司叫什麼。把所有相關的資訊與材料都集中起來吧——支出細項、付款期程表、關鍵路徑與工作表、邀請函樣本以及宣傳資料袋等,記得還要有一份電腦檔案的備份。

　　以新手的心態開始每一場新的活動。每次活動都會有截然不同的物流問題需要仔細思考並處理、解決。從頭開始,接著逐步做好每一個細節吧。

附錄A

成本支出明細表樣本

募款活動

　　支出明細表是關於特殊活動的成本明細。它被視為是為了舉辦一場成功的活動，你所必須列入的各種項目之總覽。它會明白地向你展示每一個項目的花費，並幫助你決定是否該納入這筆支出。一旦你有機會能夠檢視列成清單的全體支出預估，你可能就會認為花在桌上裝飾品的開銷，改為投資在奢華、會讓人發出驚嘆、印象深刻的項目，如巧克力噴泉上會有更好的效果。將成本分解成一個個細項，在所有層面都必須被包括進來的活動元素便能一目瞭然，而且若採用分鏡圖的設計方式，可以確保在進行全面檢視時不會錯失任一環節。舉例來說，如果邀請函被列為預算之內的話，你需要考慮並記帳的相關項目便包括了：品質、尺寸（對郵資有影響）、印刷、個人偏好、所需的數量等。拿來裝邀請函的信封也不能忘記。你必須詳細列出每一個與之相關的元素與花費：品質、數量（你準備好足夠的備用信封來應付寄丟或受損等狀況嗎？）與印刷（回寄的地址），賓客們的地址怎麼處理呢？手寫、貼標籤、還是直接印在信封上？上面提到的每一個項目都有與之相關的不同費用——實際的開支或工資。為了奠基於實際開支而進行的預算規劃，這些項目都必須納入計算。可沒有人想要簽約完成後才發現到有一筆10萬美元的支出誤差，這可是真實發生的案例。花點時間把所有項目一一陳列出來，並把所有可能產生的開銷都列進預算中，你就能夠避免上面那種悲劇發生。一項一項地檢視成本明細表、檢視你的活動，並對於每個項目都付出同等的審慎判斷，而不管它看起來是多麼微不足道，如此一來才能夠精確地微調預算，減少／消除錯誤。

　　成本支出明細表是活動建立的基礎，也是個具有多重目的的工具。你可以把它當作關鍵路徑的雛型，因為許多需要被處理的基本元

素都會同時出現在這兩者中。付款期程表也是同樣的道理——將成本支出明細表複製一份、格式改一改，期程表就解決了，這樣便省下重新輸入相同資料的時間。隨著活動進展，各種項目不斷地更新資訊或刪去，最終的支出也隨之產生變化——一開始的成本明細表逐漸成為最終定案的版本——於是你便能清楚地看見整個活動的樣貌。

下面所附的是，用於募款活動上的成本支出明細表範本，一開始便涵蓋了三大主要項目。這不過是其中一種明細表該如何設計的範例而已（另一個範本在附錄B）。在此要先解釋標題的一些術語：LOT COST、P.P.，以及# of PAX。

LOT COST是直排項目的總體支出。這部分內容包括按時計價如場地租賃費；總體支出如每張桌布的要價乘上所需數額；或是根據出席賓客乘上其所使用的每一種項目之計價進行統計。

P.P.指的是平均每人花費。計算方式是由總體支出除以# of PAX（出席賓客人數）。這種計算式都能在Excel或任一種會計軟體中輕鬆進行。這種算式除了拿來計算平均每人花費之外，也可以倒過來計算，將單項開支乘以出席人數以得出所需要的總體金額。

有個好用的計算式能夠讓你迅速地判別各項目對於預算的影響，以及是否有必要增加賓客人數，例如，從72人增加到100之類。然而當你在更動人數時，記得留意一下那些並不是按時計價或是根據人數來加乘的項目費用。以租用桌布為例，如果你預計安排8人桌的話，預算方面要乘上的桌子數量是9，當賓客人數提高到100時，桌布的需求則增加到12張（多加兩張8人桌，然後有的擠進10個人即可搞定），務必要確定你有進入狀況內，並根據情勢做出適當的更動。

355

募款感恩餐會範例	LOT COST	P.P.	# of PAX
所需贊助金額預估 注意：所有項目都要放進「項目格式」（menu format）中，讓你能夠簡易地增減以配合預算限制。詳細的附款期程表也能依此製作。			
活動前 邀請函（預估4,000） 細項 信封（4,000） 細項 訂貨單（4,000） 細項 郵寄 地址／標籤 郵寄（已預估） 快遞（已預估） 票券銷售 票券協調 票券處理 酒類販售執照 特殊場合執行許可 特殊活動保險 酒類責任險／會場第三人責任險（已預估） 慈善活動執照／許可 場地租賃 場地使用時間自下午5點開始 預定出席人數達到規定，不需場地費 若出席人數少於700，相關費用如下： 賓客500－700人，租金2,000美元 賓客300－500人，租金3,000美元 視聽／舞台佈置 單向傳輸 衛星需求 內容細項			

募款感恩餐會範例	LOT COST	P.P.	# of PAX
視覺效果 內容細項			
影像放大 內容細項			
組合轉換套件 內容細項			
音響 內容細項			
照明 內容細項			
雜項 內容細項			
佈置（6小時） 人員細項			
執行 人員細項			
拆除 人員細項			
電話線、會議音響線路 細項			
現場技術、影像、照明、音響支援 細項			
節目錄製／影片編輯支出 細項			
寄送與運輸 細項			
起重機使用費 細項			
雙向傳輸支出 細項			

募款感恩餐會範例	LOT COST	P.P.	# of PAX
舞台佈置 細項			
短片製作 影片剪輯（已預估） 短片——傳送至多倫多 預估 特別注意：確保播放權利的相關費用要納入額外成本中。 劇本寫作——開場介紹、演說、節目流程、視覺輔具（幻燈片／PPT） 預估使用電量及電費 預估頒獎獎項 特別注意：所有工資已預估，工時也已列入工作清單。價格根據最終的舞台、照明、視聽等需求之變動而定。			
停車 代客泊車。晚上6點開始。 停車費用			
人潮管控 付費給值勤的員警（已預估）			
招待會 以每人2杯飲料預估			
娛樂節目 細項 SOCAN（付給飯店——音樂版稅／權利金）			
靜默拍賣會 標誌、出價表、項目編號、筆（已預估）			
四門場地中的座位安排標誌，例如一號門座位1-200等 標誌、樓層平面圖、給服務生用的座位分配平面圖（已預估）			

募款感恩餐會範例	LOT COST	P.P.	# of PAX
座位卡 座位卡設置（已預估），預估700份。			
桌號 桌號卡（已預估）			
菜單 菜單 自助餐雙邊供應，以保鮮膜覆蓋保存。			
裝潢－桌布 以70張10人桌爲基準。入座晚宴最大空間 容量700人。入場券不可出售超過700張。			
裝潢－餐巾 以700人爲基準，每人2張計算。			
裝潢－椅套 以700人爲基準。			
桌上裝飾品 以70張10人桌計算。			
晚餐 菜單 細項 食物（已預估）以700人爲基準。 稅金 小費			
飲料 紅酒（已預估）以700人爲基準。 稅金 小費			
攝影師（2） 7小時 稅金 彩色印樣（預估20卷×36張） 稅金			

募款感恩餐會範例	LOT COST	P.P.	# of PAX
寄送給媒體的彩色印樣 稅金 送回後製用的彩色印樣 稅金 預估給媒體的彩色複印版 稅金 寄送給媒體的彩色複印版 稅金			
媒體 媒體人員餐點			
廣告 全版廣告 相片正稿（已預估）			
宣傳資料袋 內容物細項與編排			
伴手禮 客製化紀念品（已預估）			
給志工的訂製上衣（身分辨識用） 已預估			
通訊費用 快遞、場勘支出／停車、工作表等 最終成本以實際花費而定。			
節目總監 現場節目總監／佈置／彩排與活動當日 最終成本以實際花費而定。 無線電（已預估）			
預估小計（當地貨幣）			
管理費			
預估總額（當地貨幣）			

會議

在會議部分的樣本中，你會注意到多了一張網格圖。當活動流程會超過一天時，這張圖在你開始預估所有陳列於網格裡的成本時是很有用的。這張表有雙重目的：可以幫助進行預想並掌握所有要列進支出明細表的項目，而且可以送至飯店或會場，作為你所需要的工作場域內容之概要。

客戶名稱：　　　　　　　目的地：牙買加
旅遊日期：　　　　　　　基準：

計畫概要	早餐	早上活動	午餐	下午活動	雞尾酒招待會	晚間活動
第一天週六				接送至飯店，車上提供輕食	900－2000迎賓招待會	2000－2300加勒比海風味自助餐牙買加樂團演出
第二天週日	自行享用早餐	包竹筏游唐恩河，碼頭登筏	包含在團費內，自選	溫泉高爾夫、各種水上運動包含在團費內		包含在團費內，自選
第三天週一	0800－1000早餐會議	可選擇活動：深海垂釣、騎馬、潛水、直昇機遊覽八十分鐘	包含在團費內，自選	藍山腳踏車之旅、購物區接駁車、高爾夫巡迴賽		1900－2100Green Grotto Caves包場晚宴2100－2300民俗表演、鋼鼓樂隊
第四天週二	自行享用早餐	晨間會議	包含在團費內，自選	稍晚，海灘奧運		1900－2100海灘烤龍蝦和煎魚雷鬼樂團演出
第五天週三	0800－1000早餐會議	賓客自行安排	包含在團費內，自選	賓客自行安排	落日游河、雞尾酒招待會	包含在團費內，自選

第六天週四		同週一	包含在團費內，自選	同週一		包含在團費內，自選
第七天週五	0800－1000早餐會議	賓客自行安排	包含在團費內，自選	賓客自行安排	1900－2000惜別雞尾酒會軍樂隊演出	2000－2130惜別晚宴2130－2300現場樂團暨歌舞演出
第八天週六	自行享用早餐	回程接送開始				

＊ 飯店為全包服務渡假村——住宿費內含所有餐點與飲品。

除非有團體活動，否則賓客可隨時前往渡假村內四間餐廳用餐。

費用範本：研討會／會議牙買加當地費用預估（美元）	LOT COST	COST P.P.	＃PAX
牙買加——全包式渡假村運動·休閒項目所有項目均包含在住宿費中，賓客可於飯店索取詳細資訊，例如：網球籃球高爾夫壁球……		內含內含內含內含內含	
水上運動項目所有項目均包含在住宿費中，賓客可於飯店索取詳細資訊，例如：滑水香蕉船水上摩托車腳踏船……潛水		內含內含內含內含內含另計	

費用範本：研討會／會議 牙買加 當地費用預估（美元）	LOT COST	COST P.P.	#PAX
SPA服務			
全身按摩***		內含	
頸部及背部按摩***		內含	
腳底按摩***		內含	
乾式三溫暖		內含	
濕式三溫暖		內含	
按摩浴池		內含	
（以上所有服務與設施都需預約）			
***每人第一次服務免費。第二次開始酌收費用。可 　選項目爲二十五分鐘全身按摩、頸部及背部按 　摩、腳底按摩。			
付費活動和／或服務			
隨附加費用波動			
護膚療程／作臉／除毛／造型沙龍		另計	
渡假村其他設施			
夜店		內含	
鋼琴酒吧		內含	
歌舞秀餐廳		內含	
舞廳和娛樂表演		內含	
大螢幕遊戲間		內含	
書報閱覽室		內含	
影音小劇院		內含	
匯兌		內含	
禮品店		內含	
用餐・品酒・輕食			
6間餐廳		內含	
各間餐廳皆提供各國精選紅酒		內含	

費用範本：研討會／會議 牙買加 當地費用預估（美元）	LOT COST	COST P.P.	＃PAX
住宿			
七晚住宿			
飯店稅金		內含	
行李搬運		內含	
服務生小費		內含	
第一天：週六			
抵達接送			
專營團體接送空調大客車，單程。		內含	
機場行李搬運每人2美元，每人2件行李計。			
車上提供啤酒與無酒精飲料。			
特別注意：飯店位於風景區，距Montego Bay機場一 　　　　　個半小時車程。			
抵達飯店			
蘭姆潘趣酒迎賓		內含	
迎賓雞尾酒會與晚宴			
於草坪上搭建以當地原生竹子製成的竹屋，陳列當 地特色美食。以胡椒燈與燭光照明增添氣氛。			
雞尾酒招待會			
一小時開放式吧台		內含	
一般吧台，提供伏特加、琴酒、蘭姆酒、裸麥威士		內含	
忌、波旁威士忌、蘇格蘭威士忌、凱爾福龍舌蘭、		內含	
橙皮酒、甜苦艾酒、拿破崙白蘭地		內含	
餐廳自選紅白酒		內含	
紅條啤酒		內含	
冷熱開胃菜			
法式冷盤		內含	

費用範本：研討會／會議 牙買加 當地費用預估（美元）	LOT COST	COST P.P.	#PAX
包場歡迎晚宴			
加勒比海自助餐			
沙拉			
各式主菜			
麵包籃			
前菜			
甜點			
包場晚宴另外計費			
飲料			
一般吧台，提供伏特加、琴酒、蘭姆酒、裸麥威士		內含	
忌、波旁威士忌、蘇格蘭威士忌、凱爾福龍舌蘭、		內含	
橙皮酒、甜苦艾酒、拿破崙白蘭地		內含	
餐廳自選紅白酒		內含	
紅條啤酒		內含	
娛樂節目			
牙買加樂團			
第二天：週日			
自行享用早餐			
上午活動			
包竹筏游唐恩河，碼頭登筏。			
啤酒與無酒精飲料於登筏時領取。			
唐恩河瀑布導覽之小費。			
特別注意：登降筏都在水中進行。			
自行享用的午餐與晚餐		內含	
第三天：週一			
早餐會議			
早餐於會議室中提供		內含	

費用範本：研討會／會議 牙買加 當地費用預估（美元）	LOT COST	COST P.P.	# PAX
活動選擇 深海垂釣* 騎馬 購物區接駁車 潛水 * 特別注意：如果賓客有釣到魚的話，可以代為處理，於隔日晚間的烤龍蝦與煎魚晚宴中提供。			
午餐 自行享用		內含	
風景區包場晚宴 Green Grotto Caves－來回接送 飯店供應5道菜晚宴 民俗表演 鋼鼓樂團			
第四天：週二			
早餐 自行享用		內含	
早餐會議 咖啡、茶、各式冷飲與冰水		內含	
午餐 自行享用		內含	
下午活動 海灘奧運 期間供應啤酒與非酒精飲料。 趣味頒獎			

費用範本：研討會／會議 牙買加 當地費用預估（美元）	LOT COST	COST P.P.	#PAX
海灘烤龍蝦與煎魚			
烤龍蝦與煎魚			
沙拉			
自助餐主菜			
麵包籃			
前菜			
甜點			
烤龍蝦與煎魚費用另計。			
雷鬼樂團			
第五天：週三			
早餐會議			
早餐於會議室中提供。		內含	
享用渡假村設施的休閒時間			

特別注意：高爾夫巡迴賽可作爲加強活動質感的選
           項，但需要額外開銷來準備輕食、獎項
           等；不打高爾夫的人可以選擇搭乘接駁
           車前往購物區或進行Spa療程。			

午餐			
自行享用		內含	
落日遊河			
遊艇（2艘）			
雞尾酒招待會			
晚餐			
自行享用		內含	
第六天：週四			
早餐會議			
早餐於會議室中提供。		內含	

費用範本：研討會／會議 牙買加 當地費用預估（美元）	LOT COST	COST P.P.	#PAX
活動選擇 深海垂釣 騎馬 購物區接駁車 潛水 於 Martha Brae 泛舟			
午餐 自行享用		內含	
晚餐 自行享用		內含	
第七天：週五			
早餐會議 早餐於會議室中提供。		內含	
午餐 自行享用		內含	
雞尾酒招待會 一小時開放式吧台			
招待會上娛樂節目 軍樂隊表演（一小時）			
冷熱開胃菜 　法式冷盤 　熱拼盤			
惜別晚宴包場 　菜單			
娛樂節目 現場樂團暨歌舞秀			

費用範本：研討會／會議 牙買加 當地費用預估（美元）	LOT COST	COST P.P.	#PAX
第八天：週日 早餐 自行享用 回程運送 發送離境須知。 專營團體離境的空調大客車，單程。 機場行李搬運每人2美元，每人2件行李計。 車上提供啤酒與無酒精飲料。 機場離境稅（依匯率而定） 客房伴手禮 成本已預估 客房伴手禮選項 印有標誌的海灘巾 海灘袋 高爾夫衫 Ray Chen的牙買加相關書籍 牙買加特產農作物（藍山咖啡、牙買加雪茄、利口酒） 牙買加點心組合 日落豪華組合（咖啡、2只咖啡杯、牙買加咖啡香甜酒，以禮籃包裝） 宣傳 每人3份硬版行李標籤，印有兩種顏色版本的公司標誌。 2人1份乙烯材質軟票夾。印有兩種顏色版本的公司標誌。 客製化機場／接待櫃檯告示 成本已預估			

費用範本：研討會／會議 牙買加 當地費用預估（美元）	LOT COST	COST P.P.	#PAX
物品檢查費用包含在上述費用中。 成本已預估。相片定稿交稿。最終成本依實際花費情況而定。 場勘 以1位公司主管與1位J.A. Production主管進行成本預估。最終成本依實際花費情況而定。 活動總監 2位活動總監共同處理現場所有情況。成本已預估。最終成本依實際花費情況而定。 通訊 通訊費用。預估（長途、傳真、快遞、無線電）。			
預估當地費用小計（美元）			
管理費			
預估每人當地費用總額（美元）			

獎勵活動

在這份樣本中，你會看到其費用同時以當地（活動所在地）貨幣與活動簽約時所在地的貨幣呈現。如此將有助於你熟悉當地貨幣，並將內容加到工作表中。記得將這個明細表影印一份並帶去場勘，這樣便能立即跟可能以當地貨幣為計價單位的帳單金額作一比對。

一如之前在會議的成本支出明細表中所見，這裡也有網格圖來協助你對所有需求進行預想。

客戶名稱：　　　　　目的地：曼谷－六夜活動
旅遊日期：　　　　　基準：

活動概要	早餐	上午活動	午餐	下午活動	雞尾酒招待會	晚間活動
第一天週五		自多倫多出發				
第二天週六		飛機上橫越跨日線				
第三天週日		0645抵達香港 0925離境 1125抵達曼谷		包車前往旅館客房提供輕食		自由活動、報到、調整時差
第四天週一	標準美式早餐	半日運河與皇宮之旅	Tiara Supper Club自助餐	自由活動		自理
第五天週二	標準美式早餐	活動選擇：市區與寺廟導覽、Rice & Barge遊河、購物圈	自理	自由活動		泰式晚宴與傳統舞蹈

第六天 週三	標準美式早餐	全日清邁之旅 叢林大象訓練 基地參訪	Mae Su Valley 自助午餐	手工藝村 搭機返回曼谷		自理
第七天 週四	標準美式早餐	自由活動	自理	自由活動		零用金（或 吃多家）
第八天 週五	標準美式早餐	自由活動	自理	自由活動	Rose Garden 惜別招待會 暨晚宴	BQ晚餐、 音樂遊艇遊 河、三十分 鐘煙火秀、 水燈節
第九天 週六	標準美式早餐	離境		1400抵達香港 1530離境 1745抵達多倫多		

明細表樣本：曼谷獎勵活動 預估當地支出 單位：美元（泰銖兌1美元）	LOT COST 泰銖	LOT COST 美元	COST P.P. 美元	#PAX
住宿 6晚入住曼谷Royal Orchid Hotel 第一天：抵達接送 專營團體離境的空調大客車，單程。 身著泰國傳統服飾女郎以花環迎賓。 專屬報到 提供團員專屬報到櫃檯 提供迎賓飲品 客房迎賓輕食 每間客房均提供：一口三明治、新鮮熱帶 果汁、礦泉水。（成本已預估）賓客若搭 乘西北或大韓航空，將會至深夜才抵達曼 谷；搭乘國泰則會在11：25 a.m.抵達。建 議活動不要一開始就很盛大，讓賓客可以 調整時差。				

明細表樣本：曼谷獎勵活動 預估當地支出 單位：美元（泰銖兌1美元）	LOT COST 泰銖	LOT COST 美元	COST P.P. 美元	# PAX
客房禮物建議 Ramayana面具附立架與收納盒 1房1組 客戶提供附件 禮物運送（已預估）				
第二天：				
飯店標準美式早餐 自行前往享用				
半日運河與皇宮之旅＆中午自助餐 午餐自助餐 當地啤酒／非酒精飲料，1人2瓶				
晚餐自行前往享用				
客房禮物建議 泰國男用絲衣／女用絲裙——可以額外付費印上公司標誌。客戶附件建議賓客穿上它們出席隔晚的晚宴。 禮物運送（已預估）				
第三天：				
飯店標準美式早餐 自行前往享用。				
活動選擇 賓客可預先登記： 市區與寺廟導覽 下午Rice & Barge遊艇遊河 半日購物團 購物團包含參訪販售泰式珠寶、絲織品或泰國服飾／限量商品之店家				

373

明細表樣本：曼谷獎勵活動 預估當地支出 單位：美元（泰銖兌1美元）	LOT COST 泰銖	LOT COST 美元	COST P.P. 美元	＃PAX
特別注意：基於預算編列之故，我將假設所有賓客都選擇價位最高的選項進行計算。最終成本則以賓客實際選擇的選項爲準。須待賓客們將意願表交回，我們才能知道其選擇爲何。以最高額計算的好處在於確保不會超出預算，不會因爲採取平均值而萬一出現全部都選最貴的，導致有低估的可能性發生。				
晚間泰式晚宴＆傳統舞蹈 餐廳與飯店間來回接送。 泰式晚宴包括隨餐雞尾酒與紅酒。				
客房禮物建議 絲質相框3"×5"，每房一份 附件 禮物運送（已預估）				
第四天：				
飯店標準美式早餐 自行前往享用。				
清邁之旅 期間：12小時（0600－1800） 0600　前往曼谷國內機場。 0730　前往清邁。 0830　抵達清邁。 　　　前往大象營地。 1000　參觀大象於柚木林中工作實況。				

明細表樣本：曼谷獎勵活動 預估當地支出 單位：美元（泰銖兌1美元）	LOT COST 泰銖	LOT COST 美元	COST P.P. 美元	# PAX
1040　前往Mae Su Valley享用午餐。花園環 　　　境——鮮綠草地與富有肉桂、天竺 　　　牡丹、雛菊與聖誕紅的多彩花園。 　　　賓客們會非常沉醉於Mae Su Valley 的 　　　用餐環境。				
1130　午餐自助餐。				
1245　拜訪手工藝村，並參觀柚木家具、 　　　泰式絲織品、銀器與泰式雨傘的製 　　　作實況。				
1530　前往清邁機場。				
1645　前往曼谷。				
1745　抵達曼谷。				
1800　抵達旅館。				
晚餐自行前往享用				
客房禮物建議 泰國料理書 附件 禮物運送（已預估）				
第五天：				
飯店標準美式早餐 自行前往享用。				
個人自由活動或購物				
午餐自理				
晚餐補助金				
客房禮物建議 黃銅大象紙鎮附基座與裝飾版。每房1只。 惜別晚宴的客製化邀請函（已預估）。 禮物運送（已預估）。				

375

明細表樣本：曼谷獎勵活動 預估當地支出 單位：美元（泰銖兌1美元）	LOT COST 泰銖	LOT COST 美元	COST P.P. 美元	# PAX
出發通知 發送離境注意事項。				
第六天：				
飯店標準美式早餐 自行前往享用。				
個人自由活動或購物				
晚間活動：**Rose Garden** 內容包括： 來回接送 排成公司標誌的新鮮花朵 迎賓水果潘趣酒 舉著客製化布條的大象迎賓 大象向貴賓祝賀 大象表演與騎乘體驗 各式蔬果雕刻、花環製作展示 一小時開放式吧台暨冷熱開胃菜 三十分鐘手工藝村參觀 Klong Sabatchai 遊行至河畔草地，搭建攤位 享用晚餐BBQ BBQ晚餐自助餐與食物攤位 河岸音樂船 三十分鐘演出（3段舞蹈：劍、長短棍武 打、婚禮儀式） 水燈節 煙火秀與公司標誌投影、再會信息 Rose Garden晚宴內容如上 每人1.5瓶紅酒 警察開道護送（已預估）				

明細表樣本：曼谷獎勵活動 預估當地支出 單位：美元（泰銖兌1美元）	LOT COST 泰銖	LOT COST 美元	COST P.P. 美元	#PAX
客房禮物建議 泰國生絲長袍（單色） 1人1件。額外付費印上公司標誌或賓客姓名縮寫。 附件 禮物運送（已預估）				
第七天：				
飯店標準美式早餐 自行前往享用				
離境 從旅館前往機場將搭乘River Jet Cruise客輪。客輪無法包船。*包船的最低人數要求為300人。另一種選項是搭乘大客車。River Jet Cruise的優點為能夠在前往機場前進行最後一次市區觀光。機場最晚報到時間為起飛前兩小時。活動總監會協助報到與離境前相關手續。所有報到完畢的行李會由另一部配有安全人員的貨車運抵機場。 * 船上會有本團以外的遊客。若要包船至少要買下300張船票。 國際機場離境稅金（費用依匯率而定）				
宣傳 每人3份硬版行李標籤，印有兩種顏色版本的企劃公司標誌 稅金 2人1份乙烯材質軟票夾。印有兩種顏色版本的公司標誌 稅金 2人1份行程小冊子 稅金				

明細表樣本：曼谷獎勵活動 預估當地支出 單位：美元（泰銖兌1美元）	LOT COST 泰銖	LOT COST 美元	COST P.P. 美元	#PAX
客製化機場告示。成本已預估 稅金 物品檢查費用包含在上述成本中。相片定稿就緒。 最終成本依實際花費情況而定。 場勘 1位公司主管與1位J.A. Production主管進行成本預估。最終成本依實際花費情況而定。 活動總監 2位活動總監共同處理現場所有情況。成本已預估。最終成本依實際花費情況而定。 通訊 通訊費用。已預估（長途、傳真、快遞、無線電）				
預估當地費用小計（美元）				
管理費				
預估每人當地費用總額（美元）				

附錄B

付款期程表樣本

企業活動支出

　　附錄B的第一個表格是另一種成本支出明細表的樣本。該例處理的活動是品酒之夜。要記得的是，支出明細表是你建立付款期程表的基礎。客戶要明確知道的是他們的錢會花在何種餐飲、裝潢與娛樂活動、雜項（例如門房、保全等）和現場人員支出、宣傳與通訊上。這裡的範本只是原型的諸多變種之一，你仍需處理LOT COST——只不過是以另一種名目出現——P.P. cost與 # of PAX。

　　在這份獨特的表格中，你會看到GST這個欄位，這是在加拿大境內所開的發票中必須課徵的特別稅金。GST可以被包含在一整排的項目內，也能單獨列成一個欄位，以便能迅速地單獨計算整體GST支出作為報帳之用。

　　一旦確定好最終的花費，也準備草擬合約後，接著你就要開始根據這些資料製作付款期程表。

　　成本支出明細表可以用新的名稱儲存並複印。根據你的活動舉行日期以及供應商的付款要求，你可能會需要配合各種不同的付款期限。跟各間供應商一起把付款期限列進表格中——你通常是要查明這些日期，而非配合它們，並且確定對方會接受你的公司／客戶公司所開出的特定支票。

支出明細表樣本：品酒之夜
（另一種成本明細表）

當地成本預估	LOT COST 餐飲	LOT COST 裝潢 與 娛樂	LOT COST 雜項	LOT COST 人員 / 宣傳	COST P.P. 美元	# PAX	GST
餐廳包場接管 時程 1800－1900 冰酒招待會 1900－2200 美食晚宴／紅酒 2200－ 甜點／咖啡／利口酒／雪茄 停車 附近停車場。 賓客自行付費。 衣帽間 賓客自付小費。 門房 成本已預估。 DJ 成本已預估。 招待會 1800－1900 飲料招待會*冰酒樣品 1人2瓶爲準（已預估） 服務費 稅金 稅金							

當地成本預估	LOT COST 餐飲	LOT COST 裝潢 與 娛樂	LOT COST 雜項	LOT COST 人員 ／ 宣傳	COST P.P. 美元	# PAX	GST
品酒大師*							
*知名品酒大師／主廚							
演講費（已預估，等待最終確認）							
稅金							
美食與美酒的結合							
菜單／酒單協調							
稅金							
品酒大師的晚宴							
八道菜							
服務費							
稅金							
稅金							
菜單內容：							
鮮煎鴨肝							
生猛龍蝦							
現採生蠔							
高級魚子醬（俄羅斯或伊朗皇室御用）							
Prime級美國牛肉							
各式有機鮮蔬							
野味							
海鮮							
佐餐紅酒							
根據菜色挑選合適的酒種。							
服務費							
稅金							
稅金							

當地成本預估	LOT COST 餐飲	LOT COST 裝潢與娛樂	LOT COST 雜項	LOT COST 人員／宣傳	COST P.P. 美元	# PAX	GST
酒類內容：							
Opus One							
Cabernet Sauvignon-Unfiltered Napa							
Pinot Noir-Unfiltered Napa							
Chardonnay-Sauvignon Blanc （或 Fume Blanc）							
一杯餐後酒							
另加其他2種							
座位卡							
座位卡							
稅金							
稅金							
晚宴菜單							
晚宴菜單							
稅金							
稅金							
桌號卡							
桌號卡							
稅金							
稅金							
娛樂節目							
（背景音樂：軟調爵士）							
三重奏（鋼琴／主唱、貝斯、薩克斯風或吉他）							
稅金							
三葉數位鋼琴運費250美元							
稅金							

當地成本預估	LOT COST 餐飲	LOT COST 裝潢與娛樂	LOT COST 雜項	LOT COST 人員／宣傳	COST P.P. 美元	# PAX	GST
三葉GT2是一款非常小且優雅的數位鋼琴——相當適合晚間活動、增添氣氛。							
音響／技術系統及運費							
演奏者的餐點（已預估）							
服務費							
稅金							
稅金							
紀念CD（已預估）							
稅金							
音樂版權							
特別注意：會請樂手在CD上簽下賓客姓名。							
咖啡／利口酒							
1人1杯為準							
服務費							
稅金							
稅金							
精選世界手工雪茄							
雪茄（已預估，20－50美元／根）							
1人1根為準							
服務費							
稅金							
稅金							
雪茄女侍（3）							
小費							
打火機與雪茄鉗							
客製化標誌雪茄封條							

	LOT COST 餐飲	LOT COST 裝潢與娛樂	LOT COST 雜項	LOT COST 人員／宣傳	COST P.P. 美元	#PAX	GST
當地成本預估							
旅館接送 等待選用豪華禮車或大客車的最後決定。 通訊 通訊支出 傳真、快遞、工作表、手機、雜項、小費等 已預估 人員 現場節目 管理							
預估小計（當地貨幣）							
預估小計（1−4列）							
管理費							
預估總額（當地貨幣）							

📋 付款明細

　　一如接下來所列出的品酒之夜付款期程表樣本中所見，這張表規劃為付款A、B、C等，而且每份都有明確的支付日期。相較於重新填入所有項目的詳細敘述，還不如使用你自己／你的客戶已經熟悉的成本支出明細表，然後簡單修改一下各項標題以配合付款日期即可。一間供應商可能會要求簽約金／保證金先付5成的費用，活動前特定日期支付4成，最後1成於活動後交付。這部分會根據供應商和條款內容而有所差異。你會需要據此變更並調整表格，但還是能輕鬆地進行成本支出明細表與附款期程表的變動，因為這兩種其實是一樣的。

　　重點在於不能只注意到供應商提出的付款需求與付款日期，還要留意對方的取消條款。為了能夠在這個經濟不穩定的時代裡——企業財務緊繃，而且其中許多都無預警地宣告破產——充分地保障活動企劃公司與供應商，活動企劃人員將活動取消的罰款納入付款期程表的要求中是有其必要的。舉例來說，一間旅館對於活動可能只會要求最初的3,000美元保證金，但如果在簽約後取消的話可能會被索取高達1萬美元的取消費，再者，如果活動企劃公司只有從客戶那邊取得3,000美元的話，一時之間要收到這筆罰款恐怕難度不小。這種前瞻性的保障思考除了可用於供應商之外，對於某一部分的活動企畫管理費與硬性成本也同樣適用。你的任務就是盡量讓手頭上擁有足以支付可能隨時出現的取消費。此外也要管理好活動的財務，以免最後變成你自己在掏腰包。

付款期程表明細樣本：品酒之夜

　　支出明細表可以存成另一種名稱的檔案，並配合付款期程表的格式進行更改。接著就能作為最終定案版本之用。

　　底下的付款期程表明細樣本沿用之前的格式及內容。

　　若欲下載表格完整版，請上www.wiley.com/go/event-planning。

當地成本預估	保證金付款A	付款日期B	活動後
餐廳包場			
舉辦日期			
1800－1900 冰酒招待會			
1900－2200 美食晚宴／紅酒			
2200－ 甜點／咖啡／利口酒／雪茄			
停車			
附近停車場。賓客自費。			
衣帽間			
賓客自付小費。			
門房			
成本已預估。			
DJ			
成本已預估。			
招待會			
1800－1900			
飲料招待會			
*冰酒樣品			
1人2瓶為準（已預估）			
服務費			
稅金			
稅金			
品酒大師*			
知名品酒大師／主廚			
講者費用——待最終確認後預估。			
稅金			

附錄 C

工作表樣本

📋 聯絡表

　　工作表將會成為你的現場「聖經」，因而必須把細節盡量地寫進去。一定要有的內容包括你給供應商的指示、人員分配，以及協調完畢的開支（因為供應商收到的不會是你的支出明細表複本，他們只會拿到跟自己有關的花費）。如果有出現任何價目不符的狀況，最好能在對方審視你的工作表時就先找出來，不要等到活動結束後才發現。這些細項都應該要明確地依據活動流程次序陳列出來。

　　工作表會寄送給每一間供應商，這也是現場人員作業的依據。工作表能確保每個人如字面上所說的根據「同一頁」指示工作。舉例來說，某間飯店對於自家員工可能會有自己的工作表版本——他們會審視你的，標出任何變動，然後將自己的版本寄給你審視並簽名——然而雙方都需要相互彼此的版本，以消除任何潛在的問題／衝突。

　　工作表的主要成分之一就是聯絡表。這部分必須做到鉅細靡遺，而且就像底下所舉的範本一樣，應該要包括每個聯絡人所有必要的資訊。右表是一張列出各項聯絡人的清單，有待你一一彙整。

　　此外，你也應該盡可能取得下班後可以聯絡到供應商的電話，無論是手機或呼叫器皆可。當遇到需要聯絡供應商的緊急狀況時，你要做的就是確定真的有辦法能找到人。這意味著大客車駕駛、豪華禮車駕駛，以及每個人都處於待命狀態。聯絡表在活動結束後也會化身成你要寄送感謝函的檢核表。

可能的聯絡人	聯絡方式
豪華禮車（列出所有駕駛）	
媒體（列出全部）	
三角錐	
攝影師	
警察（保全，列出全部）	
印刷	
道路使用許可	
繩索與柱子	
天空探照燈	
備用講者	
特效	
演說撰稿者	
街道使用許可	
舞台／照明／視聽（列出所有重要的工作人員）	
運輸（大客車）	
無線電	
其他所有相關的供應商	

會議

　　在下面這份用於會議的工作表中，你會注意到每天的指示都重複出現。這種按次序安排的項目流程方式可以讓你免於不斷在表中來回搜尋資料。

　　當每一項基本元素都完成後，接著就能在頁面上做相關的註記。除非要進行最終的協調確認，否則都不需要動輒回顧或查閱。某些每日都會變動的項目如人員之類，用這種陳列方式的優點便在於能夠輕易地看出變動之處何在，以及該如何處理之。

活動	於加拿大倫敦市舉辦的客戶感恩銷售研討會
賓客	均為男性 彼此都是競爭對手 全都來自蒙特婁。
元素	激發玩興的互動式活動 銷售研討會
會場	冰上曲棍球名人堂（包場） 接待區及會場所有設施 於Wayne Gretzky's 餐廳設晚宴 The Shot（附設撞球桌的鐵路餐廳） 由撞球專家指導賓客技巧

活動日程：概要

週一	
	茉蒂領取無線電、前往Sheraton飯店進行提前報到與客房禮物發送。
1100	蓮恩和茉蒂在Sheraton會合。
1130	卡蘿先抵達蒙特婁機場。
1200	賓客抵達機場進行團體報到。
1300	加拿大航空413班次預定自蒙特婁起飛。
1300	蓮恩前往機場，留意班機抵達多倫多機場的資訊。跟DMC方面會合並控管大客車轉運／定點停車。
	客房禮物發送──迎賓（大份椒鹽鹹脆餅和啤酒）。
	客房禮物發送──客製化設計冰球。
	客房服務──當晚活動邀請函。
	與「加拿大冰球之夜」主題招待會暨晚宴相關之客房禮物。
	出發注意事項與行李托運安排。
1408	加拿大航空413航班預定抵達。
	蓮恩跟卡蘿隨大客車一同抵達飯店。
	XXX先生因健康因素不允許搭飛機，另行搭乘火車前來會合。
1500	預計抵達飯店。下褟第21樓。
	卡蘿再次確認隔天早上的行李托運安排並發送出發注意事項。
	蓮恩與卡蘿至冰球名人堂下車點與Wayne Gretzky's餐廳進行迅速場勘。
1700	茉蒂與蓮恩前往冰球名人堂。
1730	大客車抵達。卡蘿負責運送賓客。蓮恩跟大客車會合並引導賓客至名人堂。
1750	大客車前往名人堂。
1800	大客車抵達名人堂。
1930	茉蒂前往Wayne Gretzky's餐廳。
	卡蘿負責控管大客車抵達並前往餐廳。

| 2100 | 卡蘿和蓮恩跟賓客一同前往餐廳。 |
| | 賓客自行返回飯店。 |

週二	
	卡蘿負責行李托運。
	卡蘿負責大客車與退房。
	茱蒂先前往餐廳並控管早餐。
0800	包場早餐
0900	前往倫敦出席研討會。
	賓客們在研討會場下車。午餐團費已含。
	卡蘿跟司機前往飯店並將行李卸下。
	出發注意事項跟行李托運。
	卡蘿跟司機前往The Shot餐廳跟撞球場。
	返回研討會場。
1700	將賓客送至飯店。
1745	預計抵達飯店。
1830	將賓客送往The Shot。大客車跟賓客一同留在餐廳。
2130	返回飯店。可能需要一部車提早接送。
	飯店服務生會將行李送至客房。
	蓮恩／卡蘿注意事項：在前往機場前要記得先通知飯店接待櫃檯。

週三	
	卡蘿負責行李托運。
	卡蘿負責大客車與退房。
	卡蘿前往餐廳負責早餐。
0900	早餐
1000	前往研討會。
1030	預計抵達研討會。
	卡蘿再次確認航班。

1230	研討會提供午餐。
1330	前往工廠（主辦單位的工廠）。
1400	工廠之旅
1530	前往機場。
	於倫敦機場報到。
	前往多倫多的賓客準備搭機和轉機。
1740	加拿大航空1218班次預定起飛。
	倫敦至多倫多
1818	加拿大航空1218班次抵達多倫多。
1900	加拿大航空194班次起飛前往蒙特婁。
	卡蘿跟賓客一同返航。
2005	加拿大航空194班次抵達蒙特婁。
	轉搭火車者先於飯店過夜，隔天早上出發。

週五

J.A. Productions

茱蒂再次確認週一所需的所有安排，如取得無線電、耳機與電池（無線電跟電池都要充滿電）。

公司：

地址：

聯絡人：

電話：

傳真：

電子信箱：

手機：

週一

J.A. Productions	茉蒂領取無線電、耳機與電池。
	J.A. Productions：3
	1. 茉蒂
	2. 卡蘿
	3. 蓮恩
	無線電要接上耳機、腰帶與頻道選擇鈕。

週五

飯店行前會

1000	地點：
	佈置：會議室／中庭廣場
	出席：業務
	俱樂部報到值班經理
	外燴服務經理
	宴會經理
	門房領班
	請確定清單上有列出各種相關資訊如電話號碼、姓名與各部門職稱，並且可在會議上取得。J.A. Productions需要3份。
1100	行前會預計結束。

冰球名人堂／莫凡比外燴服務行前會

1300	冰球名人堂／莫凡比外燴服務行前會
	地點：
	冰球名人堂
	出席：
	冰球名人堂：聯絡人姓名
	莫凡比外燴服務：聯絡人姓名

WAYNE GRETZKY'S行前會

1500　Wayne Gretzky's

地點：Wayne Gretzky's

出席：

Wayne Gretzky's：聯絡人姓名

週一

先行前往蒙特婁機場

卡蘿於8/13抵達蒙特婁機場（晚間）。

飯店已訂：

蒙特婁 Dorval Airport Hilton 飯店

12505 Cote de Liesse Road

Montreal, Quebec

H9P 1B7

電話：(514) 631-2411

傳真：(514) 631-0192

預約：1664167

金額：127.62美元含稅金（週末房價基準112美元）

保證有房。

無賓客在此過夜。

1130　抵達機場。座位選擇已安排好。團體報到已安排好。

聯絡人姓名：

1200　建議賓客要在起飛前一小時完成報到。他們會尋找卡蘿。請別上公司標誌。

1300　加拿大航空413班次預定起飛前往多倫多。

1408　抵達多倫多。蓮恩將與卡蘿在大門會合。尋找公司標誌。

魁北克離境稅金已先預付。

週一

抵達多倫多機場／轉運至飯店

1300　加拿大航空413班次預定起飛前往多倫多。

1408　抵達多倫多。

蓮恩跟航班會合。

DMC跟蓮恩在加拿大航空抵達區會合（C區）。

轉運費包括：

專營團體運送的附空調大客車，單程

負責機場會合與迎接之人員

機場行李搬運

特別需求：法語員工。整場活動都由同一駕駛負責。蓮恩跟團體一
　　　　　起返回飯店。於Richmond Street入口處讓賓客下車。

飯店服務生會將行李送至客房。

蓮恩／卡蘿注意事項：在前往機場前要記得先通知飯店接待櫃檯。

週一

飯店接待櫃檯／專屬俱樂部樓層報到

每日需求：1部室內電話／不可打長途、1張附有桌裙的桌子（6×
　　　　　3）、3張椅子、2張活動掛圖／掛架、馬克筆（雙色）、
　　　　　1個廢紙簍、1台桌燈（僅限於照明不佳的區域）。

1000　報到佈置完成。櫃檯二十四小時皆有人員值班。

週一

飯店報到程序

報到時間為1500，但已要求提早報到。大部分出席者會以團體形式一同抵
達。多倫多總公司人員可能提早一天抵達並在飯店過夜。其他賓客會搭加拿
大航空413班次前來，預定1408降落。賓客成團搭乘大客車前往飯店。

大客車下車點與飯店行李運送已安排：Richmond Street入口處。

1位賓客搭火車，3位開車前來。

開車之賓客的停車位已安排。他們會把車子留在當地，跟團體一同前往倫敦旅遊。

私人衛星報到櫃檯將設置在20樓的接待櫃檯隔壁。1100準備完成。報到將由專人負責。要求提供法語人員。所有賓客都來自魁北克。

請確定已安排適當的接待人員在專屬報到櫃檯、服務處與休息室提供服務。所有報到事項與客房皆已事先安排好。

住房登記表上不會出現房價資訊。

快速結帳表格會跟房卡、迷你吧台鑰匙跟飯店資訊一同放進一小包資料袋。

每位賓客都會拿到1份房卡資料袋。每袋有2張房卡。

房卡資料袋會依據賓客姓名順序提前放置於衛星報到櫃檯。

客房不得升級或變更，除非經J.A. Productions許可。

要求4份客房名單影本（按字母與房號編排）。

客房迎賓禮物預定至少要在賓客抵達前一小時發送完畢。

總帳戶

客戶＃1

全部進到總帳戶（客房、稅金、所有餐點與賓客於客房內的帳單），包括代客泊車*

客戶＃2

全部進到總帳戶（客房、稅金、所有餐點與賓客於客房內的帳單）。

* 車輛在團體於倫敦時仍停放於飯店。所有停車費都會直接進到總帳戶。

Judy Allen Productions

1. 全部進到總帳戶，連同代客泊車在內
2. 全部進到總帳戶

賓客帳目

所有賓客的房費與稅金都會進到總帳戶，但出席者要提供信用卡資訊以支付個人花費，如飯店的餐廳飲食、客房服務、洗衣、健身俱樂部與迷你吧台。除非有特別指示，否則客戶將不負責出席者這方面的個人費用。

總帳戶的授權簽名

客戶

1. 姓名與職稱

2. 姓名與職稱

Judy Allen Productions

1. 茉蒂

2. 卡蘿

會計

茉蒂會跟飯店會計部門人員在8/14號會面（約1030左右），檢視每一間客房的花費（賓客住房登記表）。這必須在登記表發送到每一間客房前完成。

所有送到總帳戶的帳單都必須經過Judy Allen Productions人員的簽名與授權。

茉蒂會在賓客們前往倫敦後於週四，8/15跟會計部門人員會面。請把所有帳單跟房客登記表都準備兩份備用。

房型選擇

請參閱附件列表T

已要求有市政廳景觀以及所有賓客都座落於同一樓層。

客房費率000.00美元，可享有10%回饋。

特別注意：每間房都要有2張床。不接受1張床與1張沙發床。

Sheraton俱樂部包場服務與附屬設備

內容包括：

• 免費市話

• 寬頻上網

• 20樓專屬門房服務

• 提供浴袍、直立式衣架、衣架、特製乳液、礦泉水與額外浴廁設備的客房。

• 免費使用Adelaide俱樂部，裡面有壁球、有氧運動與重量訓練等設施。

- **免費私人休息室：**

  大陸式早餐（0630－1030）

  下午茶和餅乾（1500－1800）

  晚間開胃菜（1700－1900）

宴會廳

會議室 D & E

早餐　8/15　入座　雙邊供應自助餐
　　　　　　　　　0700－0900

週一

客房物品發送

客房禮物 —— 迎賓

大份椒鹽脆餅附佐料（芥末）—1人2份

冰啤酒 —— 1人2瓶

以上均由Sheraton提供

寄至總帳戶之帳單

Pretzel與佐料	$ 0.00+++
冰啤酒	$ 0.00+++
運送費	$ 0.00 + 0% 稅金

週一

VIP房禮物發送

茉蒂會負責攜帶禮物。交付對象為：

1. 姓名

2. 姓名

週一

火車運輸

XXX先生因為內耳問題無法搭乘飛機。

他會搭火車前來，跟豪華禮車司機於車站會合然後前往飯店。客戶建議他搭乘1000從蒙特婁出發的57號車次，並且於1530抵達多倫多。禮車駕駛在接到人後會打電話跟飯店櫃檯和蓮恩告知說已在路上。蓮恩跟門房會在大門迎接賓客，並協助他辦理入住手續。

豪華禮車駕駛姓名：

手機號碼：

駕照號碼：

禮車外觀描述：

週一

抵達飯店

抵達行程表：

加拿大航空413號班次**1300**自蒙特婁出發。

加拿大航空413號班次**1408**抵達多倫多。

賓客在機場集合，由大客車集體載送至飯店。行李將跟團體一起運送。

1430　飯店人員（要求能說法語）在衛星報到櫃檯就位。

　　　除了那些由公司總帳戶代為支付的貴賓花費之外，飯店人員要準備好其他賓客的信用卡資料。

　　　1. 姓名

　　　2. 姓名

　　　出席者會在Richmond Street入口處下車。

　　　抵達飯店後，行李會由飯店人員接手並送至客房。所有客房都位於俱樂部樓層。

　　　下褟期間飯店均提供搬運服務。

　　　請確認已告知代客泊車人員要為以下賓客服務：

　　　1. 姓名

　　　2. 姓名

泊車費用由總帳戶支出，其車輛將會在飯店待到16號晚間。直到16號（含）的停車費用都由總帳戶支出。

所有客房皆屬於飯店的俱樂部住宿等級。賓客可以藉由快捷電梯直接前往20樓進行專屬報到。已要求法語員工為1位說法語的賓客服務。

寄至總帳戶之帳單

客房：	$ 000.00
稅金：	00%
搬運費：	$ 0.00 + 0% 稅金 往返
代客泊車：	$ 00.00

週一

行李托運／出發注意事項

出發注意事項會交給門房，於當晚賓客們外出用餐時發送。

行李會留在房內。提領時間為8/15，0730。大客車於0900出發。

客房禮物

每位賓客都會獲得冰球（客製化）。

隨禮物附上信件／卡片。

廠商會在中午時將冰球送到飯店。

利用賓客們參加晚間活動時將禮物發送至房內。表定離開飯店時間為1800。

寄至總帳戶之帳單

搬運費：	$ 0.00 + 0% 稅金

週一

飯店至冰球名人堂之載送

1735	大客車抵達。
1750	從飯店出發（Richmond Street入口處）前往冰球名人堂。
	卡蘿隨車。
	蓮恩會在181 Bay Street入口處跟大客車會合，一同進入冰球名人堂。

冰球名人堂至WAYNE GRETZKY'S之載送

2045　大客車開到定點。

2100　從181 Bay Street入口處前往Wayne Gretzky's：

99 Blue Jay Way

Toronto, Ontario

M5V 9G9

賓客會自行返回飯店。大客車根據當下天氣情況決定是否在現場待命，載送賓客回飯店。卡蘿會在賓客下車前告知司機。

週一

冰球名人堂招待會

賓客保險資料已於8/10傳真。

1630　茉蒂跟蓮恩先行前往。

1800　舉辦迎賓招待會的Esso Theatre位於冰球名人堂中。

紅酒與啤酒會以專人持盤方式發送。冷熱法式拼盤。

各種飲品會根據需求提供（直接送至賓客手上）。

包場不對外開放。

菜單附件──內容物敘述。

已訂購可夾式麥克風。

向賓客簡單告知他們會看到什麼、做什麼與體驗什麼。

特別注意：某些賓客不會說英語，安排法語員工。卡蘿、蓮恩跟瑪格麗特會在現場協助翻譯。前往Wayne Gretzky's的細節會在此時告知。也要告知賓客，商店在1800－1930仍舊營業中，可以自行採購。

提供會場地圖。

1830活動開始。

賓客會先進行一次快速導覽。可分成兩組，卡蘿跟需要翻譯的一組隨行，蓮恩陪同另一組，瑪格麗特當機動組。

記得跟賓客說明他們要如何才能跟自己喜歡的隊伍合照，賓客們會很感興趣的。

團體在會場內可隨意使用各種設施。本活動不對外開放。

會場中央會設置飲食區，大廳則有提供小點心的衛星吧台。

請確定已向賓客介紹這兩個區域。

| 2100 | 賓客前往Wayne Gretzky's。 |

週一

WAYNE GRETZKY'S

| 1930 | 茉蒂前往現場。 |
| 2100 | 賓客預定搭大客車抵達現場。 |

賓客會從冰球名人堂出發。他們剛在那邊結束包場招待會。停留時間從1800至2100。

VIP通道──座位已準備好，賓客可立即入座無須排隊。

用餐為預訂包場，有吸煙區。

賓客人數：

座位不可安排太緊密，要讓服務生能在各桌之間輕易地移動、作業，也要讓賓客們能隨意起身、坐下。

提供賓客專屬菜單，在最下方告知賓客：客戶免費招待每人2杯飲料，超過部分由賓客自付。舉例來說，一組4人的團體可分別點1瓶紅酒，但如果還要加點的話就必須自費。萬一餐廳人員遇到不知道該如何處理的問題，卡蘿會在現場指示。

Judy Allen Productions員工要另設一區，位於賓客看不見但要夠近的地方，以便能夠隨時注意狀況。如果工作間（鄰近的私人空間）正好閒置的話，是否能在那裡設置一張小桌？

已要求餐廳安排人員專門為團體服務。

兩道開胃菜擇一：

　凱薩沙拉

　每日選湯

麵包

　起士香蒜麵包

下列前菜擇一：

半雞佐茴香、紅辣椒、奧勒岡草、肉桂

BBQ肋排

碳烤亞特蘭大鮭魚佐黑豆醬汁

義大利扁麵條佐鮮蝦、蛤蜊、淡菜、烏賊、大蒜、蕃茄、綠洋蔥
搭配傳統蛤蜊醬汁

下列甜點擇一：

Evolution巧克力

手工蘋果蛋糕佐威士忌醬

Calzone新鮮熱水果

冰淇淋或水果冰

飲料

咖啡或茶

週二

包場團體早餐

0700	茱蒂前往早餐會場。
	會議室 D & E
	10人圓桌但只坐8人
	雙邊供應自助餐
0745	一切就緒，以服務早鳥賓客。
0800	早餐
	自助餐形式，無專人送餐
	凍蘋果與新鮮現榨柳橙汁
	炒蛋
	培根或香腸圈擇一
	烤馬鈴薯
	可頌與杯子蛋糕
	水果罐頭與奶油

咖啡、各種茶包、無咖啡因咖啡

注意不要在賓客還在場用餐時便開始撤收作業。

特別注意：菜單以自助餐形式提供，不另外收費。

寄至總帳戶之帳單

早餐自助餐　＄00.00 +++ 每人

週二

移動至研討會

0730	行李開始托運。運送費已預付。
0815	所有行李已集中放置在安全區域。
0845	大客車抵達Richmond入口處。行李上車。
0900	大客車開往研討會。

車上禁止吸煙。卡蘿負責告知賓客。

駕駛會說法語。他也負責載送賓客前往機場，整趟旅程都是同一人。

前往研討會的地圖已交給駕駛，請跟駕駛一同確認。遇到問題請播 1-800-002-000。

1030	預定抵達研討會會場。

供應午餐。

卡蘿跟駕駛繼續前往倫敦放行李。

請卡蘿把駕駛手機號碼提供給客戶。

向飯店要求安排大客車停車位以及駕駛房間。房費與稅金直接計入總帳戶中。飯店會要求信用卡資料以支付其他開支。

卡蘿跟司機前往The Shot。

卡蘿將款項交給司機，購買冷藏箱、飲料、冰塊、玻璃瓶罐專用垃圾袋等，用於研討會至飯店途中。請司機提供購買收據。

司機負責將飲料、果汁與礦泉水、冰塊、杯子與垃圾袋等放入冷藏箱。飲料只會在研討會至倫敦途中提供。

	卡蘿跟司機返回研討會等候賓客。抵達時告知客戶，以防有提早出發的指示。手機號碼：研討會會場至飯店約四十五分鐘車程。
	車停在研討會場。停車位充足且已預定＃123號位置。停車免費。
1700	賓客們預計前往倫敦。
	車上供應飲料。
1745	預估抵達倫敦。
	卡蘿注意事項：告知飯店你們已在路上，讓對方進行最後檢視，以確保一切就位。

寄至總帳戶之帳單

飲料額外花費 —

週二

前往飯店

接待櫃檯／專屬報到

DELTA LONDON ARMOURIES

每日需求：1部室內電話／不可打長途、1張附有桌裙的桌子（6×3）、3張椅子、2張活動掛圖／掛架、馬克筆（雙色）、1個廢紙簍、1台桌燈（僅限於照明不佳的區域）、1100報到桌設置完成，櫃檯二十四小時皆有人員值班。

寄至總帳戶之帳單

活動掛圖架

室內電話

飯店提供之物品不收費。

週二

DELTA LONDON ARMOURIES 飯店報到程序

報到時間為1500。賓客會以團體形式搭大客車一同抵達。卡蘿將會在1030把賓客放在研討會場，然後跟行李繼續前往飯店。卡蘿會跟前台經理會合並檢視專屬報到的程序。之後卡蘿將返回研討會會場接賓客，送他們到飯店。

- 大客車下車點在飯店正門。
- 已要求大客車過夜停車。

過夜停車費用會直接計到總帳戶中。

專屬衛星報到櫃檯設置在接待櫃檯隔壁。1600準備完成。飯店安排專人爲客戶進行報到程序。要求提供法語人員。所有賓客都來自魁北克。

請確定已安排好適當的接待人員在專屬報到櫃檯與門房櫃檯提供服務。

所有報到事項與客房均已事先安排好。

住房登記表上不會出現房價資訊。

快速結帳表格會跟房卡一同裝進一小包資料袋。

每位賓客都會拿到1份房卡資料袋。每袋有2張房卡。

房卡資料袋會依據賓客姓名順序提前放置在衛星報到櫃檯。

客房不得升級或換房,除非經J.A. Productions許可。

要求4份客房名單影本(按字母與房號編排)。

客房迎賓禮物預定至少要在賓客抵達前一小時發送完畢。

總帳戶
客戶
1. 姓名　全部進到總帳戶。
2. 姓名　全部進到總帳戶。

Judy Allen Productions
1. 卡蘿　全部進到總帳戶。

賓客帳目
所有賓客的房費與稅金都會進到總帳戶,但出席者要提供信用卡資料以支付個人花費。除非有特別指示,否則客戶將不負責出席者這方面的個人費用。

總帳戶的授權簽名
客戶
1. 姓名
2. 姓名

Judy Allen Productions

1. 卡蘿

記帳

卡蘿會跟飯店會計部門人員在8/15會面（約1030左右），檢視所有的個人房花費（賓客住房登記表）。這必須在登記表發送到每一間客房前完成。

所有送到總帳戶的帳單都必須經過Judy Allen Productions人員的簽名與授權。

卡蘿會在8/16週三，賓客出發前（1000）跟會計部門人員會面。請把所有帳單跟房客登記表都準備兩份備用。

房型選擇

請參閱附件列表。

宴會廳

08/16 Gunnery 大廳早餐，入座式，雙邊供應自助餐0700－1000。

週二

抵達飯店　抵達行程表

賓客會集體搭乘大客車前往飯店。

行李在當天稍早，賓客出席研討會時便已運抵飯店。所有行李都會送至客房內。

預估抵達時間1745。卡蘿會在大客車出發時打電話通知飯店方面進行相關準備。

1715　　飯店人員（已要求具備法語能力）在衛星報到櫃檯就位。

除了那些由公司總帳戶代為支付的貴賓花費之外，飯店人員要取得其他賓客的信用卡資料。

賓客會在Dundas Street入口處下車。

下褟期間飯店均提供搬運服務。

給飯店的注意事項：某些賓客雖然通英語，但還是要告知飯店可能會有完全不懂英語的賓客。

寄至總帳戶之帳單

搬運費　　$ 0.00 + 0% 稅金（來回）

停車　　　大客車。車位已保留。

週二

客房禮物

　　迎賓禮物將發送至每間客房。卡蘿會在賓客抵達前在每件禮物上隨附一封公司信函。禮物會放置於客房內。

寄至總帳戶之帳單

運送費　　$ 0.00 + 0% 稅金（來回）

週二

行李托運／出發注意事項

　　出發注意事項會交給門房，於當晚賓客們外出用餐時發送。

　　行李留在房內。提領時間為8/16，0830。大客車於1000出發。門房人員會事先告知是否需要更多收集行李的時間。

週二

移動／**THE SHOT**招待會暨晚宴

1830　　前往The Shot餐廳。

　　　　（餐廳距離飯店不到五分鐘車程。）

　　　　進到停車場下車。須付停車費。卡蘿支付。

　　　　餐廳的後段區域與撞球桌只開放給賓客使用。

　　　　賓客會在用餐區的墊高部分。請確認桌椅之間有足夠的空間。

　　　　客戶希望所有賓客都能先觀賞撞球區的演出。會供應飲料與點心。

　　　　賓客可能會感到肚子餓，因為他們中午只有吃簡易午餐。

　　　　Judy Allen Productions員工要另設一區，位於賓客看不見但要夠近的地方，以便能夠隨時注意狀況。可以在露台區幫卡蘿安排一張小桌嗎？

	已要求餐廳提供專為賓客服務的人員。
	撞球達人表演時段為1830－1915，之後會留下來跟賓客互動。會提供他餐點與飲料。
1930	晚宴開始。客戶會招待2種飲料，賓客若要另外加點則需自費。
2100	開始接送賓客回飯店。
2130	最後一班接駁車出發。

週三

飯店GUNNERY宴會廳外的接待櫃檯（包場早餐）

每日需求：1部室內電話／不可打長途、1張附有桌裙的桌子（6×3）、3張椅子、2張活動掛圖／掛架、馬克筆（雙色）、1個廢紙簍、1台桌燈（僅限於照明不佳的區域）。報到櫃檯於0600設置完畢，並作業到至1000。

寄至總帳戶之帳單

活動掛圖架

室內電話

飯店提供之物品不收費。

週三

GUNNERY宴會廳包場早餐

0800	卡蘿前往早餐會場。
	Gunnery宴會廳在主要用餐區右手邊。
	設置10人圓桌，但只坐8人。
	雙邊供應自助餐。
0830	一切就緒，以服務早鳥賓客。
0900	早餐
	自助餐
	柳橙汁、葡萄柚汁、蘋果汁、蔓越莓汁
	洋蔥炒蛋

長條培根、切片火腿、早餐香腸手工炸馬鈴薯

烤蕃茄

現做丹麥酥皮餅、米糠與水果馬芬蛋糕、奶油可頌

迷你貝果佐起士鮮奶油

罐頭水果與甜奶油

咖啡、各式茶包、無咖啡因咖啡

注意不要在賓客還在場用餐時便開始撤收作業。

寄至總帳戶之帳單

自助餐　每人 $ 00.00 +++

週三

接送至研討會／工廠／機場／多倫多

0830	行李開始集中。搬運費已付。
0915	所有行李都集中在安全區域擺放。
0945	大客車現身。行李上車。
1000	大客車出發前往研討會。參閱附件。
1030	預計抵達研討會場。
	大客車停車位已預留。
1230	研討會供應午餐。
1330	前往工廠。電話：1-519-000-0000。
1400	抵達工廠。
1500	前往機場。建議至少預留一小時交通時間以防塞車。卡蘿再次確認。
1600	抵達機場。卡蘿負責機場的行李運送。
	搭乘飛機之賓客請準備登機。
	加拿大航空1218班次1740自倫敦出發。
	加拿大航空1218班次1818抵達多倫多。
	加拿大航空194班次1900自多倫多出發。
	加拿大航空194班次2205抵達多倫多。

卡蘿跟團體一同離開。
3名公司總部人員與1名賓客繼續留在多倫多。
1名客戶公司人員在Yorkdale購物中心下車。
大客車在Sheraton讓其餘賓客下車。

週三

為轉搭火車之賓客安排過夜住宿

已為XXX先生預約16號晚間之飯店。俱樂部房型。帳單計至總帳戶。

蓮恩在飯店跟大客車會合，協助XXX先生辦理入住手續，並前往辦公室處理代客泊車事宜——確認所有開銷都計至總帳戶。

週四

從飯店送至火車站

駕駛會跟XXX先生在飯店大廳會合。駕駛會別上公司標誌。

注意：請蓮恩確認已告知賓客要在0900時抵達正門，準備前往火車站。大陸式自助早餐就位於其所下褟的俱樂部樓層中。

駕駛姓名：

火車56車次1000自多倫多出發，1441抵達蒙特婁。

會展叢書

活動企劃

作　　者／Judy Allen

譯　　者／陳子瑜

出 版 者／揚智文化事業股份有限公司

發 行 人／葉忠賢

總 編 輯／馬琦涵

主　　編／張明玲

地　　址／新北市深坑區北深路三段260號8樓

電　　話／(02)8662-6826．8662-6810

傳　　眞／(02)2664-7633

E-m a i l／service@ycrc.com.tw

網　　址／http://www.ycrc.com.tw

印　　刷／鼎易印刷事業股份有限公司

I S B N／978-986-298-124-5

初版三刷／2018年9月

定　　價／新臺幣480元

國家圖書館出版品預行編目（CIP）資料

活動企劃 / Judy Allen著；陳子瑜譯. -- 初版. --
新北市：揚智文化, 2013. 11
面；　公分. --（會展叢書）
譯自：Event planning: the ultimate guide to
successful meetings, corporate events, fund-raising
galas, conferences, conventions, incentives and other
special events, 2nd ed.
ISBN　978-986-298-124-5（平裝）

1.會議管理　2.展覽

494.4   102024299